城市河流生态治理
思路与实践

胡丽香　任　鹏　曹平伟　兰　翔　李一帆　著

黄河水利出版社

·郑州·

内 容 提 要

本书结合作者多年河道治理方面的实践与经验，从生态学、景观学、水利学、社会学等多学科统筹的角度，探索了生命共同体视角下的城市河流生态治理思路。从应划定严格的保护控制线，按照生态河道的标准，理顺城市河流的尺度与形态，确定城市河流的水源与水量，塑造安全而弹性的空间地形，构建生态稳定的水生态系统，营造地域性特色的滨水景观等六个方面，系统介绍了河流生态治理的理论体系，并结合郑州航空港经济综合实验区南区水系，郑州市贾鲁河、平顶山市湛河、许昌市饮马河、西安泾河等项目，详细讲述了河流生态治理理论的具体应用与实施后的效果。

本书可供从事城市河流生态治理、滨水景观方面的科学研究、规划设计、建设管理的专业技术人员及师生阅读与参考。

图书在版编目（CIP)数据

城市河流生态治理思路与实践/胡丽香等著. —郑
州 ： 黄河水利出版社，2023.3
ISBN 978-7-5509-3541-9

Ⅰ.①城… Ⅱ.①胡… Ⅲ.①城市-河流-生态环境
-环境综合整治-研究 Ⅳ.①X522

中国国家版本馆CIP数据核字（2023）第060546号

组稿编辑 王志宽 0371-66024331 E-mail:278773941@qq.com

责任编辑 冯俊娜 责任校对 兰文峡
封面设计 李思璇 责任监制 常红昕
出版发行 黄河水利出版社
地址: 河南省郑州市顺河路 49 号 邮政编码: 450003
网址: www.yrcp.com E-mail: hhslcbs@126.com
发行部电话: 0371-66020550
承印单位 广东虎彩云印刷有限公司
开 本 787 mm × 1 092 mm 1/16
印 张 15.25
字 数 352 千字
版次印次 2023 年 3 月第 1 版 2023 年 3 月第 1 次印刷
定 价 180.00 元

前言

　　河流是地球生命的重要组成部分，也是人类赖以生存和发展的基础。自古以来，人类都是择水而居，许多著名的城市都是依河而立，人类建立城市的过程，也是自然河流向城市河流转化的过程。人类的活动影响着城市河流的水文特性、物理结构和生态环境，城市河流为人类提供各种服务功能，人类和城市河流成为不可分割的生命共同体，人类必须尊重自然、顺应自然、保护自然。然而，随着城市的快速发展，很多河流被城市用地挤占，被工业、生活污水污染，被混凝土渠化，河流生态系统遭到严重破坏，原本自然健康的河流，失去了原有的生命力。如何统筹好城市发展与河流健康的关系，最少干预地恢复河流生态系统，重建更美景观，实现城市与河流的和谐共生，已经成为亟待解决的热点问题。

　　自古以来，人类逐水而居，河流孕育了人类文明，人类与河流的命运息息相关，是有机的生命共同体。本书提出城市河流的治理应该站在生命共同体的视角，充分考虑人水和谐共生。从生态学、景观学、水利学、社会学等多学科统筹的角度，结合作者多年河道治理方面的实践与经验，探索了生命共同体视角下的城市河流生态治理思路。规划层面，应划定严格的保护控制线，为河流预留足够的生态家园。设计层面，要像爱护我们的母亲一样爱护河流，进行最少干预的生态治理，永葆河流生命的健康。第一，理顺城市河流的尺度与形态，就像身体的骨架；第二，确定城市河流的水源与水量，就像身体的血液；第三，提出生态有效的水环境措施，打造自然之肾；第四，塑造安全而有弹性的空间地形，就像身体的肌肉；第五，构建生态稳定的水生态系统，就像保护皮肤一样保护河流；最后，营造地域性特色的滨水景观，就像为母亲搭配特有气质的服饰。

本书提出的城市河流生态治理理论体系，在郑州航空港经济综合实验区南区水系、郑州市贾鲁河、平顶山市湛河、许昌市饮马河、西安市泾河等工程实践中得到了反复的验证和优化，为助力水生态文明的建设提供了重要的技术支撑。

本书分为理论篇和实践篇。理论篇共分为 3 章，主要内容如下：第 1 章概述了河流生态治理情况；第 2 章综述了城市河流生态治理的思路；第 3 章详细介绍了城市河流生态治理体系。实践篇共分为 5 章，分别以郑州航空港经济综合实验区南区水系总体方案设计、郑州市贾鲁河生态修复工程、平顶山市湛河治理工程、许昌市饮马河综合治理工程、西安市泾河滩面治理工程为例，具体讲述了城市河流生态治理理论在工程案例中的应用方法和应用效果。

本书撰写具体分工如下：第 1 章由胡丽香、李一帆撰写；第 2 章由胡丽香和兰翔撰写；第 3 章 3.1 由兰翔撰写；第 3 章 3.2 由胡丽香撰写；第 3 章 3.3 由曹平伟撰写；第 3 章 3.4 由李一帆撰写；第 3 章 3.5 由任鹏撰写；第 4 章由任鹏撰写；第 5 章由曹平伟、胡丽香撰写；第 6 章由胡丽香撰写；第 7 章由兰翔撰写；第 8 章由李一帆撰写。全书由胡丽香统稿。

由于城市河流生态治理涉及诸多技术领域，加之撰写人员水平有限，书中疏漏之处在所难免，敬请读者批评指正。

作 者

2023 年 3 月

目　录

上篇　理论篇

第1章　概述 ··· 001
　1.1　河流生态治理的研究进展 ························· 003
　1.2　当前河流治理存在的问题 ························· 007
　1.3　河流生态治理的意义 ····························· 008
第2章　城市河流生态治理思路 ······················· 009
　2.1　总体思路的转变 ································· 012
　2.2　河流生态治理的设计要素 ························· 013
　2.3　设计思路 ······································· 019
第3章　城市河流生态治理体系 ······················· 025
　3.1　规划生态保护红线 ······························· 027
　3.2　构建可持续的生态河道 ··························· 036
　3.3　塑造安全而韧性的地形 ··························· 068
　3.4　构建稳定的水生态系统 ··························· 088
　3.5　营造地域特色文旅品牌 ··························· 110

下篇　实践篇

第4章　郑州航空港经济综合实验区南区水系总体方案设计 ······ 127
　4.1　项目概况 ······································· 129
　4.2　核心问题 ······································· 130
　4.3　总体构思及布局 ································· 131

4.4　水系主题 …………………………………………… 136

4.5　实施效果 …………………………………………… 140

第5章　郑州市贾鲁河生态修复工程 ……………………… 143

5.1　项目概况 …………………………………………… 145

5.2　贾鲁河的前世今生 ………………………………… 146

5.3　核心问题 …………………………………………… 148

5.4　总体构思 …………………………………………… 149

5.5　详细设计 …………………………………………… 151

5.6　文化专题及实施效果 ……………………………… 165

5.7　植物专题及实施效果 ……………………………… 172

5.8　山岭专题及实施效果 ……………………………… 175

第6章　平顶山市湛河治理工程 ………………………… 183

6.1　项目概况 …………………………………………… 185

6.2　水文 ………………………………………………… 186

6.3　设计目标 …………………………………………… 187

6.4　设计思路 …………………………………………… 187

6.5　实施效果 …………………………………………… 188

第7章　许昌市饮马河综合治理工程 …………………… 191

7.1　项目概况 …………………………………………… 193

7.2　核心问题 …………………………………………… 195

7.3　总体思路 …………………………………………… 196

7.4　生态河道治理方案 ………………………………… 201

7.5　实施效果 …………………………………………… 203

第8章　西安市泾河滩面治理工程 ……………………… 205

8.1　项目概况 …………………………………………… 207

8.2　核心问题 …………………………………………… 207

8.3　总体构思 …………………………………………… 208

8.4　总体布局 …………………………………………… 210

8.5　滩面生态修复设计 ………………………………… 212

参考文献 ……………………………………………… 231

上篇·理论篇

第 1 章

概述

从古至今，城市的发展都与河流紧密相关。城市河流作为城市景观中一种重要的生态廊道，其功能的正常实现与否关系到整个城市的可持续发展。河流廊道作为一个整体，不仅发挥着重要的生态功能，如栖息地、通道、过滤、屏障、源和汇等作用，而且为城市提供重要的水源保证和物资运输通道，增加城市景观的多样性，丰富城市居民生活，为城市的稳定性、舒适性、可持续性奠定了一定的基础。

对城市河道进行景观设计，就需要对河道景观因子进行分析，对可以利用的景观因子进行统筹规划设计，构建合理的景观结构。城市河道景观在空间范畴上，是包括了河道水体范围以及相邻陆地范围的总体，在空间上由水域、水陆交界带、陆域三部分组成；在景观元素范畴上，包括了自然景观因子、人文景观因子和变动因子。

对于城市河道综合治理，应从空间形态需要方面对水域、水陆交界带、陆域三部分进行设计，对自然资源进行合理布局，并通过人工设施表现人文情怀。整个设计过程应该从整体安排，到局部细化，形成完整连贯的有机系统。

1.1 河流生态治理的研究进展

1.1.1 国内研究情况

同欧美等发达国家及地区的城市河流治理历程相比，我国城市河流的整治和管理也经历了从污染到治理，再到以生态恢复为主的综合治理和可持续利用的过程，其中也走过不少弯路，正在逐渐转变。我们对城市河流治理理论、方法技术的探索，可以在某种程度上借鉴发达国家的经验，但不能完全照搬，而应该根据自身状况因地制宜地处理问题。

中国传统的"天人之学"是中国古人对人与自然、人与社会之间相互关系的认识性学说，也是我们今天提倡河流生态治理理念的思想渊源。所谓人道源于天道，故人应法天而为之正是从本质上揭示了对河流治理应采取的方式，因循自然生态之道来处理人与河流的关系，才能实现我们所期盼的"人与自然和谐相处"的良好生态与环境。

尽管"人与自然和谐相处"的思想由来已久，然而对于河流生态治理概念的提出以及将其应用于河流治理的大规模实践中，却是随着生态学、河流地貌学等相关学科与工程学的结合才逐渐被国内学者所重视的。许多学者从生态景观、河流修复、滨水环境设计和沿河土地利用等角度，分别探讨了城市河流生态治理的思想。

1999年，北京林业大学的高甲荣教授较为详尽地介绍了中欧荒溪近自然治理的理论进展；又于2002年阐述了河溪近自然治理的概念、发展和特征，提出了河溪近自然治理的原则。这些理念和原则，均为之后的城市河道生态治理工作奠定了理论基础。

在对河流治理问题进行探索的过程中，以中国水利水电科学研究院的教授级高工、博士生导师——董哲仁先生为首的一批专家学者，通过对国内外研究资料的搜集、分析和整理，提出了一系列的相关理论，对我国城市河流的生态治理与实践有着不可忽视的推动作用和指导意义。

在《河流治理生态工程学的发展沿革与趋势》一文中，董哲仁对欧洲河流的生态治理工程实践及其理论发展进行了总结和客观评价，并提出了"生态水利工程学"（Eco-Hydraulic Engineering）这一概念。他认为：河流生态治理工程，是一个十分广泛的概念，它包括水土保持、河流泥沙治理、水污染防治、地下水保护、河口治理等诸多方面。与此相对应，生态水利工程学也是一门交叉学科，它的技术任务是在水利工程满足人对水的多种需求的同时，为保持和提高生物多样性提供必要的生境条件。生态水工技术具体包括：河道整治、水库工程、人工湿地及生态景观的水工技术等。董教授还特别强调：自然界并不需要人类的"恩赐"，需要的是少一点"干预"。我们的任务是深入认识生态系统的规律，谨慎地遵循这些规律，而不需要创造什么规律。这一点是从根本的态度和理念上给我们以启示的。

此外，他还在《河流生态恢复的目标》一文中提到，对于河流生态恢复的定义有以下几种主要表述："完全复原"（full restoration, Cairns, 1991）、"修复"（rehabilitation）、"增强"（enhancement, National Research Council, 1992）、"创造"（creation, National Research Council, 1992）和"自然化"（naturalization, Rhoads and Herricks, 1990）。结合我国国情考虑河流的生态恢复与治理，应该面对现实，不能一味地盲从西方发达国家。当前值得提倡的、经济可行的技术路线是：充分利用生态系统自我设计、自我组织的功能，实现生态系统的自我修复，减轻人为对河流生态系统的胁迫，在水利工程建设中处理好人与自然的关系。

与此同时，其他专家学者对河流的生态治理问题，也纷纷献计献策，阐述了河流生态治理的内涵、目标以及方法等相关内容。在《基于维持河流健康的城市河道生态修复研究》一文中，作者明确提出：城市河流生态治理的目标是恢复城市河流的健康生命，在遵循自然规律的前提下，采用一切现有的工程和生物手段，拆除硬化的河床及护坡，重建受损或退化的河流生态系统，恢复河流泄洪排沙等重要自然功能，维持河流资源的可再生循环能力，促进河流生态系统的稳定和良性循环，实现人水的和谐相处。

1.1.2　国外研究情况

早在19世纪中期欧洲工业蓬勃发展时期，阿尔卑斯山区成为中欧的工业基地。由于开矿山、修公路、建电站，大规模砍伐森林，破坏植被，造成山洪、泥石流、雪崩等频繁发生，引起了地区各国的关注，1846—1884年制定了森林法及水资源利用法。为了与山洪和山地灾害斗争，兴建了大规模的河流整治工程。经过近百年的治理，大批工程设施发挥了作用，对山洪和山地灾害有所遏制。但是随着水利工程的兴建，伴随出现了许多负面效应。主要是传统水利工程兴建后，生物的种类和数量都明显下降，生物多样性降低，人居环境质量有所恶化。社会舆论要求保护阿尔卑斯山区，呼吁回归自然。这使传统的河流治理工程设计理念受到挑战。工程师开始反思，认为传统的设计方法主要侧重考虑利用水土资源，防止自然灾害，但是忽视了工程与河流生态系统和谐的问题，忽视了河流本身具备的自净功能，也忽视了河流是多种动植物的栖息地，是大量生物的物种库这些重要事实。

在这一背景影响下，近自然治理 (near natural control) 思想开始萌芽。起初是源于欧洲阿尔卑斯山区国家的河道及山地整治，用以强调恢复植被、改善生态环境，后为荒溪治理部门所应用。

1938 年，德国的 Seifert 首先提出 "亲河川整治" 的概念。他指出：工程设施首先要具备河流传统治理的各种功能，比如防洪、供水、水土保持等，同时应该达到接近自然的目的。亲河川工程既经济又可保持自然景观，使人类从物质文明进步到精神文明、从工程技术进步到工程艺术、从实用价值进步到美学价值。他特别强调河流治理工程中美学的成分，把亲近自然的治理看作人类所追求的高级目标。这一概念强调在水环境改善的基础上提升景观品质。

20 世纪 50 年代，德国正式创立了 "近自然河流治理工程"，提出河流的整治要符合植物化和生命化的原理。从而使植物首先作为一种工程材料被应用到工程生物治理之中，尽管当时仅限于在以工程措施为主的河流整治中得以应用。但此时并未给出一个近自然治理的明确定义。

河流治理的生态工程理论逐渐走上科学的轨道，还是在现代生态学形成和发展之后的事。现代生态学发展始于 20 世纪 60 年代，逐步形成了自己独特的理论体系和方法论。1962 年 H.T.Odum 提出将生态系统自组织行为 (self-organizing activities) 运用到工程之中。他首次提出 "生态工程" (ecological engineering) 一词，旨在促进生态学与工程学相结合。受生态学的启发，人们对于河流治理有了新的认识，河流治理除要满足人类社会的需求外，还要满足维护生态系统稳定性及生物多样性的需求，同时把河流的自然状态或原始状态作为河流整治及人类干预的尺度，相应发展了生态工程技术和理论。

随着生态学理论的发展并引入河流治理中，使人们对 "河流生态治理" 的概念有了新的认识。1971 年 Schlueter 认为近自然治理的目标，首先要满足人类对河流利用的要求，同时要维护或创造河流的生态多样性。此外，河流系统（river and stream system）被看作一个自然生命空间，而近自然治理被当作人类对河流利用与保护生态多样性之间的一种妥协的治理方案。这时，恢复自然河流的可行性方案中出现了附带性的观点，而且着重强调 "近自然治理" 的目标。

1983 年 Binder 提出，如果从河流系统生存的动植物及其环境的观点出发，近自然治理的实质是人为活动对自然景观或其一部分的干预，而河流整治首先要考虑河道的水力学特性、地貌学特点与河流的自然状况，以权衡河流整治与对生态系统胁迫之间的尺度。河流的自然状况或原始状态应该作为衡量河流整治与人为活动干预程度的标准。在这一概念中，指出了近自然治理和工程治理出发点的差异及其衡量近自然治理的客观标准。

1985 年 Rossoll 研究了上奥地利州荒溪治理的成果并指出：近自然治理的思想应该以维护河流中尽可能高的生物生产力为基础。同年，Holzmann 对近自然治理提出了一个相对准确的目标，即通过"生态治理"应该创造出一个具有各种各样水流断面、不同水深及不同流速的河流，河岸植被应该是具有多种小生态环境的多层结构，强调生态多样性在生态治理中的重要性，注重工程治理与自然景观的和谐性。

到了 1989 年，Pabst 把近自然治理看作一种工程治理方式，强调依靠自然力恢复河流的自然特性。建议施工地仅采用带石块的原状土或用纯石块覆盖，在一般意义上不再进行腐殖质化或剖面化处理。河岸植被应该是由自然下种形成的，而其他一切促进植被恢复和改良土壤的措施，如撒种、栽植、喷水、施肥等应该停止。在此，他阐述了用工程地貌学准则作为近自然河流治理的一个重要依据的基本观点。

1992 年 Hohmann 从维护河流生态系统平衡的观点出发，认为近自然河流治理要减轻人为活动对河流的压力，维持河流环境多样性、物种多样性及其河流生态系统平衡，并逐渐恢复自然状况。

如上所述，欧洲许多学者从现代生态学、景观生态学、工程地貌学与河流生态治理目标相结合的角度出发，阐述了河流治理的思想。受这一观念影响，美国和日本等国家也纷纷行动起来，在各自的领域进行了理论与实践的尝试。

美国在 20 世纪 70 年代以后经历了河流水资源管理模式的转换，与自然相协调的可持续的河流管理理念得以确立。提出了"与经济、生态、文化可持续性相融合"的河流管理新模式。

2000 年美国环保署在颁布的"水生生物资源生态恢复指导性原则"中指出：一个完整的生态系统应该是这样的自然系统：既能适应外部的影响与变化，又能自我调节和持续发展。其主要生态系统进程，诸如营养物循环、迁移、水位、流态，以及泥沙冲刷和沉积的动态变化等完全是在自然变化的范围内进行的。在同一区域内，其植物与动物统一的自然共性与多样性是生物学方面的最好例证。结构上，如河道尺寸的动力稳定之类的自然特征也是如此。为使生态修复能加速实现生态完整性的目标，在流域范围内，采取有利于自然进程和自然共性的计划方案，即随着时间的推移仍能保持原有的生态系统。

20 世纪 80 年代中期，日本开始认识到"生态系统保护、恢复和创造"以及"环境净化"的重要性，特别在水环境领域，对于河流整治引进了一些新的理念，即考虑河流固有的适宜生物生育的良好环境，同时保护和创造出优美的自然景观。

1997 年日本政府对旧《河川法》进行了大幅度的修改，在原来河川管理两大目标"治水""利水"的基础上增加了新的管理目标——"环境"。日本河流研究者将河流水域、河滨空间及河畔居民社区当作一个有机的整体，认为河流管理对象应该包括河流水量、水质、河流生态系统、河流水循环、河流水滨空间、河流与河畔居民社区的关系。在河道工程方面，对"多自然型河流治理法"进行了大量的研究，强调用"生态工程"方法治理河流环境、恢复水质、维护景观多样性和生物多样性。

在这样的背景下，原日本建设省提出了"建设多自然型河流"的方针。所谓"多自然型河流"是指：

（1）尊重自然的多样性。

（2）尊重自然的水循环。

（3）形成水和绿色的网络，不使生态系统处于分割、孤立的状态。

将"多自然型河流"建设的理念表述为：我们是作为被邀请的客人来访问自然的，因此不应该随心所欲地改变自然。自然的改变应该停留在最小限度内，即使已经改变的场合，也要以其他形式进行修补，让自然复原，甚至要设法创造自然。因为只有这样，人与自然才能和谐相处，共存共荣。

尽管与河流"生态治理"工程相关的理论表述方式各有不同：在德国被称为"河川生态自然工程"，在日本被称为"近自然工事"或"多自然型建设工法"，在美国则被称为"自然河道设计技术"（natural channel design techniques)，但是可以归纳以下共同观点：

（1）在学科的科学基础方面，强调工程学与生态学相结合。在河流整治方面，工程设计理论要吸收生态学的原理和知识。

（2）新型的工程设施既要满足人类社会的种种需求，也要满足生态系统健康性的需求，实现双赢是理想的目标。

（3）河流生态工程以保护河流生态系统生物多样性为重点。在治河工程中，尊重河流流域的自然状况，尊重各类生物种群的生存权利。水利工程设施要为动植物的生长、繁殖、栖息提供条件。

（4）认识和遵循生态系统自身的规律，充分发挥自然界的自我修复和自我净化功能，生态恢复工程强调生态系统的自我设计功能 (self-design)。

（5）依据人文学理论，强调河流自然美学价值。在治河工程中，要设法保存河流的自然美，以满足人类在长期自然历史进化过程中形成的对自然情感的心理依赖。

1.2 当前河流治理存在的问题

由于受到城市化过程中剧烈的人类活动干扰，城市河流成为人类活动与自然过程共同作用最为强烈的地带之一。人类利用堤防、护岸、沿河的建筑、桥梁等人工景观建筑物强烈改变了城市河流的自然景观，产生了许多影响，如岸边生态环境的破坏以及栖息地的消失、裁弯取直后河流长度的减少以致河岸侵蚀的加剧和泥沙的严重淤积、水质污染带来的河流生态功能的严重退化、渠道化造成的河流自然性和多样性的减少以及适宜性和美学价值的降低、不重视河流的结构和生境类型的恢复致使植物缺乏适宜的生境等。

如果不能因地制宜地从城市河道自身情况出发进行统筹规划设计，一味利用水利工程并采用模式化的建设方式，就会破坏河流四维系统，纵向上导致河流的自然蜿蜒状态丧失，横向上阻碍了河流与两侧绿地的联系，竖向上隔断了河床底部的渗透作用，长此以往，这种违反自然规律的设计必将会使原本健康的城市河道变成黑臭水体，使河流生态系统陷入恶性循环。

1.3　河流生态治理的意义

从景观生态学的角度来看，城市河流景观是城市景观中一种重要的自然地理要素，更是重要的生态廊道之一。河流廊道作为一个整体不仅发挥着重要的生态功能，如栖息地、通道、过滤、屏障、源和汇作用等，而且为城市提供重要的水源保证和物资运输通道，增加城市景观的多样性，丰富城市居民生活，为城市的稳定性、舒适性、可持续性提供了一定的基础。

我国滨河绿地大部分存在城市发展与生态保护二者如何权衡的问题。一方面，部分城市频发洪涝灾害，河道安全有待提升；另一方面，为了提升河道防洪标准而修建的硬质高墙，阻碍了河道与两岸绿地的联系，生态问题有待解决。更进一步地，如何在保证城市河道安全，同时在生态稳定的基础上，进一步利用河流资源优化景观，从而提升滨河绿地的活力，也是值得思考与研究的话题。

河流生态治理思路将积极探索基于生态修复理论的河流生态化设计与实践，通常采取适当的人工辅助引导，逐渐恢复并加强生态系统的自我调节能力，促进河流生态系统达到结构合理、功能完善的动态稳定状态，并沿此状态持续优化。修复后的河流生态系统既不破坏生态平衡，又不损害人类利益，是一个全新的人与自然平衡的良好状态。

第 2 章

城市河流生态
治理思路

　　河流是地球生命的重要组成部分，也是人类赖以生存和发展的基础。自古以来，人类都是择水而居，许多著名的城市都是依河而立，人类在建立城市的过程，也是自然河流向城市河流转化的过程，人类的活动影响着城市河流的水文特性、物理结构和生态环境，城市河流为人类提供各种服务功能，人类和城市河流成为不可分割的生命共同体，人类必须尊重自然、顺应自然、保护自然。

　　然而，最初的河道整治目标较单一，重点着眼于防洪排涝和水土保持等，因此主要措施包括河道疏浚和河道护岸建造等，这就带来了河道渠化、断面形式缺乏多样性、岸线笔直等问题。具体问题可归结为以下几个方面：

　　（1）河道形态标准化，改变了河流自然形态。河道整治中根据行洪需要，往往采用裁弯取直的设计方法，河道裁弯后，河道的长度缩短，纵比降也将变陡。

　　（2）河道护岸硬质化。目前，国内城市河道治理工程为追求河道的防洪功能，片面追求河岸的硬化覆盖，从而破坏了河流自然的生态链，同时也淡化了河流的生态和资源功能，进而导致生态环境的进一步恶化。河岸硬质化的结果是，年年加高的河堤，同时伴随钢筋混凝土的大量建设、以块石为基础的直立式护岸，人工与自然的比例失调，河流基本上全被渠道化、人工化，继而破坏了原有的生态系统。基于生态学的角度，河床及河岸硬化是治标不治本的做法，从根本上无法解决水污染净化的问题。自然界中的河流及河道里富含大量的生物和微生物，这些生物有降解水中污染物的作用，水中的植物可以向水环境中补充氧气，有利于污染防治，因此具有上述这种属性的河流是有自净能力的。然而，河道及河岸的硬质化，即衬底及护坡使用水泥硬化，会使水与土地及其生物相分离，割裂土壤与水的关系，河道失去自净能力的同时，水污染的程度也会持续加剧，最终河流失去了部分生态功能，造成整个河流生态系统的不完整。

　　（3）河道生态系统脆弱化。城市河道一般具有生态环境景观、防洪、排涝等综合功能。但随着改革开放的进一步深入和社会经济的迅速发展，河岸的土地被开发利用以及城市化步伐的加快，破坏了城市河道的相应功能。生活及工业污水不经处理直接排入城市河道内，造成河水污染，长此以往，就会造成水质恶化，河道生态环境最终遭到破坏。

　　（4）河道水体污染化。污染物进入河流之后，河水会受到污染，通过稀释、扩散、沉淀以及水生生物的吸收和分解等作用，水质会逐渐变好，即河流具有一定的自我净化能力和作用。但稀释、扩散、沉淀只能改变污染物的分布状态，不能彻底消除污染物质，因此和真正意义上的净化作用不是同一个概念。在河道中生存的水生生物为了生长繁殖而进行的各种生命活动，其结果是水中有机物受到氧化还原反应的作用而变成稳定的物质。

排入河流中的污染物首先被细菌和真菌摄取，将有机污染物分解为无机物。细菌、真菌又被原生动物摄食，产生的无机物如氮、磷等作为营养盐类被藻类吸收。藻类进行光合作用产生的氧气可被其他水生生物利用。但如果藻类过量生长又会产生新的有机污染，而水中的浮游动物、鱼、虾、蜗牛以及鸭等恰恰以藻类为食，抑制了藻类的过度生长繁殖，不致产生再次污染，使自净作用的优势突出显现出来。总之，水的自我净化作用是按照污染物→细菌、真菌→原生动物→浮游生物→鱼→两栖类、鸟、人类这样一种食物链的方式降低污染物浓度的。传统河流整治工程的实施，如河道及河岸的硬质化工程，破坏了原有的生态平衡，减少了河流水体及滨岸带的生物量，从而削弱了河流的自我净化能力。

随着城市的快速发展，很多河流被城市用地挤占，被工业、生活污水污染，被混凝土渠化，河流生态系统遭到严重破坏，原本自然健康的河流，失去了原有的生命力，如何统筹好城市发展与河流健康的关系，最少干预地恢复河流生态系统，重建更美景观，实现城市与河流的和谐共生，已经成为亟待解决的热点问题。

2.1　总体思路的转变

目前，随着社会进步，人们对城市环境和河道面貌都有了更高的追求。城市河道整治目标也从单纯的防洪排涝和水土保持转变为生态保育和提供多样化的滨水公共开放空间。因此，生态河道的设计思路也应发生彻底的转变，主要包括以下四个方面。

2.1.1　规划理念的转变

规划理念由"主要重视安全保障"向"全面构建复合功能"转变。在严守防洪安全底线的基础上，注重发挥中小河道的海绵调蓄功能，增强城市排涝能力，尊重沿河陆域空间的历史文化肌理，发展沿河景观游览、公共活动、开放共生的内在潜力，从以人为本的角度出发，有序打造并实现河道及沿河陆域水上旅游、公共交流、景观多样的复合功能。

2.1.2　总体内涵的转变

总体内涵由"单一生产功能"向"生产、生活、生态"综合功能转变。从生产型岸线向生活生态型岸线转变，不断盘活资源，鼓励河道及其沿河陆域的转型发展，打造公共开放空间，构建水岸环境品质，体现生态宜居、开放多元、生生不息的城市魅力，提升河道及滨水陆域空间对城市的服务能力。

2.1.3　统筹范围的转变

统筹范围由"水域本体"向"水陆统筹"转变。从只关注水域本身到关注水陆一体化建设转变，强调水陆统筹、水岸联动、水绿交融、水田交错。

2.1.4　设计思路的转变

设计思路由"水利工程设计"向"整体空间设计"转变。河道作为城市多种功能的复合空间、城市生活交往的活动载体，其规划建设要从只注重工程设计向整体空间一体化设计转变。不仅要考虑河道的等级、功能、水位变化、流速及流量等要求，更应强调为民服务，强调与城镇、乡村布局相互依存、相辅相成的关系，努力做到城水相融，人水相宜。

2.2　河流生态治理的设计要素

河流生态系统是由植物、动物和微生物及其群落与河流、近岸环境相互作用组成的开放、动态的复杂功能单元。河流生态治理的设计要素是组成河流生态的个体成分，参考景观要素的分类方法，归纳为自然要素与人文要素。

自然要素具备生态功能，也是地域文化的源头，同时也是国家和民族认同感及归属感的源头，主要包括水体要素、气候水文要素、地形要素及生物要素等。人文要素是人类随着生产和发展与自然环境碰撞协调逐步形成的产物要素。主要包括维系河流安全健康的水利工程要素，影响河流的城乡、农业环境要素及文化要素、设施要素。自然要素与人文要素构成了河流生态系统，形成以河流为核心，动植物及其构成的群落、近岸环境相互作用组成的开放、动态的复杂功能单元。

2.2.1　水体要素

城市河流功能和生态过程会受到来自水位变化、地质结构、局部小气候以及生物和非生物过程等多方面因素的影响，最主要的是来自水位的周期性脉冲式涨落的影响。维持河流必要的流量和水位是维系河流生态系统的基本条件，季节性的水文过程波动、流量水位涨落变化，增加了河湖栖息地的多样性。流量过程的脉冲性为大量水生生物提供了生命节律信号。水文情势是河流生物群落重要的生境条件之一，特定的河流生物群落的生物构成和生物过程与特定的水文情势具有明显的相关性。年周期的水文情势变化是相关物种的生理学需求，引发不同的行为特点(Behavioral trait)，比如鸟类迁徙、鱼类洄游、涉禽的繁殖以及陆生无脊椎动物的繁殖和迁徙。骤然涨落的洪水脉冲把河流与滩区动态地连接起来，形成了河流−滩区系统有机物的高效利用系统，促进水生物种与陆生物种间的能量交换和物质循环，完善食物网结构，促进鱼类等生物量的提高。河流的流动是水体一种不可逆的单向运动，水体要素包括水位、流速、水质、流量等。

2.2.1.1　水位

水位的变化是河流形成的直接原因，同时是导致河流生态脆弱性的主要因素之一。水位呈现周期性变化是河流最主要的特点，也是治理过程中的关键难点。水位呈现周期性变化是河流的基本特点，也是城市生态治理的重难点，影响河流生态的平面及断面总体布局。

2.2.1.2　流速

河道范围内受到的水流影响大部分来自流动水体，水体流速将会直接影响河流滩地及岸线的植被恢复、景观塑造及驳岸类型的选择。流速直接影响城市河流护岸形式的选择及边坡植物的选择。

2.2.1.3　水质

我国工业、农业和生活造成的水污染，已经对河流生态系统形成了重大威胁，导致不少河流的生态系统退化。如果不计环境污染的影响，那么对于河流生态系统的认识就会是不完整的。如果不首先解决治污问题，河流生态系统修复也将失去前提。水质关系到河流及周边环境的总体水环境安全及水环境健康，同时直接影响综合体验效果。水质是直接影响河道综合效果的因素，良好的水质无论对动植物生长，还是市民亲水体验，都会有很好的促进作用。

2.2.1.4　流量

流量反映河道的断面规模及流动性情况，是河道连续性、可持续性的关键因素。

2.2.1.5　水利工程

水利工程在防洪、灌溉、供水、发电、航运和旅游等诸多方面对保障社会安全、促进经济可持续发展发挥着巨大的作用，水坝和堤防建设、河道整治工程和跨流域调水工程等各类水利工程对河流、湖泊生态系统也造成了胁迫效应。近百年来，人类利用现代工程技术手段，对河流进行了大规模开发利用，兴建了大量工程设施，改变了河流水文及地貌学特征。河流近百年来的人工变化超过了数万年的自然进化。水利工程对于河流生态系统的胁迫主要来源于以下两个方面：一是河流的人工改造，包括自然河流的渠道化、自然河流的非连续化；二是跨流域调水工程。针对水利工程对河流生态系统的胁迫问题，需要吸收生态学的理论知识，完善传统的水利工程技术。

河流作为动态的物理系统，一个健康、可持续的河流生态系统，要求人们对河流的开发利用保持在一个合理的程度上，保障河流的可持续利用。此外，要求人们保护和修复河流生态系统，保障其状况处于一种合适的健康水平上。通过水资源的合理配置以维持河流河道最小生态需水量。通过污水处理、控制污水排放、生态技术治污、提倡源头清洁生产、发展循环经济以改善河流水系的水质。提倡多目标水库生态调度，即在满足社会经济需求的基础上，模拟自然河流丰枯变化的水文模式，以恢复河流的生境。

2.2.2　地形要素

在地理学上，地形主要指地表形态，具体指地表上分布的固定性物体共同呈现出的高低起伏的各种状态，包括地势与天然地物和人工地物在内的地表形态。地形主要指由通过土壤质地本身由于重力及颗粒相互咬合形成的稳定的地表形态，包括地质构造、外部因素、自然驳岸形态、竖向变化地表物质粒度等方面的内容。自然河流地貌的空间异质性在纵向表现为河流的蜿蜒性；河流横断面表现为几何形状的多样性；在沿水深方向表现出水体的渗透性。另外，良好的河流地貌景观格局是河流与洪泛滩区、湖泊、水塘与湿地之间保持良好的连通性，为物质流、能量流和信息流的畅通提供了物理保障。河流地貌特征是决定自然栖息地（Physical habitat）的重要因子。

地形要素包括地势、地质及地貌因子。

2.2.2.1　地势

地势主要指由河流表面的固定性物体所表现出来的地表起伏高低与险峻的态势，包括地表形态的绝对高度和相对高差或坡度的陡缓程度，河流地势决定了河流断面的起伏高差形式，是河道断面治理的现状依据。

2.2.2.2　地质

地质的范畴是表示地球质地状况的一个综合性概念，主要指地球的物质组成、结构、构造等。地质与河道的演替有着密切的关系，不同的地质状况会形成不用的河道形态，进而改变水体流动状态，对河岸的冲刷力度也随之改变，同时，不同的地质状况下，河岸对水流的抗冲刷能力也不相同。

2.2.2.3　地貌因子

地貌即地球表面各种形态的总称，是内、外力地质作用对地壳综合作用的结果。在河流中形成的不同粒度的沉积物，形成了不同的地表形态。卵石、泥沙、石块等丰富的地表物质类型造就了丰富多彩的河流地貌，也是河流分类的重要依据。

在平面上，河流平面形态多样性，表现为蜿蜒形、辫状、网状等多种河流形态。三维空间异质性形成了栖息地多样性。生物多样性与河流地貌空间异质性成正相关关系。不同类型的地形空间异质性为种群动态、种群关系、群落演替和干扰传播等多种生态过程提供了基础。景观层面，不同地形因利用方式及开发方式的差异，对空间及植物景观的塑造有着根本性的影响，对滨水景观效果起到关键作用。生态层面会随着地质类型的不同，构成不同生物所需要的栖息地空间，形成不同的生物圈循环，自然及人为做功对于河道总体空间形态的改变和生态生境的演替起着决定性作用。地形处理的前提是尊重自然，恢复河道的近自然形态，避免对其蜿蜒性、连续性等自然化特征的破坏，改变过去河道工程的传统思想，因目前的河流状况已经明确了将河流禁锢并不是最好的水利措施。地形处理的目的主要是恢复河道的自然属性，在沿岸用地允许的情况下恢复其原本的自然属性，形成丰富多样的河岸形态，为生物生存创造空间，获得良好的景观效果，同时，也能对防洪发挥一定的辅助作用。

2.2.3　生物要素

河流不仅是一个流动的物理系统，更是一个动态的生态系统。生态系统是由生物与环境构成的一个整体，除非生物的物质和能量外，其余的生产者、消费者及分解者都是由生物组成，可说生物对于生态系统的良好运转发挥着极其重要的作用，也是生态系统运转最基础、最关键的环节。生物群落在适应环境求生存的同时，也在主动改变着环境，带动环境的良性循环，促进整个系统的物质能量交换。同时，生态系统能够支撑起来的基础也是食物链的存在，而生物完成了食物链中最基本的运转过程，实现了对物质能量转换的主动性。生物要素主要包括了植物、动物和微生物三大类。生物能进行呼吸，对外界的刺激做出相应反应，能与外界的环境相互依赖、相互促进。生物多样性是指各种生命形式的资源，是生物及与其环境形成的生态复合体及相关生态过程的总和。它包括数以百万计的动物、植物和微生物及其基因。

在生态学中具体的生物个体和群体生活地区内的生态环境称为 "生境"(habitat)。由形形色色的生物组成的生物部分，在生态学中按照不同的功能和地位分为生产者(producer)、消费者(consumer)和分解者(decom-poser)这三类。生物多样性具有重要生态功能，包括供给、调节、支持与文化服务功能。生物多样性是人类社会赖以生存和发展的基础。生物多样性的丧失，危及人类生存环境。

2.2.3.1　植物

植物是承载河流生态系统功能的主体，具有较高的生产力和生物量，发挥着为动植物生存提供空间，缓冲并过滤污染物质，有效缓解水土流失现象等作用。对于河道岸坡的稳定性，生物多样性的保护，水土保持及创造舒适、安全、富于魅力的河流空间环境等方面均具有重要现实意义和潜在价值。在水下的藻类和水草是生产者，它们通过光合作用制造有机物，成为鱼类、底栖动物和浮游动物的食物。淡水的消费者是以藻类和水草为食的浮游动物、鱼类和底栖动物。而在水底的土壤中有数量巨大的微生物在从事有机物质的分解工作。在周边的湿地，由于处于陆地与水域的交错带，生物群落更为丰富。水陆之间进行着复杂的物质循环和能量流动。周边湿地物质流动的过程是太阳能通过光合作用进入绿色植物形成生物能，继而沿着食物链转移到昆虫、软体动物和小鱼小虾等食植动物，再流动到水禽、涉禽、两栖动物和哺乳动物，最后微生物将残枝、残体分解，还原成为无机物质。这样的物质循环过程周而复始地进行。河流植被群落的生长环境因为受到周期性的动态变化影响，自身也会伴随着地形、气候、水势等变化而变化，另外，自身的群落结构变化、演替等也会对河流环境造成影响。通常情况下植被种群的丰富程度是生态环境优劣的标志。

2.2.3.2　动物和微生物

河流生态系统具有水生生物与陆生生物的生活环境特征，是生物多样性富集区域，由于异质性高，使得生物群落多样性的水平高，适于多种生物生长，优于陆地或单纯水域。河流水陆环境的常年交替形成了随季节而不断变化的环境，使得区域生物应对环境时又极端脆弱和敏感，生物数量变化幅度较大。河道内大部分动物有着体型小、对环境变化敏感等方面的特点，而且外貌不受大部分人喜欢。但是生活在消落带的动物及微生物本身不仅对生态系统的良好运转起着重要作用，而且还能带动土壤、水质及生物圈的良性循环，促进相互之间的能量交换。

植物配置首先要考虑到河流特有的生境条件，并对相关的干扰因素、周期频率、淹没时间及影响程度等因素进行分析；充分考虑河道的行洪能力与植物的关系；对外来物种的引入需要小心谨慎，避免造成生态性的破坏；在对植物选择方面，还应参考该河道或附近区域河道自然状态下的植被，因地制宜地选择适生植物类型；植物尽量选择自然野态下能生长良好的适应当地环境的种类，避免增加管理成本；植物恢复的目的除了进行生态系统的修复，营造良好的自然景观也是目的之一。最终目的是在对河流的结构、功能、价值及潜力等方面进行综合评价的基础上，运用自然与人工相结合的手段，选择尺度、习性等合适的植被恢复消落带的整体性、连续性和稳定性。另外，在对原有植被进行合理保护的同时，优化处理河流已经具备的条件和特征，对其结构和功能进行科学的匹配，从而建立人与自然可持续性发展的和谐关系，与一种生态服务功能足够强大的生态实体。

2.2.4　设施要素

设施的字面含义是指为了满足某种需求而建立的组织、机构或建筑等。这里主要是指在河流工程范围内，由人类行为主导的一些包括防洪、固坡、基础建设及游览休憩等功能性的设施，是河流空间的非必然要素，主要存在于人为因素影响较严重的城市与洪水发生频率较高的地段。设施是具有明显的人工特征，以服务人类自身为修建目的，发挥着休息、防洪、游憩等多方面的功能。设施是河流要素中人为干扰最突出的一个，不仅主要手段来自人工，在材料使用上更是借助了很大一部分的人工化材料，其稳定性与安全性也得到了较高程度的保证。设施的介入主要是为了便于河道的治理、滨水空间的开发利用及沿江区域用地的规划。

2.2.4.1　护岸

护岸是一类在河岸、海岸上由人工措施主导保护河（海）岸不受波浪冲击的构筑物，常用块石或混凝土铺砌筑成。护岸最初的主要功能是抵御洪水、防止水流对河岸的冲刷，采用刚性材料的垂直护岸、斜坡护岸等多种形式。随着城市的快速发展，人类社会的进步及对人类生存环境危机的认识，护岸在防洪功能保证的基础上，还衍生出了一些带有辅助休息、游憩、生态等多方面功能，形成了包括阶梯、植被生长等多种形式的护岸类型。近些年，由董哲仁教授在将水工学与生态学结合之后提出的生态水工学，也大力提倡生态型护岸，其主要特点是恢复了河岸原本的可渗透性。

2.2.4.2　场地

场地通常以亲水平台及广场的形式出现，是一种从陆地延伸至水面，通常情况下会高出水面的供人们戏水、观景、休息的水边设施。虽然部分护岸也能够发挥亲水平台的作用，但是其更注重对河岸的保护和对洪水的防御。在材料上，亲水平台及广场往往会着重考虑面层材料的亲和性和舒适感，在视觉感受、心理感受和环境体验上都会有细致入微的考虑。现在人们在水边的活动除了旅游观赏，更多的是会注意和重视环境的体验性与生态性，而亲水平台及广场空间为之搭建了良好的桥梁，为人们提供了良好的接触环境和体验生态的空间。

2.2.4.3　道路

道路是供人行走的线性空间，河流的道路主要包括内部联系的道路和内外联系的道路。内部联系的道路包括慢行系统、亲水栈道、主次园路等，主要发挥游览、观景、亲水等作用，更注重本身形态和细节处理，提升水边通行时的舒适感和吸引力。而内外联系的道路如堤顶路、连接的市政路及公路等，主要目的是增加滨水空间的可达性，方便人们抵达水边，提升亲水空间的活力，并在危险时拥有足够的空间撤离河道。

2.2.4.4　其他设施

其他设施则包括了可移动设施、临时构筑及自救设施等，主要满足河流空间的一些基本功能，例如安全功能、休息功能等。在结构层面，无论是自身结构或是基础结构，要求相对比较坚固，避免在丰水期的水流作用下松动，并随水流冲入下游，对下游河岸造成破坏。在体量和规模上相比陆域空间内的同类设施也会更加小巧和轻盈，一方面是减少设施的迎水面面积，避免在水流作用下承受更大的力；另一方面，对于一些可移动的设施，也方便人工搬运。

随着生态水工学的发展和不断更新，水利工程生态化的趋势不可避免，但是现在普及程度尚不充分。在河流设施规划与设计层面，不仅要提倡生态学与工程学的结合，更要将景观元素融入其中，在实现河流生态性保护恢复的基础上，形成多样化的良好景观效果，同时提升亲水活力，满足城市人群的亲水需求。在充分研究当前自然河流或正在进行恢复的河流的形态、水流状况、生态系统等特征基础上，结合当地历史文化的同时，营造出更加自然化、更能体现河流自然生态特征的、生机勃勃的河流景观与滨水空间。

2.2.5 文化要素

文化要素是一种关联自然与文化、历史与现在、物质与非物质的方法，它将土地与生命相互联系，从整体性的角度，促进自然与文化的相互渗透、相互依存、相互贯通；它是描绘与时间相关的场景，以有机演进为原则，记叙历史一路走来所有潜在景观的总和；它积极寻找非物质要素，如历史文化、风俗习惯、美感经验等与人们精神生活息息相关的东西，从联想性的视角描述风景如何因故事的渲染而具有的独特性。文化要素以空间载体的方式记录着文化历史，但记录的意义不是将历史封存，而是通过对这种具有历史意味的空间体验，重温人们对过往事物的记忆，感受祖辈所传递的精神，并在历史中注入新的生命形成新的文明成果，在世界上留下自己时代的痕迹，使文化历史成为一条常青藤，从远古一直延伸至今，直至我们的子孙后代。

作为人居环境的重要组成部分，文化、艺术和生态已经成为河流建设与发展中不可分割的三个基本特征。人与河流的关系是人与自然的关系，人顺应自然改造自然的过程中，人类从临水而居，取水生活灌溉，到城市兴起以水兴城，再到水资源合理利用及水景观水文化的建设。人类与水和自然的作用关系产生了文明和文化。自然是地域文化的源头，也是国家和民族认同感和归属感的源头，所谓"一方水土养一方人"。这主要是因为各种独特的动植物区系和自然生态系统在漫长的文化积淀过程中，定义了当地的生产和生活方式，塑造了本土人民的行为习俗和性格特征。丰富多样的自然系统孕育了精神文化生活的多样性，也塑造出多样的适应性文化景观和地方特色。河流滨水空间对于人类有着内在的、与生俱来的持久吸引力，是城市中最吸引市民兴趣、最集聚人气的区域。水文化要素的主要特性有：第一，水文化是以水和水事活动为载体形成的文化形态。第二，水文化是水在与人和社会生活各方面的联系中形成和发展的文化形态。第三，水文化内涵要素和定义类型与文化基本一致。这是文化与水文化最紧密联系的反映。第四，水文化的内容博大精深。既有物质形态的水文化，也有精神形态的水文化，还有制度形态的水文化。分别体现了人类与水的联系作用于自然界、作用于社会、作用于人本身，三者之间，互相联系，各有侧重。第五，水文化具有母体文化的特性。

2.2.5.1 工程文化

目前，我国大多数水利工程均以实用、安全、提效为主，地域特色、审美元素、文化积淀较为缺乏。虽然如此，但仍有值得人们深入挖掘的文化内涵，本书从水利工程的科技文化和审美文化两个方面深入挖掘：①科技文化，水库型水利风景区、水土保持型水利风景区、灌溉型水利风景区中都保存了许多各式各样水利人建设的水利工程，这些水利工程建筑从规划、设计、施工到建成所保留的设想、技术、图纸、建材、工具以及新技术、新材料等都体现出水利工程的科技文化；此外，堤岸修复、联圩防洪、生态保护等水利工程也体现了这一点。②审美文化，水利工程除具备基本功能外，还有艺术文化、造型文化、图纸文化等水工美学价值。

2.2.5.2　遗产文化

我国幅员辽阔，治水历史久远，文化遗产分布广泛、类型众多、底蕴深厚。根据我国最新调查统计资料，水文化遗产的表现形式将其分为三大类：①水利工程建筑遗址，如水闸、灌渠、堤坝、桥梁等以及特殊形式的军事防水寨（古代人们常用河流或湖泊作为防御外敌的军事要塞）。②临水而建的古建筑，包括祭拜祖神庙、保佑平安宅、地方亭台阁、地标性刻碑等。③非物质文化遗产，如语言、歌曲、节庆、传说、运动等风俗文化，或是龙舟制造、水车、水碓、水井等人类生产生活的技术文化。

2.2.5.3　地域文化

显性地域文化包括生活饮食、服装配饰、生产器具等；隐性地域文化反映在居民生活的精神文化、民俗文化、亲水文化、祭祀文化等方面。从不同地域经济社会发展视角看，地域性文化可分为生活性文化和生产性文化。生活性文化表现在居住文化、饮食文化、服饰文化、器具文化、风俗文化和语言文化；其中居住文化包括建筑文化、风水文化、桥梁文化；饮食文化包括茶文化、酒文化等；服饰文化表现在具有驱邪避恶、保佑平安之效的刺绣图案；风俗文化是民间百姓日常生活中沉积下来的历史文化，如民谚、节庆、祭祀等，傣族泼水节、鄱阳湖赛龙舟、祭祀水神活动都展示了地域文化的独特魅力。生产性文化表现在产业发展如农稻耕作、水产养殖等。地域文化对地域发展具有很大的经济社会效益。

过去人类的影响只不过是自然环境微不足道的存在，现在形势发生了逆转，人类的影响已经成为景观的主导因素，但是，即使在完全人工或者完全由人掌控的环境中，我们仍能发现自然存在的痕迹。自然与文化，从来都是不可分割、同等重要的关系。在新时代生态文明建设的要求及文化自信战略的指引下，河流角色由传统的水利功能转变为生态、文化、教育、公共服务的综合属性。人与河流城市的发展密切相关，新时代文化旅游的融合发展为城市河流带来新的契机，"文化自信"的提出及国家文化公园的建设为城市河流的文化属性指引了方向，划定了载体。河流生态系统具有历史文化、科普教育、审美启智、娱乐和生态游憩等价值，具有丰富多元的文化要素。河流空间作为乡愁的承载体，承载乡愁记忆，触发怀念，在快速城镇化的冲击下，城镇发展也亟须"乡愁"来赋能逢合。对城乡特色景观地区进行保护和控制，尊重延续地缘地貌，加强空间认同感，留住城市记忆，守住"乡愁"，保护地域特色。

2.3　设计思路

设计思路的转变要求我们要用系统的思维去重新审视河道生态治理的思路，要从生态学、景观学、水利学、社会学等多学科统筹的角度，探索生命共同体视角下的城市河流生态治理思路。

水是生命之源，自古以来，人类逐水而居，河流孕育了人类文明，人类与河流的命运息息相关，是有机的生命共同体。城市河流的治理应该站在生命共同体的视角，充分考虑人水和谐共生。规划层面，应划定严格的保护控制线，为河流预留足够的生态家园。设计层面，要像爱护我们的母亲一样爱护河流，进行最少干预的生态治理，永葆河流生命的健康，按照生态河道的标准，系统治理河道，理顺城市河流的尺度与形态，就像身体的骨架，然后确定城市河流的水源与水量，就像身体的血液；在此基础上，塑造安全而有弹性的空间地形，就像身体的肌肉；构建生态稳定的水生态系统，就像保护皮肤一样保护河流；最后，营造地域性特色的滨水景观，就像为母亲搭配特有气质的服饰，并充分结合地方文旅产业，实现城市河流文旅融合发展。

2.3.1   规划生态保护控制底线

河流是城市发展的生态底线和红线之一，对于河流的保护与修复，首先应该划定严格的保护控制线。关于控制线的划定，《城市水系规划规范》（GB 50513—2009）（2016版）明确了水域控制线、滨水绿化控制线、滨水建筑控制线的"三线"管控体系，对于水域控制线提出了明确的划定标准和管控要求，对于滨水建筑控制线也有划定原则和控制要素，唯独没有说明滨水绿化控制线如何划定。河流两岸的滨水绿化是河流的生态缓冲带，是保护河流的生态屏障，生态屏障的适宜宽度与其功能成正相关，屏障区的宽度越宽，生态屏障的生态功能按照坡岸稳固、水温调节、污染物质去除、泥沙截留、栖息地保护的功能顺序依次增加，因此可以根据生态屏障的不同功能目标来决定适宜宽度范围的划定。

2.3.2   构建可持续的生态河道

天然河流都有自身特有的形态和自然演化过程，而城市河流因城市化进程，原有形态和稳定性会受到影响。城市河流空间受限，河流形态往往是固定的，服务功能除基本的防洪排涝功能外，还包括了生态休闲、亲水游憩、文化旅游等。城市河流的尺度与形态，在保证最小行洪断面的基础上，应坚持生态效益最大化的原则，尽可能地恢复或模拟河流自然形态。河流纵向上，宜保留或恢复河道的连续性、蜿蜒性和不规则性，少建拦蓄水建筑物，尽可能维持河流有缓有急、浅滩和深潭相间、激流和缓流交错的自然纵坡，防止河流的渠道化和园林化。横向上，宜尽量维持现状自然岸线，构建自然的驳岸层次，尽可能创造浅滩、沙洲、岛屿等多种类型生境，提高生境异质性和生态亲和性，避免直线化、硬质化，且河流治理后应保持原有的水面率，因地制宜地提高河道水面率和水域容积率。为了保证岸坡的稳定，护岸设计需按照《堤防工程设计规范》（GB 50286—2013）进行抗滑稳定计算。岸坡的抗冲设计，可以通过水力模型计算，得出整体流速分布，根据不同流速和生态景观的需求，对驳岸进行精细化设计。一般情况下，水流速度低于1 m/s 时，可以采用自然草坡；水流速度在1~3 m/s 时，可以采用植生工法；水流速度在3~6 m/s 时，可以采用三维植被网植草护坡、预制生态块、格宾石笼、鱼巢砖等生态护岸形式。尽可能地按照生态河道的标准去打造生态河床。

在生态河床的基础上，合理确定城市河流的水源与水量。城市河流受人类活动的干扰强烈，河流生态水量严重不足，水污染严重，生态系统功能退化，甚至出现断流，尤其是我国北方季节性河流，生态用水已经成为河流健康的制约因素，因此生态补水成为河流生态治理的重要举措。河流生态补水就是通过工程或非工程措施，向无法满足需水量的河流调水，达到改善、修复河流生态系统的结构、功能及自我调节能力的目的。生态补水的关键在于水源与水量。水源上，应坚持"开源节流"的原则，尽可能考虑优水优用、分质供水等手段，实现水资源的最优配置，常用的生态水源有雨水、再生水、循环水等。生态补水量到底多少合适，取决于供需两方面。从河流健康的角度计算河流最小生态需水量，国内外有很多相关研究，国家也有《河湖生态需水评估导则（试行）》（SL/Z 479—2010），这里不再赘述。难点在于水资源供给不能满足河流最低生态需水时，怎么合理确定河流补水规模？坚持"以供定需"的原则，综合生态、城市规划、景观等多因素，设计多元化的生态河流形式。在实践中总结出三种类型，分别为景观蓄水型、公园溪流型和生态旱溪型（见图 2.3-1）。景观蓄水型是对河流进行生态补水，形成景观大水面，适用于展示城市形象的、地域性、公共参与性强的滨水区，形成门户景观。公园溪流型是对河流进行少量补水，形成生态基流，适用于亲水性、可达性要求高，尺度宜人的滨水区，形成"小桥流水人家"式的溪流景观。生态旱溪型是不对河道进行生态补水，适用于城市的郊野段，以疏林草地、阳光草坪、雨水花园等植物空间为主，形成自然生态景观。公园溪流型和生态旱溪型河流，应根据不同洪水位设置阶梯式的景观，构建景观安全格局。

（a）景观蓄水型　　　　（b）公园溪流型　　　　（c）生态旱溪型

图 2.3-1　不同生态河流形式示意图

2.3.3　塑造安全而韧性的地形

河流两岸绿地地形的塑造，不仅要考虑空间的需求，更重要的是还要考虑排水的组织。现实案例中，很多河流因为修筑高堤防，阻隔了堤防外绿地的天然排水途径，导致绿地的雨水不得不往市政道路排，增加了市政道路的排水压力，如周边没有市政道路，雨水就会漫流，甚至淹没农田。因此，河流两岸地形的塑造，首要任务是堤防的设计，堤防如果能够结合河流两岸的滨河道路设置，让滨河道路成为堤防，河流空间全部对外打开，这对于城市河流空间来说是最为理想的格局。退而求其次，可以设计隐堤，让堤防隐于两岸起伏地形中，成为绿地的主园路。

堤防格局确定后，场地的地形设计应坚持做大地景海绵，不要为了做海绵而做海绵，让海绵设施是景观地形的一部分，下凹场地与凸起地形相得益彰，最大化地提升绿地"自然海绵体"的功能。根据周边场地竖向与景观空间、视线、排水需求,确定设计最高点和最低点,形成高低起伏的错落空间,找准排水线路,确保排水有出口。此外,还需考虑土方量,尽量做到区域土方平衡。

涉及人工堆山造岭时,地形设计可以借鉴"三远"原理,对地形进行理脉布局,以求在咫尺之间展千里之致。平面布局要坚持胸有丘壑,虚实相生的原则,"有高有凹、有曲有深"地布置山脊和山谷。立面整体趋势是"未山先麓",由缓转陡,具有山麓、山腰和山头的变化,土坡坡度不能大于土壤的自然安息角,自然安息角的大小,需取样试验,经计算确定。地形确定后,再因山构室,取境设路,步移景异,留有足够的休憩、游乐空间,保证重要的视线通廊和主要的无障碍通道。

2.3.4 构建稳定的水生态系统

生态稳定的水生态系统构建,不仅要保持生态学意义上的完整性,还应强调是否满足人类生态服务功能的需求。因此,应坚持从宏观到微观的思想,按照"大生态、大景观、小细节"的思路,构建水生态系统。

大生态,要注重稳定植物群落和生态食物链的营造。食物链的营造主要通过以栖息地吸引动物的方式进行,在适当条件下,亦可投放部分动物,协助形成目标食物链。根据不同类型的河道有的放矢,前面说的景观蓄水型河流,以水生型植物群落为主,景观植被与自然植被结合、结合适量的动物投放,营造较为复杂、具有一定自持能力的食物链;公园溪流型河流以水生与湿生植物群落为主,生态旱溪型河流以湿生植物群落为主,这两类可以自然植被为主,结合适量动物投放,营造复杂完整的、自持的、稳定的食物链。

大景观,要注重河流廊道的生态功能,将复育河流地带性乡土森林作为总体目标,坚持"点上绿化成园,线上绿化成荫,面上绿化成林"的原则,充分分析现状乡土植物群落,选择一些生态稳定、兼顾季相景观的典型乡土植物群落广泛应用,形成健康持续的生态绿化带。

小细节,需结合建筑、广场、亭廊构筑物、草坪、步道、景石、海绵设施等不同的空间类型,从人的视角丰富群落层次,营造不同意境的植物空间,充分发挥植物造景的作用。

2.3.5 营造地域特色文旅品牌

每条河流都有存在的意义,它可能是一个城市的水源,也可能是一个国家的命脉,人类与河流在长期的历史发展过程中,相互影响,慢慢形成了每条河流特有的文化。为了营造地域特色的河流景观,首先,要延续和彰显城市与河流相互依托的原有特色肌理,避免裁弯取直,尽可能保留和修复原有的水岸和互动方式;其次,深度挖掘和活化利用滨水历史遗存,拓展保护对象,关注对滨水工业遗产、里弄街坊、古树名木的抢救性保护,保护及修复古桥、水埠、码头等反映水景观特色的环境要素,彰显水文化风貌特征;最后,延续再造,将每一条河流都塑造成这个区域的河流品牌,充分挖掘河流自身文化,提炼文化内涵,以浸入式的文化景观营造手法来体现河流文化,以景观大空间为载体,不单单是某个具体的雕塑、小品等，而是在植物配置、建筑形式、特色景石、铺装纹理等各大园林造景要素的细节设计上，都呼应文化主题，强化文化氛围，让河流文化在河道两岸自然绽放与成长，此外，注入与文化相关的活动，通过文化活动活化景观空间，以统一的视觉形象对外宣传，强化河流的品牌印象。

在充分挖掘文化、塑造文化形象品牌的基础上，要注重发展文旅，推进城市河流文旅融合发展，创新旅游产品，做好河流沿岸文旅元素配套开发，开发文旅新业态，完善"全链式"服务水平，创新河流文旅融合发展模式，强化河流文旅融合发展管理。

第 3 章

城市河流生态
治理体系

3.1　规划生态保护红线

　　面对资源约束趋紧、环境污染严重、生态系统持续退化的严峻形势，需定义一个相对完整的水生态系统的边界、划定维护其安全和健康的底线，即生态保护控制底线，这是用生态方法综合解决城乡水问题的基础性的工作，是维护区域生态安全的底线。而划定生态保护红线将对区域内维护和控制某些关键生态过程，防止生态环境问题发生，保证生态系统持续提供服务功能,实现生态系统的健康、稳定、可持续发展具有重要意义。此外，生态保护红线有利于协调国土空间开发利用与自然环境条件保护的关系。对开展城市河流的生态治理具有基础作用。

　　从系统的角度出发，不仅是关注水体本身，更重要的是关注整个水生态系统，通过划定红线严格保护与水生态系统相关的水生态空间，进而保护系统的结构和功能，为维护关键的生态系统服务。

　　在我国，空间管控研究主要以区划和控制线为发展主轴。分区管控早在 20 世纪 50 年代之前就开始出现，主要针对单要素的自然区划管控，即竺可桢的气候区划、李承三的地形区划、陈恩凤的土壤区划等，对单独自然要素采用专家集成的方法进行分区。随着改革开放为国民经济事业带来的巨大动力，推动着城市快速发展，为了满足城市管理需要，相继出现了土地利用分区、主体功能区划等相关区划形式。中国的城镇化速度越来越快，社会、经济和生态等非空间要素的管控要求也越来越精细化，单纯的区划不能满足城镇精细化管理的需求。20 世纪 90 年代，"空间管制"理念被引入城乡规划学、地理学、公共管理学等学科，在区划管控的基础上衍生出了用地红线，来弥补区划管控的不足之处。

　　在传统红线之后，建设部于 2002—2005 年相继颁布了《城市绿线管理办法》《城市紫线管理办法》《城市蓝线管理办法》《城市黄线管理办法》，明确了城市"五线"的雏形。国内开始了关于控制线的探索研究热潮，早期学者对单要素控制线进行了研究，制定了河道蓝线的划定原则，编制规划来保护水资源，修复水生态，以达到提升城市生态环境的作用。随后在控制性详细规划编制过程中，对"城市五线"的划定进行了探索，结合实际情况，分析并纠正了"城市五线"存在的问题，促使"五线"在城市刚性与弹性的管理过程当中发挥其更大的作用。

　　随着中共十九大明确了：要完成生态保护红线、永久基本农田保护红线、城镇开发边界线三条控制线划定工作。会议还强调了要建立统一的空间规划管控体系，强化空间规划管控，完善"规划控制线"管控机制。国内开始了新一轮的空间规划控制线体系革新，国内学者对生态保护红线、永久基本农田、城镇开发边界三条控制线的划定原则、划定方法、实施管控进行了研究探索，并利用 GIS 对三类用地进行分析评价，在评价的基础上划定三条控制线，为三条控制线的划定提供科学依据，以达到保护城镇生态环境和开发建设协调发展的目的。《生态保护红线划定指南》于 2017 年 5 月由环境保护部、国家发展和改革委员会共同发布，对生态红线划定做出了明确指示。国土部于 2018 年 2 月发布《国土资源部关于全面实行永久基本农田特殊保护的通知》，旨在明确永久基本农田保护红线的划定和实施。自然资源部于 2019 年 6 月发布的《城镇开发边界划定指南（试行，征求意见稿）》明确了城镇开发边界是在国土空间规划中划定的，一定时期内指导和约束城镇发展，在其区域内可以进行城镇集中开发建设，重点完善城镇功能的区域边界，防止城镇盲目扩张和无序蔓延。相继发布的国土空间规划三条底线划定指南，为国土空间规划控制线体系奠定了基础。

3.1.1　生态保护控制线的概念及类型

3.1.1.1　生态保护控制线的概念

1. 红线

"红线"一般是指不可逾越的界限，正式用于城市规划时，泛指宏观规划用地范围的标志线。红线起源于城市规划，如建筑红线、道路红线等，后被逐步应用于资源管理和环境保护领域，发展出耕地红线、水资源红线等。现在，红线的内涵日益丰富，从单一的空间管制发展成面向对象的，蕴含时间、空间、自然资源、生物多样性、生态服务功能等的综合载体。近年来，"红线"被原国土资源部、原环保部、水利部、国家林业局等各部门广泛应用，红线是严格管控事物的空间界线、总量、比例或限值。

2. 生态保护红线

党的十八届三中全会审议通过的《中共中央关于全面深化改革若干重大问题的决定》（简称《决定》）指出，紧紧围绕建设美丽中国深化生态文明体制改革，加快建立生态文明制度，健全国土空间开发、资源节约利用、生态环境保护的体制机制，推动形成人与自然和谐发展的现代化建设新格局。《决定》还要求，建设生态文明，必须建立系统完整的生态文明制度体系，实行最严格的源头保护制度、损害赔偿制度、责任追究制度，完善环境治理和生态保护制度，用制度保护生态环境。健全自然资源资产产权制度和用途管制制度，划定生态保护红线。时任国土资源部部长姜大明在主持召开第 16 次部长办公会时指出，要有序推进"三线"划定，优先划定永久基本农田保护红线和生态保护红线，合理确定城市开发边界。

2015 年 9 月 21 日，《生态文明体制改革总体方案》公布，进一步明确了生态文明体制改革的理念、原则和目标。同时强调建设生态文明：要建立国土空间开发保护制度，健全国土空间用途管制制度，将用途管制扩大到所有自然生态空间，划定并严守生态保护红线；要完善资源总量管理和全面节约制度，完善最严格的耕地保护制度和土地节约集约利用制度，完善基本农田保护制度，划定永久基本农田红线；要建立空间规划体系，根据主体功能定位和省级空间规划要求，划定城市开发边界。

　　生态保护红线最重要的作用就是保障和维护国家生态安全的底线和生命线。"生态保护红线"这一概念打破了以单一要素作为立法对象的传统，其更注重多个环境要素之间的统筹兼顾，将区域环境作为一个整体来保护。以往制度的功能多为明确国家机关的环境审批权和规划权，明确政府各个机关和部门的处罚权限等，而生态保护红线制度的确立更多的是突出管理者的责任和义务界定。生态保护红线制度也明确了政府的重要责任，着重强调了其保护责任。与此同时将生态保护红线写入《中华人民共和国环境保护法》中，进一步加强了政府的责任承担及其在生态保护中的义务。极大地减少了政府推脱责任、各部门之间分工混乱的情况。

　　2017 年 5 月，环境保护部、发展和改革委员会联合发布了《生态保护红线划定指南》（简称《指南》），根据《指南》和相关文献介绍，生物多样性锐减、水土流失加剧、土地沙漠化和石漠化是我国普遍性的生态环境问题。因此，本书将生态保护红线的类型确定为生物多样性保护功能红线、防风固沙功能红线、水土保持功能红线、水土流失敏感红线、土地沙化和石漠化敏感红线。同时，对于区域而言，具有明确法律保护依据的各种世界文化与自然遗产、自然保护区、风景名胜区、森林公园、饮用水水源保护区和河道保护区域等以及国家和区域规划中确定的重要生态功能区类型，如《全国主体功能区规划》和《全国生态功能区划》等中确定的对国家和区域生态安全具有重要意义的禁止开发区，也须纳入区域生态保护红线范围。但该《指南》中涉水生态保护红线要求不明确，未体现河湖水域和滨水带等涉水部分的生态保护红线划定要求和方法内容，关于饮用水水源地水源保护、水土保持、水源涵养等类型划分方法有待进一步完善。在评估内容上，区域尺度红线划定较多关注支持服务、供给服务和调节服务三个方面，基本不涉及文化服务，而在城市内则无法忽视它的重要性。在研究方法上，就城市而言，既要加强划定的科学性，研究城市生态系统本身的功能结构特征，最大化保护生态资源；又要注重准确性，充分考虑涉及的已建设空间状况，在较精确的地块尺度上，准确地划定生态控制边界。

　　3. 水生态保护红线

　　水生态保护红线的研究目前处于起步和探索阶段，尚文绣、王忠静等提出水生态红线的框架体系和划定方法，将红线分为水量红线、空间红线和水质红线，提出空间红线划定的指标主要从生态需水的空间需求和地貌结构两个方面考虑，是从狭义的水生态系统本身来考虑水生态空间的。王晓红、杨晴、杨建永等在水生态保护红线类型和划定技术路径中提出了水生态空间保护红线的类型包括水域岸线保护、洪水蓄滞、饮用水源保护、水土保持、水源涵养保护等 5 类。

　　水生态保护红线既是水生态空间中维护水生态系统良性循环、保障河湖健康的核心生态区域，也是保障水生态服务或生态产品等可持续供给的重要区域；通过河流水系廊道和水资源循环过程对其他类型生态空间及生态保护，红线起到重要的支撑和保障作用，对提升自然生态的系统性、完整性和连通性，保障和维护生态系统功能，促进经济社会可持续发展至关重要。

4. 城市蓝线绿线

蓝绿空间中的蓝色空间是指水体及蓝线范围内的空间，绿色空间是指公园绿地、防护绿地、附属绿地，以及生态绿地、区域绿地。因此，蓝绿空间是城乡自然生态空间的重要组成部分，是城乡生态体系中密切关联的有机整体。河湖水系自身具有整体性和渗透性，在开放空间体系中占据核心中枢地位。围绕"人水和谐的河流生态系统"的总目标，蓝绿空间统筹营建首先以水生生态系统为对象，通过工程性与非工程性措施，为河流中的动植物、微生物提供充足的生态基流，促进生态水文交互，提高河流的生态服务功能；其次，通过对滨水绿地的预控产生更广阔的动植物栖息地，提升滨水开放空间的尺度与河流自身的防洪排涝能力，从而形成符合河流自身演替规律、满足人类社会发展需求的优良系统。在城市蓝线绿线划定中河流廊道及廊道宽度是重要的支撑理论。

"廊道"最初属于景观生态学理论范畴，"廊道"指线状或带状的为生物提供生存空间和通道的地带。河流廊道是指河流两侧与环境基质相区别的带状植被，又称滨水植被带或缓冲带 (Buffer strip)。宽度对廊道生态功能的发挥有着重要的影响。太窄的廊道会对敏感物种不利，同时降低廊道过滤污染物等功能。此外，廊道宽度还会在很大程度上影响产生边缘效应 (Edge effect) 的地区，进而影响廊道中物种的分布和迁移。边缘针对不同的生态过程有不同的响应宽度，从数十米到数百米不等。

国外开展关于河流与沿线开放空间的理论研究已有近百年，主要集中在水系生态廊道价值、廊道宽度、廊道保护对策等领域。在廊道价值的研究中，布恩（Bunnb）认为河流生态廊道在平衡自然、城市、社会、经济的复杂整体作用中发挥了重要价值；施里杰宁（Schrijnen）认为，在绿道、生态网络、景观生态学等多个可持续规划理论中，河流都是处于重要的核心地位；法博斯（Fabos）等认为滨水空间的核心价值在于水资源和野生动物的生境保护；琼曼（Jongman）等认为滨水廊道的价值从自然和文化载体，到防洪、维持生物多样性、提升水质，再到休闲游憩，各个方面存在时代变迁的特征。在廊道宽度的研究中，库柏（Cooper）、巴德（Budd）等的研究认为，大于 30 m 的河岸宽度，能发挥降温、过滤污染物、增加河流生物供应的作用；洛朗斯（Lowrance）、库柏（Cooper）等的研究表明，80~100 m 的河岸宽度能避免土壤元素流失、控制沉积物。在保护对策的研究中，维斯（Vis）等认为，洪水滞留、绿色河道的弹性方案，相较于传统提高堤防抵抗洪水的方案，具有更长远的效益；尼恩胡斯（Nienhuis）等认为，周期性的洪水可以重新连通洪泛区和河道，对城乡生态系统起到调节作用。

国内学术层面对蓝绿空间的研究起步较晚，主要集中在对国外研究的综述以及对规划技术路径和对策措施等方面的总结。吴岩等探索了国土空间规划中蓝绿空间系统专项规划的技术路径；邹泉、张坤、刘广奇等从不同角度探索了蓝绿空间营建过程中的对策建议；曹靖等从城市通风的视角，对以蓝绿空间为主体的通风廊道构建方法、蓝绿空间对城市风环境效益的提升及蓝绿空间对城市热岛效应的缓解作用三个方面进行了论证。朱强、俞孔坚研究成果表明，当河岸植被宽度大于30 m 时，能够有效降低温度、增加河流生物食物供应、有效过滤污染物。当宽度大于80~100 m 时，能较好地控制沉积物及土壤元素流失。

3.1.1.2　河流生态保护控制线类型

1. 水资源保护红线

水资源保护红线主要对水源涵养功能以及地表水和地下水源地进行保护。因此，流域上游高植被覆盖度区域，以及具有水源涵养功能的沼泽、湿地分布区是水源涵养安全格局的重要组成。地表水源和地下水源保护安全格局判定方法，是将主要饮用水源地作为水源保护的"源"，根据水源地所处的小流域等级、自然属性、土地开发利用现状以及社会功能来确定地表水源地缓冲区的范围和保护级别，并与《饮用水水源保护区划分技术规范》（HT 338—2018）相互协调。

2. 水文调节红线

水文调节红线主要对洪水调蓄、水质净化、雨洪下渗功能进行保护。因此，根据地形图和地形高程数据，判别现状具有调蓄洪水功能的区域，包括各级河流、湖泊、水域、坑塘和低洼地。根据水文过程模拟，确定径流汇水点作为控制水流的战略点，同时结合历史洪涝灾害分析及国家《全国蓄滞洪区建设与管理规划》中明确划定的蓄滞洪区、重要湖泊、湿地以及滨河缓冲带范围，划定不同安全水平的洪水调蓄安全格局。利用水质模型模拟非点源污染迁移过程及土地利用类型的非点源污染影响，依据河湖的水环境功能和水质目标来确定缓冲区的范围和保护级别。另外，流域内的汇水区域的土壤类型和土壤质地等水文地质条件的高适宜下渗区，是调节地下水位的重要组成部分，主要依据适宜性评价方法去划定。

3. 水生命支持红线

水生命支持红线主要是对水土保持和生物栖息地的保护。水土保持安全格局根据降水侵蚀力、坡度、土壤质地和植被覆盖度等指标对流域水土流失敏感性进行评价，然后根据不同的敏感度确定水土保持的关键区域，同时协调《全国水土保持规划（2015—2030）》《全国水土保持区划（试行）》。生物多样性保护安全格局的判定主要依据物种水平运动过程的评价方法：首先，通过分析选择以水域及周边环境作为重要栖息地、觅食地等相关的重要濒危珍稀生物作为指示物种；根据物种分布信息明确其分布范围，根据该物种的生态习性，利用植被类型图、土地利用、数字高程等数据分析判别该物种的潜在栖息地分布范围，作为物种保护的源。其次，建立最小阻力面，应用 MCR 最小累计阻力模型模拟研究区指示物种穿越不同土地覆被的过程。根据阻力面识别和构建每一个指示物种的安全格局（包括栖息地的源、廊道和辐射道），不同生物有不同的廊道宽度要求，大量的景观生态学研究已经提供了比较充分的数据来支持其宽度的界定。最后，将几个物种的安全格局叠加整合，判定生物保护安全格局。

4. 水文化保护红线

水文化保护红线包括对水文化遗产和游憩等功能的保护。水文化遗产保护及游憩安全格局判定方法相似，由水文化遗产点及连接它们的线性要素构成，适宜采用水平生态过程评价方法。首先，将各级文物保护单位以及风景名胜等游憩资源点作为文化遗产或游憩安全格局分析的"源"。其次，根据景观阻力面以及各类景观距水文化遗产点或游憩资源点的距离，进行文化遗产或游憩廊道的适宜性分析。最后，整合遗产点和廊道网络体系，构建不同水平的水文化安全格局。

3.1.2　生态保护控制线的功能定位

3.1.2.1　安全保障功能

划定生态保护控制线的目的除控制生态环境状况存在于一个安全区间外，还在于在生态环境状况超出安全区间时，对相关责任主体造成一种制约和惩罚。从生态红线的内容来看，无论生态红线区的划定还是生态保护控制线的设定以及生态红线数值的控制，其体现都是"安全"和"标准"。在生态保护控制线不被触发的范围内，生态环境的状况是处于"安全状态"的；而生态保护控制线一旦被触发，则代表着生态环境状况处于紧急状态或者说就是处于"不安全状态"。

3.1.2.2　生态保护功能

生态保护控制线本质是自然资源安全红线，是为了促进经济发展与环境保护协调发展，对资源利用和生态恢复的一种最为严格的监管。从可持续发展视角，保护空间与开发空间都属于控制线的管控范畴，保护是为了更好的发展，故控制线体系内具有保护功能的控制线占比会更多一些。不同控制线的保护对象不一样时，划定的控制线尽量保持其独立性。即使有交叉重叠部分，也需要严格管控。过多功能交叉重叠会带来控制线管控范围越界、管控内容监管冲突、行政责权划分不明确等纠纷问题。生态保护控制线对稳定自然生态系统服务，保障国家生态安全在国土空间发挥重要作用。

3.1.2.3　生态调节服务功能

生态调节服务功能主要包括水源涵养、土壤保持、洪水调蓄等维持生态平衡、保障区域生态安全等方面的功能。该功能类型中，洪水调蓄功能以其不可抗拒的自然属性，对水生态空间范围维护和人类生存安全起着至关重要的作用，宜高于其他功能要求加以保护；生态协同功能，支持必要生态区域的经济和社会发展的生态调节和文化服务，包括保障城市河流周边居住环境安全的生态环境敏感区、脆弱区；保护物种多样性、维持物种最小生存面积的区域。

3.1.3　生态保护控制线的划定原则

3.1.3.1　依法原则

生态保护控制线划定应贯彻执行国家生态文明建设以及资源与环境保护的有关法律、法规、政策和标准。对于各类禁止开发区域和其他各类生态保护区域，按照用途管控严格性要求，统筹考虑流域自然生态整体性和系统性，尊重自然规律和经济社会发展规律，以区域水资源、水环境承载能力评价为基础，定性判断和定量评估相结合，系统分析水生态空间的生态功能重要性、生态环境敏感脆弱性区域，合理确定生态保护控制线的空间范围。

3.1.3.2　系统性原则

生态保护控制线的划定是一项系统工程，应在不同区域范围内，根据保护对象的功能与类型分别划定，通过叠加分析综合形成生态保护控制线。从水文情势、生物、栖息地、城河关系等多个方面实现从结构到功能的全过程生态保障。

3.1.3.3　协调性原则

生态保护控制线划定应与主体功能区规划、生态功能区划、土地利用总体规划、城市蓝线等区划、规划相协调，共同形成合力，增强生态保护效果。要与经济社会发展需求和当前监管能力相适应，预留适当的发展空间和环境容量空间，合理确定生态功能红线的面积规模。按照山水林田湖草沙系统保护的要求，以强化河湖水域岸线空间保护和水生态功能维护为重点，统筹考虑河流廊道等水生态系统的完整性以及与其他生态空间的连通性和系统性；统筹协调上下游、左右岸、河湖水域以及水源涵养等陆域生态空间保护的关系；统筹衔接跨区域和跨行业的水生态保护红线的范围和主导功能定位。

3.1.3.4　强制性原则

生态保护控制线一旦划定，必须实行严格管理。要牢固树立生态保护红线的观念，制定和执行严格的环境准入制度与管理措施，做到不越雷池一步，否则就应该受到惩罚。划定的生态保护控制线，应落实归纳到国土空间，确保红线布局合理、落地准确、边界清晰。明确红线功能定位和划定条件，提出划定指标要求，以便于落实管控措施和责任考核。

3.1.3.5　动态性原则

生态保护控制线划定之后并非永久不变，红线面积可随生态保护能力增强和国土空间优化适当增加。当红线边界和阈值受外界环境的变迁而发生变化时，应当适时进行调整从而确保基本生态功能供给。

3.1.4　城市河流生态保护控制线的划定方法

城市河流生态保护控制线的划定需从实际情况出发，兼顾河流生态系统的自然属性和社会属性，既能达到生态保护的目的，又具有可操作性。

3.1.4.1　确定边界条件

城市河流生态保护控制线的划定必须以确定河流所需非建设用地、生态用地为前提，由圈定"底图"开始。"底图"就是一些必须保护和保障，决不能从事开发建设的非建设空间。分析河流所需生态廊道、永久基本农田红线及城乡开发建设边界、明确城乡规划和主体功能区规划中禁止建设边界和限制建设边界，控制和预留保障河流生物多样性、维护生物栖息地、生态廊道、水源保护、自然水文景观保护、岸边景观环境的范围所需空间和用地。

城市河流空间通常呈现"非"字形布局，在优先保护沿河绿色廊道的基础上，关注水系廊道与外围吸引点之间的空间联系。为加强水系两侧的水源保护与涵养功能，需要结合生态需求和实际建设条件，科学确定边界条件，针对绿线范围内的现状建设项目，分类施策，对范围内的"城中村"，污染型企业及其他质量较差、无保留价值的建筑物予以排除；但对具有改造价值的城市公建、经营情况良好且污染处理到位的企业、品质较高的美丽乡村、涉水基础设施、公共服务设施，应予以保留或整改，纳入边界范围。在此基础上综合分析城市河流外围或链接的公园绿地、文化资源、景区景点、美丽乡村等空间吸引点的分布，结合现状建设条件，论证垂直河流的生态廊道贯通可行性与合理宽度，实现边界空间网络化。

3.1.4.2　资料收集及分析

收集流域和区域内河湖水系、经济社会基本资料以及水利普查、土地调查、湿地调查、水资源公报等相关资料；收集整理主体功能区规划、生态功能区划、流域综合规划、重要江河湖泊水功能区划、河道岸线保护和开发利用规划、防洪规划、水土保持规划等成果文件中与河湖空间范围、水资源水环境及水生态本底条件等有关的数据和地图。充分利用各类调查、规划、公报，辅之以遥感影像、航片、卫片解析等手段；注重统一水利行业内相关工作基础要求，同时要与相关部门国土空间规划采用的基础数据相衔接。在有关规划、区域规划成果基础上，结合河流生态空间开发利用状况及主体功能定位、水资源水环境承载状况评价，分析主要人为活动类型、存在的主要问题；考虑流域自然生态系统性和完整性，明确流域或区域河湖水域岸线空间和部分陆域水生态空间的用途及治理保护需求等。

3.1.4.3　拟划定基本范围

分析水生态空间的各项功能保护要求，提出生态保护控制线划定的条件和指标，对国家级、省级禁止开发区域内的河湖水域岸线、蓄滞洪区、水源涵养保护等范围进行复核，直接纳入相应功能类型红线范围。在水生态空间范围内按防洪安全、供水安全、生境安全的生态功能重要性依次叠加，形成叠加图件。依据《中华人民共和国水法》《中华人民共和国防洪法》《中华人民共和国水土保持法》《中华人民共和国环境保护法》等涉水法律法规，对其他相关部门增划的水生态保护红线，应统筹考虑生态保护需要和开发利用要求开展合理性评价，如确有生态保护功能必要且极为重要，则可纳入生态保护控制线并取外包线。然后根据水资源保护红线、水文调节红线、水生命支持红线及水文化保护红线的具体范围，初步确定拟划定生态保护控制线的空间范围。

水资源保护红线划定主要考虑水源涵养和水源地保护等生态过程，利用 SPOT 遥感影像数据对河流区域进行归一化植被覆盖度指数计算，根据植被覆盖度指数的高低划分为不同的水源涵养安全水平，并根据水源地所处的小流域等级、自然属性、土地开发利用现状以及社会功能以及地表水源保护区规划来确定地表水源地缓冲区的范围和保护级别。

水文调节红线划定主要考虑洪水调蓄、地下水回补等生态过程，首先，根据土地利用图和地形高程数据，判别具有调蓄洪水功能的区域，包括各级河流、湖泊、水库、坑塘等。通过水文过程模拟，确定河流 10 年一遇、50 年一遇、100 年一遇雨洪安全水平。通过 SCS 模型和 ArcGIS 空间分析技术，估算出不同降雨强度下的径流量，通过无源淹没方法，根据径流量算出每个子流域的淹没区范围。在此基础上以 MIKE21 水动力学模型和 ArcGIS 软件为主要手段选取洪水脉冲上限及下限条件下的河流廊道进行断面剖析。洪水脉冲下限条件下，通过土地利用类型和人类活动影响两方面指标，确定符合污染物截留、生物生境需求等功能的适宜缓冲带宽度。在洪水脉冲上限条件下，现有农田区被淹没，河流生态廊道的宽度认为是河槽、河漫滩及缓冲带的宽度，根据当地建设情况及发展规划确定。同时结合国家《防洪规划编制规程》中明确划定的蓄滞洪区、重要湖泊、湿地以及滨河缓冲带范围，划定不同安全水平的水文调节红线。

水生命支持红线划定首先考虑以水生态空间为栖息地或觅食地的生物生态过程，

首先根据河流场地调研指示物种，根据该物种的生态习性，利用植被类型图、土地利用、数字高程等数据分析判别该物种的潜在栖息地分布范围，作为物种保护的源。其次，建立最小阻力面，应用 MCR 最小累计阻力模型模拟研究区指示物种穿越不同土地覆被的过程。根据阻力面识别和构建每一个指示物种的安全格局，包括栖息地的源、廊道和辐射道。最后，将单个物种的安全格局叠加整合，判定水生命支持红线划定范围。

水文化保护红线划定选取具有历史意义的、具有建筑或工程上的重要性、具有生态地理以及水文学重要性的作为水文化景观的源；分析区域内潜在的遗产廊道。选取河流潜在的有助于建立乡土文化遗产廊道，主要包括乡村道路、堤顶路、水系等；确定乡土文化景观体验的阻力因子与阻力系数。

基于以上水资源保护、水文调节、水生命支持、水文化保护方面的红线划定，建立综合的城市河流生态保护控制线体系，被赋予相同的权重，将城市河流生态保护控制线，通过析取运算取最大值，确立生态保护控制线的初步范围。在此基础上综合考虑流域和区域生态系统完整性，以地形、植被、河流水系等自然界线为依据，与相邻行政区域水生态保护红线划定结果进行充分衔接与协调，开展跨流域、跨区域生态保护控制线进行对接，确保生态保护控制线空间连续，实现流域、区域生态系统整体保护。

3.1.4.4　生态保护控制线评估

对初步确定划定的生态保护控制线进行评估，确定评估方法—数据收集—评估分级—形成红线边界—开展勘界定标。首先结合城市河流的具体生态环境问题和特征，筛选出最佳的生态环境敏感性和功能重要性评价方法。在此基础上，为评价方法汇总土地利用、气象、水文、地理信息、自然资源分布等相关生态数据，计算出生态环境敏感指数和生态环境功能重要性系数，将计算出来的敏感指数依次划分为极敏感、高度敏感、中度敏感、轻度敏感和不敏感几个等级，同时将生态环境功能重要性系数也划分成极重要、高度重要、中度重要、轻度重要、不重要几个等级，将两个评价结果的对应等级合并处理成空间叠加图，再结合已经发布的关于生态保护区的政策文件，对叠加图进行局部矫正，以保障评估结果的精准度和科学性。以评估得到的生态保护极重要区域、禁止开发区及其他自然保护地为基础，叠加图斑形成生态保护控制线初步范围，并与其他各类规划、区划衔接。在边界划定过程中，还需要考虑到不同区域的环境特点、生态保护系统的完整性和连续性，以及生态保护红线实施、管理的需求，可适当扣除面积较小的独立细碎斑块。最后，采用第三次土地调查数据和高分辨率影像数据，结合城市、河流、林线、流域边界等边界勾绘划定生态保护控制线边界。

3.1.4.5　统筹相关规划及复核划定范围

统筹城市规划、城市建设、水利建设、生态建设、环境保护、景观绿化等各部门的基本规定需求，进而保障各自所需空间范畴得到保护和控制。如水务部门制定的防洪排涝规划中多少年一遇的防洪水位线的设计以及岸线控制线，将其纳入生态保护控制线空间范围内，确保岸线自然生态功能、开发利用功能得到保护；具有通航功能的水域，需保障交通部门的通航要求，生态保护控制线应保留或预留航运功能的空间；旅游部门制定的相关旅游规划中涉及岸线资源以及河段游憩功能，生态保护控制线应加强对河岸的保护和管理；自然资源部门对不同用地（农林用地、滩涂、湿地）提出的控制，生态保护控制线应完全对接相关要求；环境保护部门在生态敏感区域的标准相对来说低于生态保护控制线，所以采取生态保护控制线的管理规则。同时，与新一轮国土空间规划的协调，与"三区三线"的具体划定范围进行对接，国土空间中"三区三线"包含城镇、农业、生态空间以及生态保护红线、永久基本农田保护红线和城镇开发边界线。当生态保护控制线与其他空间要素产生冲突时需要实施刚性与弹性结合的控制和管理方式，当生态保护控制线区域属于水源保护区或水土涵养区时，水域控制线应与生态保护红线重合，实施刚性的底线控制。当生态保护红线与永久基本农田保护红线冲突时，在维持蓝线不变的基础上，合理修订永久基本农田保护红线，满足基本农田的占补平衡。在此基础上进行空间叠加与衔接分析，综合分析生态保护与开发建设的关系，合理确定保护与开发边界，复核划定范围的合理性。

生态保护控制线实质上是一种空间干预的手段和模式，在国土空间规划新体系建构的大背景下，传统规划也必须从相对扁平的建设管控，走向综合科学的空间治理。新成立的自然资源部门承担着国土空间资源整合的重大责任，从保障城乡发展的水资源水安全，以及维系国家资源可持续利用的角度切入，河流水系应被纳入更为科学合理，也更为积极综合的规划与管理中。面对日益加深的城水矛盾，不仅要填补过往生态保护控制线划定的诸多问题，还要在新区中将水系保育前置于规划设计，在城市更新中注重流域水系的修复。在规划设计阶段便做详细的生态环境资源评估，再进一步提出生态保护控制线的统筹规划，并通过河长办统筹涉水部门的职能，由自然资源与规划、水利、水务等相关部门对其进行预先的保留与生态保护控制线管理确权，运用建立良好的生态保护控制线控制体系，耦合城水关系，促进涉水空间品质的优化与提升，以满足城市高质量和可持续发展的需求。

3.2 构建可持续的生态河道

3.2.1 生态河道理论研究进展

河道生态工程技术起源于德国，1938 年德国的 Seifert 首先提出了亲自然河溪治理的概念；20 世纪 50 年代德国正式创立了近自然河道治理工程理论，提出河道的整治要植物化和生命化，从而使植物首先作为一种工程材料被应用到工程生物治理之中；20 世纪 70 年代中期，德国开始了真正的河流治理生态工程实践，对河流进行了自然保护与创造的尝试，被称为重新自然化（Natumahe）。

20 世纪 70 年代，瑞士、法国、奥地利、荷兰等国也在河道治理中开始运用生态工程技术。20 世纪 70 年代末，瑞士 Zurich 州河川保护局建设部的 Christian Goldi 将德国 Bittmann 的生物护岸法丰富发展为"近自然工法"，即拆除已建的混凝土护岸，改修成柳树和自然石护岸，给鱼类等提供生存空间，把直线形河道改修为具有深渊和浅滩的蛇形弯曲的自然河道，让河流保持自然状态，这种方法在瑞士被称为 Naturanhe Wasserbau。

1985 年丹麦开始实施的河流复原工程从目标上可分为 3 种类型，即类型 I：滩地、深潭的创出、鱼类产卵环境的改善等小规模、局部性的环境改善；类型Ⅱ：恢复河道的连续性，包括设置鱼道，河道内跌水改为陡坡急流等；类型Ⅲ：恢复河道以及平原地带的生态、水理功能，即恢复到原来的弯曲河道形式，在冲积平原地带进行湿地再造等。

1989 年美国的 Mitsch 和 Jorgensn 正式探讨了 Ecological Engineering 的概念并定义为"为了人类社会和其自然环境两方面利益而对人类社会和自然环境的设计"，正式诞生了生态工程这一理论。之后，又不断论证了将生态学原理运用于土木工程中的理论问题，奠定了受损河岸生态修复的理论基础。20 世纪 90 年代以来，美国将兼顾生物生存的河道生态恢复作为水资源开发管理工作必须考虑的项目，采用了近自然工法在原来因开采金、砂石等矿产而破坏的河流中设置了许多浅滩、深潭以及人工湿地，并在落差大的断面（如水坝）专门设置了为鱼类洄游提供的各种类型鱼道，使生态环境得以良好恢复，目前对河道的生态整治工程目前已经扩大到整个流域尺度的整体生态恢复。

在 20 世纪 90 年代初，日本开展了"创造多自然型河川计划"，提倡凡有条件的河段应尽可能利用木桩、竹笼、卵石等天然材料来修建河堤，并将其命名为"生态河堤"。为挽救城市河流的生态，日本政府采取了"放任自流"的办法，千方百计地使流经城市和郊区的河流两岸重新变得草木葱茏。堤坝不再用水泥板修造，而是改用天然石块铺陈，还给草木自然生长的空间。目前，多自然型河道治理在日本已很普及。

英国国家河流管理局则制定一项旨在改善和恢复河道及洪泛区自然生态环境的行动计划。该计划包括恢复河道特征和行洪滩地，保护沿河岸的城市、道路和农田，减轻径流影响的缓冲区等内容。

韩国在 2003 年开始的清溪川复原工程，将原来被混凝土路面覆盖的清溪川河水还原出来，建设以自然和人为中心的城市绿色空间，恢复水生生态系统。

加拿大、澳大利亚、新西兰、德国、芬兰和以色列等国家对河流系统功能恢复均采取了相应的措施，其中包括新的河道整治工程设计，如可为鱼类及动物提供繁衍生息空间的护岸工程设计等。

美国于 20 世纪 90 年代开始通过拆除大坝、恢复过去已被淹没的河段并重建岸边植物等措施，恢复和改善了河流的生态系统，如著名的洛杉矶河已拆除了混凝土河道。美国在新泽西州建设的生物护岸工程，抵御了 1999 年弗洛伊德飓风的袭击，生态护岸基本没有损坏，证明了生态护坡的实用性与可靠性。

近年来，国内相关部门和学者在吸取了国外生态研究的经验后，从不同角度积极开展河流生态修复研究。蔡庆华、唐涛等分别探讨了河流生态学研究中的热点和河流生态系统健康评价等问题。董哲仁、杨海军等从不同角度分析了水利工程对生态环境的影响，认为以往的水利工程设计首先是满足防洪功能，着重于工程的结构设计，很少去考虑工程对周边生态环境的影响，使河流在结构和工程上受到损害。董哲仁首次提出"生态水工学"的理论框架，认为在水利工程学的基础上，吸收、融合生态学理论。夏继红、严忠民综合分析了国内外生态河岸带研究进展及发展趋势，认为近年来我国已经开始研究城市河流的"生态型护岸技术"，并已经提出了多种生态型护岸结构形式。

在城市河道整治中注意河道的生态保护及城市的景观效应，尽量使城市河道景观接近自然景观。北京、上海、杭州、成都等城市在河道治理中遵循：①尊重历史、传统与现代共存；②以人为本，提供沟通与交流的平台；③恢复生物多样性，回归自然；④以亲水为目的，与城市相协调的景观设计；⑤"保护水质，扩大水面"的原则，收到了很好的效果。

北京市 1998 年开始以建设"水清、流畅、岸绿、通航"的现代化水系为目标，对城市水系进行大规模的综合整治。如 1998 年昆玉河的综合整治工程、北京转河生态河道建设、凉水河干流综合整治、温榆河生态恢复工程及北京什刹海生态修复试验工程，使城市水环境得到明显改善。

上海市河流众多，黄埔河、苏州河、淀浦河等以及不知名的大小河道，近年来开展整治与疏浚工作，以改善河道生态效果和河道景观。2003 年起，上海掀起了城市绿地和城市河道整治建设的高潮，要打造"东方水都"规划，生态河道建设成为其中重要的一部分。继浦东新区中心区域骨干河道张家洪成为上海首条生态景观河道，并获得"中国人居环境范例奖"后，又对畅塘港、八一河等 6 条主要河道进行了生态护岸的建设。

大连市为了把河道建设得"水清、岸绿、景美"，成为集环保、旅游、生态、景观、休闲娱乐等功能于一体的现代化河道，经过多年的努力，成功改造了碧流河、英那河、大沙河、小寺河及浮渡河等河流河道。尤其将原来有名的臭水河——马栏河改造成景观河道的工程更是生态河道建设的成功典范。

成都市府南河的整治，集防洪、排水、交通、绿化、生态、文化于一体，取得了很好的社会效益、经济效益和环保效益，提供了具有借鉴价值的城市建设模式。该项目获得了 21 世纪城市建设与环境国际大会的世界人居奖等 3 项国际大奖。

苏州市在城市建设中，保持了三纵三横加一环的河网水系及小桥流水的水城特色，保持了路河平行的基本格局和景观。杭州的东河、绍兴的环城河通过生态整治，也都以崭新的面貌展现在人们面前。

3.2.2 生态河道的概念、内涵和功能

3.2.2.1 生态河道的概念

生态河道是在生态安全与和谐理念指导下，以修复受损河道为目的，通过生态河床和生态护岸等生态工程的技术手段，形成的自然生态和谐、生态系统健康、安全稳定性高、生物多样性高、河道功能健全的非自然原生型河道，是通过河道结构上的生态工程建设来实现河道生态系统的持续健康发展。生态型的河道具有以下特征：

（1）是生态工程构建的非自然原生型河道；
（2）充分体现人与自然生态的和谐；
（3）拥有多样化的物理形态和生物群落；
（4）生态系统稳定和可持续发展；
（5）具有满足人类社会合理要求的能力。

3.2.2.2 生态河道的内涵

城市的生态河道应是"既满足河道体系的防护标准，又有利于河道系统恢复生态平衡"的系统工程。即生态河道的内涵包括两个要素：一是生态河床的修复，包括纵向上修复河道蜿蜒形态和横向上修复河床断面。其中河床断面要满足防洪抗冲标准要求，

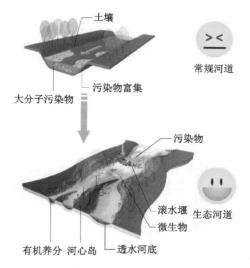

图 3.2-1　生态河道意向图

要点是构建能透水、透气、生长植物的生态防护平台；二是河道的生态需水。合理的生态基流是河道健康可持续发展的前提（见图 3.2-1）。

生态型河道的建设就是要创造适宜河道内水生生物生存的生态环境，形成物种丰富、结构合理、功能健全的河道水生态系统。

3.2.2.3　生态河道的功能

1. 自身功能

河道生态系统的物理形态、生物群落和营养结构对于河道自身具有物种迁移、能量流和物质循环的功能。物种迁移是指物种的种群在生态系统内或系统之间时空变化的状态。能量流是生态系统的重要的过程，它扩大和加强了不同生态系统间的交流和联系，提高了生态系统服务的功能。水体的绿色植物（藻类和水生维管束植物）和自养细菌进行光合作用把光能转化为化学能或直接转化为化学能贮存于体内，然后以热的形式不断地逸散于环境之中，在生态系统中流动的能量，很大部分被各个营养级的生物利用，通过呼吸作用以热的形式散失，散失到空间的热能不能再回到生态系统中参与流动。物质循环是指生物圈里的物质在生物、物理和化学作用发生的转化和变化，在河道系统中主要包括水循环、氮循环、磷循环、硫循环、非必需元素循环和营养物质的再循环，其中氮循环、磷循环和营养物质再循环等在河道截留去除氮磷物质的过程中起着重要的作用。

2. 服务功能

根据河流生态系统的组成特点、结构特征和生态过程，河流生态系统的功能具体体现在供水、发电、航运、水产养殖、水生生物栖息、纳污、降解污染物、调节气候、补给地下水、泄洪、防洪、排水、输沙、景观、文化等多个方面。

按照功能作用性质的不同，河流生态系统服务功能的类型可归纳划分为淡水供应、水能提供、物质生产、生物多样性的维持、生态支持、环境净化、灾害调节、休闲娱乐和文化孕育等。

3. 廊道功能

河流还是一种廊道生态系统，河流廊道有着自身特殊的结构特点，作为一个整体还发挥着重要的生态功能。大致可概括为以下几方面，栖息地作用：河流廊道特殊的空间结构，适合生物生存、繁殖、迁移，并提供食源。栖息地作用受廊道的宽度和连接度影响，宽度大、连接度高可增加栖息地的质量。通道作用：河流廊道输送水和泥沙，流动的水输送并储存食物。其他物质和生物通过河流廊道移动。过滤或屏障作用：如岸边植被带可控制非点源污染、降低径流中污染物的含量，截留径流中的有机物。源和汇：源为相邻的生态系统提供能量、物质和生物，汇与源的作用相反，从周围吸收能量、物质和生物。例如，河流堤岸常作为河流泥沙的来源，在洪水时，堤岸常作为汇，形成新的泥沙淤积。

3.2.3 生态河道的设计原则

构建生态河道，维持河道良好的生态系统，必须同时从河床、河岸生态层次考虑，通过生态河床和生态护岸的物理构建，达到生态意义上的良性健康状态。在构建生态河床和生态护岸的过程中，应坚持以下原则。

3.2.3.1 安全性：城市河道要满足城市防洪、排涝需求

城市河流是"城区内用于防洪、排涝、引清、蓄水、排水和航运的天然或人工水道"。城市河流首要的功能是保障城市防洪安全。从城市发展来看，城市河道不仅要有能力排出过境洪水，而且要能够容纳流域范围内设计标准降水所产生的地表径流。因此，生态河道的构建首先必须考虑河道的安全，河道的安全性是保障其生态系统健康和正常功能的基本前提。河道的安全主要包括河道物理结构上的稳定，对洪涝灾害的正常回应以及提供水源、容纳污染和维持生态等的安全。城市河道的排水能力要满足保护对象的防洪标准，有效修正汛期河道内水位与流量的关系，降低河道周边防洪目标的洪水风险。

3.2.3.2 生态性：建立生物栖息地，形成复层植物群落

生态型河道构建应遵照河道受损前的生态状况，尽量做到与生态过程相协调。这种协调意味着设计应以尊重物种多样性、减少对资源的剥夺、保持营养和水循环、维持植物生境和动物栖息地的质量、有助于改善人居环境及生态系统的健康为总体原则。主要包含以下几个方面：

（1）生态健康原则：包括生态演替原则、生态位原则、阶段性原则、限制因子原则、功能协调原则等。生态健康原则要求我们根据生态系统的演替规律，分步骤、分阶段，循序渐进，不能急于求成。工程性措施要符合生态学要求，从生态系统的层次开始，从系统的角度，根据生物之间、生物与环境之间的关系，利用生态位和生物多样性原理，构建生态系统，使物质循环和能量流动处于最大利用和最优状态，使恢复后的生态系统能稳定维持和健康持续发展。

（2）顺应自然原则：充分利用和发挥河道生态系统的自我调节能力，适当采用自然演替的被动恢复，不仅可节约大量的投资，而且可以顺应自然和环境的发展，使生态系统能够恢复到最自然的状态。维持生物多样性，保持有效数量的动植物种群，保护各种类型及多种演替阶段的生态系统，尊重各种生态过程及自然的干扰，包括自然火灾过程、旱雨季的交替规律以及洪水的季节性泛滥。

（3）当地和谐原则：应在对当地自然环境充分了解的基础上，进行与当地自然环境相和谐的设计。这一原则包括：①尊重传统文化和乡土知识；②适应场所自然过程，设计时要将这些带有场所特征的自然因素考虑进去，从而维护场所的健康；③根据当地实际情况，尽量使用当地材料和物种，使生态河道与当地自然条件相和谐。

3.2.3.3 服务性：提供不同层次的多样化的滨水公共开放空间

城市河道是城市重要的自然地理要素、生态系统组成、景观资源和生产要素。随着人们传统价值观念被新型价值观念的替代，城市河道也从之前的生产型河道转变为生活型河道，成为集城市生态保育、娱乐游憩、居住生活、景观等多重功能为一体的公共

开放空间。

城市河道是彰显城市个性特色的重要载体，有魅力的城市，不仅因为其拥有优美的建筑，更因其拥有具有吸引力的公共开放空间。富有历史内涵的公共空间能唤起人们的记忆，强化人们对城市的认知和认同，传承了地域文化。另外，具有美学意义的城市河道公共开放空间，在创造宜人环境的同时，成为地域景观标志鲜明的场所，成为展现城市面貌的重要窗口。

城市河道还是展现城市社会生活和人文脉络的真实舞台。城市河流有清晰的文脉可循，多样化的城市社会生活同样是城市河道的另一重要功能。

城市河道公共开放空间的特征有：自然性、开敞性、亲水性、生物多样性（环境多样化）、河流与城市人文文化的依附性以及多功能性。

自然性是城市河道公共开放空间的基本特征和属性。河道中的水体、植物、动物、微生物及空气等都是公共开放空间的重要组成要素。

城市河道公共开放空间的开敞性也是其突出特征之一，城市河道应有一定的可达性，同时为居民提供开敞的视野和开阔的景观界面。具有较强的灵活性，从心理上给居民以开朗活跃和生动的暗示，有明显的社会性和公共性特征。

城市河道空间随着城市功能的发展和市民生活内容及节奏的变化也在发生变化。河流长期融入城市生活，不仅塑造了城市不同的物质形态，更是塑造了城市具有个性的文化形态。展现了城市的文脉传承和历史积淀。

城市河道公共开放空间功能的多样性最直接的体现是河道周边用地性质的多样化，有工业、居住、交通运输、仓储、公共服务设施等土地使用形式。无论从视觉审美、生物、生态还是人类活动等方面都将趋向多元化和多功能化。

3.2.4 生态河道的设计内容

人类活动导致河流所产生的四种物理变化分别是：河道长度缩短、河滩和深塘消失、沿河的洪泛平原和湿地消失、沿河植被破坏并消失。

针对河流存在的问题，恢复河流生态系统包括以下两方面的内容。

3.2.4.1 修复生态河床

1. 生态河道蜿蜒设计

纵向上，修复河道蜿蜒形态，即把经过人工改造的河流修复成保留一定自然弯曲形态的河道，重新营造出接近自然的流路和有着不同流速带的水流。具体来说，就是恢复河流低水河槽（在平水期、枯水期时水流经过）的弯曲、蛇形，使河流既有浅滩，又有深潭，造就水体流动多样性，以利于生物的多样性。

2. 生态河道断面设计

横向上，修复河床断面。主要是改造城市河流中被水泥和混凝土硬化覆盖的河床，恢复河床的多孔质化，同时改造护岸，建设生态河堤，为水生生物重建生物栖息地环境，使城市河流集防洪、生态功能于一体。

3. 生态河道护坡设计

分析水流速度和冲刷程度，从生态效益最大化的角度出发，合理确定两岸护坡形式。

4. 生态河道防渗设计

根据河道功能、水资源等情况，因地制宜地决定是否对河道进行防渗处理及处理措施。

3.2.4.2　生态河道需水设计

根据河道水源与水量情况，坚持"开源节流"的原则，综合考虑水资源、水生态、水景观的需求，因地制宜地确定河道的需水量和空间布局。

3.2.5　生态河道平面设计

天然河道甚少有顺直形，大部分均为蜿蜒形或辫状，河道平面形态根据弯曲率大小可分为直线型河道、微弯型河道、蜿蜒型河道。当弯曲率在 1.0~1.05 范围内属于直线型河道；弯曲率在 1.06~1.29 范围内属于微弯型河道；弯曲率大于 1.3 属于蜿蜒型河道。

为满足防洪要求，城市河流的平面形态基本以顺直为主，束缚于河堤之中。而从生态角度出发，蜿蜒型河道由于具有多种自然生境，更适宜物种生存、繁衍，从而保障了生态系统的完整性和生物多样性。恢复河流的自然特征，以近自然河流作为河流生态修复的目标，不仅可从生态系统的角度恢复河流的生态环境功能，提高河流的自净能力，而且还可以提高河流的美学欣赏功能。

3.2.5.1　设计原则

城市河流平面形态设计的目的主要有两个方面，一方面是在满足河道行洪要求的基础上，在生态用水紧张的情况下，通过设计稳定的弯曲河型，形成常水位子河槽，满足景观需求；另一方面则是与多样的断面形态设计相配合提供更为丰富的生境，实现生态系统修复和自恢复的目标。近自然河流平面形态设计主要遵循以下原则：①充分利用河流的自然形状；②平面形状要蜿蜒曲折；③形成交替的浅滩和深潭；④保留大的深水潭以及河畔林；⑤尽量将原河床及沿岸滩地纳入平面设计中；⑥尽量确保河道用地宽度；⑦适当给予河流自由塑造的空间。

3.2.5.2　河线布置

河线布置决定了治理河段的平面走向和平面形态。河线布置的次序是先布置河道中心线、治导线等控制线，然后据此布置其他设计线。河线布置的基本原则是尽量维持和利用河道的天然形态或者仿天然形态。堤线布置时宜与河势相应，并大致平行于洪水主流线，堤线间距应顾及河势变化，留有适当宽度的滩地，宜利用有利的地形和地质条件，同时，少占压耕地、房屋，还要有利于防洪抢险和工程管理；枯水治导线应该满足河道生态系统对生态环境流量和生态水位的要求。

从水力学的原理出发，一般认为弯曲型河道［弯曲系数（即河床长度与河谷长度的比值）>1.5］较稳定，水流挟带泥沙量少，减少了河道淤积，且能够均匀有效地消耗能量，防止水流对河床的冲刷。从水文学的原理出发，蜿蜒型河道可使洪峰变差系数及流量变幅减小（C_v 称变差系数，为标准差之和与数学期望值之比，用于衡量分布的相对离散程度。当 C_s 值固定时，C_v 值越大，频率曲线越陡；反之，C_v 值越小，频率曲线越平缓。），有效地削减了洪峰峰值，降低了洪灾发生的频率和规模。所以，可将现状主河道的中心线确定为河道轴线。干沟的相对定位系统不发生变化。河道纵坡采用天然河道比降。这样的设计能够满足干扰最小化原则。

　　若没有河段可供参考，可以下列经验式设计：

$$蜿蜒度\,(sinuosity) = M_L/L \tag{3.2-1}$$

$$L = (8\sim20)W，平均值为 10 \tag{3.2-2}$$

式中，M_L 为蜿蜒河道长，m；L 为河道直线距离，m；W 为低水河槽宽(满槽宽)，m。蜿蜒型河道设计示意见图3.2-2。

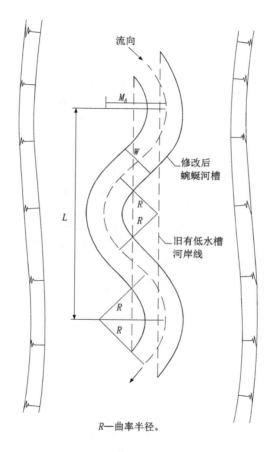

图 3.2-2　蜿蜒型河道设计示意图

3.2.5.3　形态设计方法

　　河道形态，与河道宽度、深度、坡度存在相互关联、相互制约的关系，并取决于河流泥沙含量、径流模式以及河岸材料等因素。开拓型河道的设计结合了更广泛的城市空间，可拓展河道长度，扩张河流范围，形成蜿蜒或分汊形态，如大中型渠化河流的水量大、流速快，河道蜿蜒形态的设计可参照以下公式去控制河道平滩宽度、弯曲程度和横截面。小型河道水量小，流速缓慢，形态设计上更为自由灵活。

　　第一步分析河道水文、水力学或泥沙特性的资料，受干扰前的河道形态是较好的参照物，可通过历史调查、航片记录等方式获得相关的资料。根据水文等资料，合理确定河道基本的行洪空间。

　　第二步是确定大致的河道平滩宽度，当河道与径流和泥沙达到近似平衡时，利用水力几何关系法建立的河道平滩宽度与平滩流量关系公式辅助，该公式为：

$$W = aQ^b \tag{3.2-3}$$

式中，W 为河道平滩宽度，m；Q 为平滩流量，m^3/s；a 和 b 为统计参数。

　　这一公式是通过大量河流调查统计所获得的，适用于中型和大型河流，小型河流流量小而平稳，可灵活设计平滩宽度。

　　第三步是设计平面形态，具体的平面形态参数一般采用经验系数关系，L_m 为河湾跨度；Z 为弯曲段长度；R_c 为曲率半径；θ 为中心角；A_m 为河湾幅度；D 为相应于梯形断面的河道深度；D_m 为平均深度（断面面积 $/W$），D_{max} 为弯曲段深槽的深度；W 为顺直段河道宽度；W_i 为拐点断面的河道宽度；W_p 为最大冲坑深度断面的河道宽度，W_a 为弯曲地点断面的河道宽度。河道跨度与河道平滩宽度经验公式为：

$$L_m = （11.26～12.47）W \tag{3.2-4}$$

相邻两个拐点间的弯曲段长度（半波长）公式为：

$$Z = L_m i_v / i_c \tag{3.2-5}$$

式中，i_v 为河谷坡度；i_c 为河道坡降。

　　蜿蜒河道的曲率半径与河宽之比介于 1.5～4.5。若河湾跨度过大或河宽无法达到要求，需通过工程技术手段加固河床。天然河流的深槽位于弯曲顶点的下游，为遵循这一特征，新河道在设计深槽位置时可以用深槽偏移比（Z_{a-p}/Z_{a-i}）来表示，即弯曲顶点与最大冲刷深度位置之间的河道长度与弯曲顶点与下游拐点之间的河道长度之比。

　　最后设计河道横截面形态。横截面形态与水流流速及平面弯曲度有关，不同的蜿蜒度与蜿蜒河道的不同位置的截面应有一定的变化，以适应水流冲击过程。

　　当蜿蜒度大于 1.2 时，河道断面参数可参照下列公式：

深槽偏移比：

$$Z_{a-p}/Z_{a-i} = 0.36 \pm u \tag{3.2-6}$$

深槽：

$$W_p/W_i = 0.95T_e + 0.20T_b + 0.14T_c \pm u \tag{3.2-7}$$

弯曲顶点：

$$W_a/W_i = 1.05T_e + 0.30T_b + 0.44T_c \pm u \tag{3.2-8}$$

弯曲段最大深槽深度的上限可根据以下公式估算：

$$D_{max}/D_m = 1.5 + 4.5（R_c/W_i）^{-1} \tag{3.2-9}$$

　　对河流形态的设计还要充分考虑岸坡的防护，蜿蜒度及流速较大的区段对河岸的侵蚀作用非常明显。

3.2.6　生态河道断面设计

　　河流中的曲流、深潭、浅滩、河漫滩、积水沼地、阶地、三角洲等丰富的地貌，构成了河流形态多样性。由此形成流速、流量、水深、河床材料构成等多种生态因子的异质性，造就了生境多样性，形成了丰富的河流生物群落多样性。城市河流生态环境恶化是多种因素综合作用的结果，河流形态多样性的消失是其中十分关键的一个方面。恢复城市河流自然特性的重要一步就是重新丰富河道形态。生态河道治理工程中河道断面设计应综合考虑防洪、生态、景观等功能需要，在满足城市防洪要求的前提下，营造多样性生物栖息环境和人水相亲的水边空间。

3.2.6.1　生态河道断面设计原则

生态河道断面设计的基本原则是：①形成浅滩和深潭的形态；②确保水域到陆地间的过渡带；③避免建造水流浅平的矩形断面，河床宽度适中；④尽量不固定河床，使河流拥有一定的摆动幅度；⑤在河流占地窄小的地方，更要重视水边的多样性；⑥不画直线形的横断面图。

3.2.6.2　生态河道断面形式

河道断面是河道工程设计中的重要控制要素及设计内容之一。河道断面形式的选择应充分考虑河道的等级、功能、水位变化、流速及流量等，满足过流能力、河道河底及护岸安全性、河道生境多样性等要求。

河道断面宜尽量保持天然河道的自然形态，河道断面设计时应充分考虑土地利用、河岸生态景观、功能定位等因素，在两岸用地许可的条件下，尽量采用缓坡式，减少人工痕迹，保留河道天然性的同时，通过堤顶堤坡的乔木、灌木、地被绿化，水中的挺水植物、沉水植物以及滤食性鱼类、底栖动物、浮游动物、微生物等，构建全断面的生物网络，以保证河道生态系统的稳定。在居住区密集的岸段，由于用地条件限制，选择矩形或复式断面，挡墙不宜太高，以保证岸上、水上动植物不受阻断。同时，全线因地制宜地设置不同类型的生态护岸，增加河道断面的多样性，在断面切换的河段水流速度会发生变化，使水中的含氧量增加，有利于生物多样性的形成，营造丰富的生态环境，构建健康永续的生态系统。

常见断面形式有矩形断面、梯形断面和复式断面等。

矩形断面（见图3.2-3）：占地面积较少，有助于提高河道的过流能力，有利于雨洪的排放，但降低了河道本身的自然美感，生态性、景观性及亲水性较差，常用于以防洪排涝为主要功能的河道，整体性好，抗冲能力强。河道断面设计以采用硬性材料为主，河道生态性较差。常规矩形断面采用干砌块石挡墙，景观较差，可考虑常水位以上毛石堆砌 + 常水位以下干砌块石结合的挡墙，既增加景观性，又提供水生物生存的空间。

图 3.2-3　矩形断面示意图

梯形断面（见图 3.2-4）：多用于规划新开河道，占地面积较大，同等开口宽度条件下过流能力较矩形断面小。在满足行洪、排涝和通航要求的基础上，由于坡度较缓，可构建利于生态系统恢复的基底条件，有利于两栖动物的生存繁衍，有利于河道的生态多样性。但因边坡的单一和水深的制约，能够生长水生植物的基底相对较少，生态亲和性相对一般。梯形断面是中小河道常用断面形式。断面设计一般以土坡为主，在土坡上种植花草、绿树等植被。

图 3.2-4　梯形断面示意图

复式断面（见图 3.2-5）：结合矩形断面和梯形断面的优点，与梯形断面相比，在占地面积同等条件下，汛期过流能力强，蓄水量大，且近岸有一定宽度河滩地，有利于河道中水生物和两栖动物的生长，具有一定的生态性。岸后斜坡、堤顶、植被缓冲带等均可开发为绿化景观休闲区域，具有较强的景观性。常水位以下可采用矩形或者梯形断面，常水位以上可设置缓坡或者二级护岸，正常情况下，水流归主槽，洪水期流量大，允许洪水漫滩，增加过水断面。因此，复式断面既满足平时亲水性的要求，在洪水期又满足排涝的功能。从断面结构上看，复式断面降低了护岸高度，结构抗力小，护岸结构可采取柔性护岸形式，为生态护岸形式的选择创造条件。

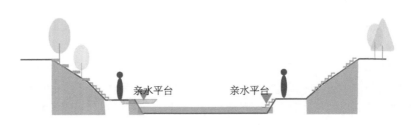

图 3.2-5　复式断面示意图

以往河道横断面形状整齐单一、左右对称，虽然给人以建筑美，但显得过于呆板，且不利于水生动、植物生长和繁衍，不利于生态环境的构建。生态河道断面设计应向自然河流断面靠拢。我们仔细去观察大自然中河流的形态，就会发现其横断面肯定是不对称的，水面和河滩也是有宽有窄。将自然界河道形态特点通过设计手段加以提炼，并导入河道断面设计中，根据河道形成机制来设计方案，舍弃简单的矩形或梯形的陈旧做法，向多变的自然断面过渡，最大程度地模拟生态河道。

3.2.6.3　新治理河段断面设计

　　新治理河段主要位于城市外围或尚未完全城市化的区县，承担着分流城市洪水的重要任务。由于河道渠化工程尚未发展到这些河段，河流形态还保有部分自然特性。整治过程中应充分利用河流自然形态，在保证泄洪断面的基础上，实施近自然断面设计（见图3.2-6）。

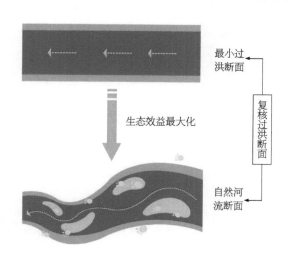

图 3.2-6　生态河道与渠化河道断面对比

1. 遵循自然河流演变规律设计断面

　　天然河流水流过程与河床形态之间存在一定的对应关系，正是由于千差万别的水流过程与组成物质各异的河床共同作用才得以塑造生境多样性，进而为生物多样性提供外界条件。近自然河流治理需要从某种程度上恢复水流的造床作用。河床演变学中造床流量的造床作用与多年流量过程的综合造床作用相当，因此可将这一造床流量概念引入近自然河流治理设计中。这一变量的作用是通过合理选择造床流量确定边滩高程，边滩高程以上采取人工措施营造河流景观，该高程以下在满足防洪要求的断面内塑造初始河流形态，而后由天然水流过程逐步塑造自然河流断面。

　　河流下游或汇流部位可布置湿地公园，河道断面形态以自然宽浅为主，高水时水流漫溢，低水时洲滩毕现，草木繁茂。这样汛期城市排出的大量雨水可在湿地内停留，一方面能够减轻城市下游河道的排洪压力；另一方面可以充分利用雨洪资源补充地下水，同时湿地能够起到净化水质的重要作用。此外，湿地公园与河流廊道共同组成点线结合的城市景观。

2. 增加断面类型

　　浅滩和深潭是形成多样水域环境不可缺少的重要条件。浅滩由于水流急，河床多为利于附着藻类生长的石子。特别是在水流湍急的浅滩中，由于细沙被水流冲走，河床上的砾石悬摆浮搁，空隙很大，成为水生昆虫及附着藻类等多种生物的栖息地，而这又吸引了大量以之为食的鱼类。深潭水流缓慢，泥沙易于淤积，不利于藻类生长。但当生长在急流浅滩中的藻类和水生昆虫等被冲入深潭后，深潭也就成了水生动物的觅食地，同时又是鱼类休息、幼鱼成长及躲避捕鱼的避难场所。在鱼类活动能力下降的冬季，深潭还是最好的越冬地点。

　　浅滩和深潭是构成河流的基本要素，缺少任何一个都不能构成生态环境多样的自然河流。因此，应根据河床比降、河床构成及流量等建造自然的河床。有了形状自然的河床，就可形成自然的水边和河滩，通过开挖河道，形成浅滩和深潭等多种形式的流水。

　　建造河床并非易事，河流有其自身的演变规律，生硬的直线和曲线都是不可取的。所以不能从一开始就用固定水边的办法固定河床走向，要因势利导，借助河流自身的演变特点，预留发展空间，逐渐形成天然稳定的河床。

3.2.6.4　已治理河段断面改造

很多城市河流已经完成了硬质化河道整治工程，河道生态治理就需要充分考虑现状条件。针对城市中的渠化河流，并依据城市渠化河流的空间特征，将其分为三类：①紧缩型河道，是指城市用地与河道关系紧密，基本无多余绿地，这类河道在城市中较为多见；②弹性型河道，是指有弹性余地的河道，河道内外及两侧有一定空间；③开拓型河道，是指有较大空间拓展的河道，河道紧邻或穿越城市绿地或非建设用地，可借助城市空间拓展。

1. 紧缩型河道

在城市的中心地带，城市用地与河道关系紧密，基本无多余绿地，这类河道在城市中较为多见。河道空间紧缩，高墙林立之间的河流被人工的垂直堤防所禁锢，这些堤防既具有防洪功能，又用来加固河堤。堤防两侧紧贴建筑、构筑物或道路，河流堤防可以被调整的尺度几乎为零。对于这类河道改造的策略主要有空间扩展、驳岸软化、生态浮岛、生态子槽等。

1）空间扩展

在空间紧缩的渠化河道的沿线，寻找狭小的机会空间，这类空间可以是线性的，也可以是点状的城市空间，对这类小空间进行近自然河滩营建，使得自然属性从城市过渡到河流，这些区域也可以被看作是自然河流中的浅滩部分。大量城市建设用地周边的河道常伴随高速的水流，而在这些被拓展的小空间内，水流被冲刷到这里，逐渐变得平稳缓慢，因此在这里可以形成一定的沉淀，如果种上相适应的多种植被，积累丰富的沉淀物，就可以形成一个小型生态体系，为两栖动物和哺乳动物的栖息创造一定的条件。这类空间将成为城市紧缩型河道中潜在的生态栖息地，对周边的空间可以产生多样的影响。空间扩展前后对比图见图3.2-7。

图 3.2-7　空间扩展前后对比图

2）驳岸软化

空间紧缩的河道多作为城市排水渠，瞬时洪峰量大，水流湍急，堤防不宜降低强度，需强化应对水流冲刷的能力。因此，原有混凝土硬质堤岸的近自然策略中可对硬质驳岸进行简单的软化处理，比如放坡的方法，可以在硬质基底上覆土种植；岸上有条件的，还可以做一些垂直绿化；如果抗冲刷要求不高的河道还可以进行彻底的岸坡生态改造。驳岸软化前后对比图见图3.2-8。

图 3.2-8　驳岸软化前后对比图

3）生态浮岛

生态浮岛，也称为植物浮床技术或漂浮湿地，是一种将植物种植在湖面和河道内的生物工程技术，在一定程度上可以净化水体，完善水域内的生态体系。生态浮岛具有景观优化、水质净化、创造生物栖息空间、消波和重新调整河道水生态环境结构等综合性功能，美国、日本等国一直十分重视该技术的应用。生态浮岛主要是通过植物和微生物的化学分解作用以改变水质，虽然这项技术已相对成熟，但目前利用率却很低，造价高和不便于管理是其中主要的原因。但生态浮岛对于紧缩型城市河道的近自然塑造，是一个不错的尝试，其可控、可移的灵活特性，适宜在常水位时节，放置在狭窄的渠道中，增加河道绿化覆盖面积，丰富生态栖息环境。生态浮岛改造对比图见图 3.2-9。

图 3.2-9　生态浮岛改造对比图

4）生态子槽

如果是水量较少或渠道较宽的区域，就可以采用"生态子槽"处理策略，即适当改动渠槽底面，将不透水混凝土硬质底壁挖开，依据水量大小确定挖掘深度，将挖出的泥土堆置于河床两侧，形成部分浅滩湿地，适当改变河流形态，恢复自然河流的深潭、浅滩自然动态过程。

河流在动态发展过程中也会慢慢调整河漫滩的形态，泥沙的沉积与输出会随时间而缓慢改变河流形态。水量的大小决定了浅滩所需的稳固程度，如果城市暴雨导致排水渠水量过大过急，就会影响浅滩的塑形，需要通过技术手段加固滩地，而湿地植物的根系可以在土体中穿插、缠绕、固结,在一定程度上增强滩涂的抗流水冲刷和重力侵蚀的能力。生态浮岛改造前后对比图见图 3.2-10。

图 3.2-10   生态浮岛改造前后对比图

2. 弹性型河道

在城市中仍然有一类河渠,虽然河道本身被堤防和防洪墙所围合,但仍然具有一定的空间余地进行拓展。这里的空间指两个方面,一是堤防或防洪墙内的空间,二是堤防或防洪墙以外的空间。堤防或防洪墙内具有一定的空间,是指堤防距离常水位的河流边界有一定的距离。人工构筑的硬质混凝土取代了河漫滩的空间,这时堤防对水系产生阶段性的影响,在洪水来临的时候,会因河水涨落造成瞬间的冲刷和压力。因此,在对河流进行近自然化的过程中尤其需要重视这一点,防洪安全是生态治理的前提。堤防或防洪墙以外的空间是指堤防与城市建筑之间存在的可利用空间,比如城市绿地、绿化防护带、道路等可拓展空间,这类空间是河流拓展的潜在开发区域。

无论是第一种空间还是第二种空间,还是同时具备两类可拓展空间,那么这类河渠就具备了成为城市弹性河道的优势,即给予河流一部分流动的弹性空间,其生态策略集中在两类空间的利用、河堤的改造以及河道形态上。

城市渠化河道恢复为具有弹性洪泛空间的河流,就具备了自然河流所具有的一部分河流自动力过程、河流物质交换、动植物栖息地等生态功能,扩大的洪泛范围是应对城市内涝的最好办法,也是目前“弹性城市”“水敏城市”“海绵城市”等应对城市内涝的规划思想中所提倡的重要解决策略。河流洪泛区可以成为市民接触河流、认知河流、休闲活动的场所。

1)重塑河堤形态

河渠堤防的建设是人类为应对城市洪峰所不得已的选择,堤防的建设也使得河流的洪泛区失去了原有的功能和作用。而随着城市气候条件的恶劣,天气多变,瞬时雨量加大,堤防对于城市的安全又显得格外的重要。

河道生态治理并非要拆除堤防,相反,安全稳固的堤防才是保障河流空间安全的屏障,但传统的硬质河堤形态是需要重新塑造的,以趋向于更加自然更加生态的形式,可通过生物工程技术,将岸坡恢复为自然河岸形态或具有自然河岸可渗透性的人工护岸,堤岸软化措施使得近自然的水循环得以实现,渗透性的自然河床与河岸基底使得河岸与河流水体之间产生水分的交换和调节作用,同时具有抗洪强度的生态河堤更加适合生物生存和繁衍，增强水体自净作用。

在堤岸软化的基础上，依据两侧空间及堤岸功能，可以构建新的堤岸形态，新的堤岸可以与洪泛区相连，构建丰富的动植物栖息地。可种植根系发达的乔木遮阴避暑。在堤顶或堤斜面区域构建有别于城市道路的慢行系统，让河堤成为市民可参与、可活动的城市公共空间。平坦而稳定的堤岸，可适用于各种开放的空间用途。

当然，对堤岸的改造可能会在某些程度上弱化堤岸的稳固性，对于一些经常受到洪水侵袭的堤岸，可以设置成直立挡墙的方式，对堤防进行加固，直立挡墙上可以策划一些亲水平台等内容。

2）塑造河漫滩

河流的洪泛平原（河漫滩）是自然河流组成部分中非常重要的区域，为营养物质滞留、生物栖息提供宝贵的生态环境，是人类接触河流、开发城市公共空间的优良场地，也是储存雨水、滞缓洪峰的有效措施。对于城市中有一定空间余地的河流，恢复洪泛平原，拓展洪泛空间，是增加河流的弹性变化，使河流向近自然化方向发展的重要措施。首先是要利用城市中的空间，拓展洪泛区的面积；其次是使洪泛区与河流边缘存在更多的接触，增强与河流本身的互动；最后是尽可能塑造一个多样性的洪泛区域，满足人和动植物的多重需求，融入城市公共活动，让人充分与水互动。

3）疏导河道形态

弹性河道在河道形态的近自然化过程中，可参考自然河流的形态，但并不是一定将河流设计成某种固定弧度的蜿蜒形态，或者说越弯曲越好，而是根据弹性河道所具有的实际空间以及河流自动力过程，拓展河道形态。使河道不拘泥于渠化直线，随多变的河道截面及河岸功能来调整。

对河流形态的疏导，从本质上来讲是在推动河流自动力的过程。对于一般的河流无须过度人工干预，只拆除河道的硬质边界，河流的冲刷作用就可以使自身恢复蜿蜒形态，但城市内的河道被大幅度地修改了形态，仅仅拆除硬质，可能需要几十年的时间才能恢复自然的形态结构，需要适当的人为干预和景观介入。变化是自然河道的一大特征，水流冲刷、洪水泛滥都会适当的影响河流形态的变化。给予河流一定的动态变化空间，允许河道随外力及自身动力的双重作用影响，形态发生适当可控的迁移过程，允许河道迁移。

河道可拓展范围狭窄，就可以设计成弯曲率在 1.0~1.3 的顺直微弯形；河道可拓展的空间较大，就可设计成弯曲率在 1.3~3.0 的蜿蜒形；如果局部有较大空间拓展，则在局部构建分汊形河道（包括辫状、网状和游荡形），河道形态是否适合于该地块及水流情况，可通过水力模型验算。

4）增加生境岛屿

河流生境岛屿是指通过河流环绕湿地，隔离频繁的人类活动干扰，以较小的生态空间实现生物多样性的栖息场所在渠化河流的改造过程中，增加生境岛屿可以丰富城市河流的生态功能，具体优势如下：①可以增加生态湿地的面积，为鸟类、鱼类、两栖动物提供安全的栖息场所；②改变河流单一的截面结构，丰富河流的自然形态；③增加近自然浅滩，创建多样的河流生境。

　　生境岛屿在河流的位置需要遵从防洪安全的原则，选择河流较为宽阔的区域，或局部扩大河流宽度以设置岛屿。

　　生境岛屿本身并不需要太多工程化的措施去建设，对自然土质岸坡，用生物工程技术局部加强抗冲性即可。生境岛屿的设计遵从生态演替的规律，发挥自然的自我调节作用，当洪水没过岛屿时，其冲刷力可重新塑造岛屿形态。岛屿的后期采用粗放式维护管理，其生态效果远高于传统硬质护岸和生态河堤。

　　弹性型河道改造示意见图 3.2-11。

图 3.2-11　弹性型河道改造示意

3. 开拓型河道

　　在城市中，河流的用地非常有限，人们想要亲水，就将房屋修在水边，人们又害怕水，所以修筑高高的堤坝，城市中的河流总是难以逃脱被禁锢的命运。但如城市的河流流经近郊一带，并邻近城市公园或城市荒地等，那么渠化河流就可以完全脱离原有的躯壳，拓展空间，并重生为一条在形态、功能和流动模式上都更近似于自然的河流，称为城市开拓型河道。开拓型河道的设计是近自然理念中较为理想化的一类，可结合城市绿地（公园绿地、防护绿地）、其他建设用地、非建设用地（农林用地、其他非建设用地、空闲地）等。开拓型河道断面改造策略完全可以参考生态河道的标准进行理想的改造，包括河流形态、空间设计、河漫滩、河堤形态等。开拓型河道改造示意见图 3.2-12。

图 3.2-12　开拓型河道改造示意

3.2.7　生态河道护坡设计

3.2.7.1　生态护坡概述

生态护坡可从两方面去分析研究：一是护坡，生态护坡建设应从防洪、排涝、结构稳定性等多方面满足工程建设要求，以实现护坡本身的功能。二是生态，护坡表面植物能起到美化环境、净化空气的效果；生态护坡植物根系可用来固土，减少水土流失；植物的存在也为生物提供了生存环境，丰富了护坡生物，有助于构建健康、平衡的生态系统。所以，生态护坡应该是既具有河道护坡功能，又能够恢复河道生态环境，构建河道护坡系统良性循环的系统工程。

生态护坡技术可大体分为两种：一是植被护坡，二是植物和工程复合护坡。植物护坡主要是利用植物深层根系锚固深层土体，浅层根系覆盖浅层土体增强预应力，以及植物茎叶削弱雨水冲刷等原理加固护坡土体、防止水土流失。还可将生态自然环境同景观绿化工程等结合起来。目前，生态护坡大致可分为植被护坡、土工材料复合种植基护坡、金属网笼块石体护坡、生态混凝土护坡等。然而，现阶段的生态护坡，与真正的生态护坡相比还是有一定的差距。很多名义上的生态护坡只是进行了边坡绿化，虽然含有一定的生态性，但其生态构造并不完整，还应包括动物以及微生物，同时还需将物质、能量和信息的交换等融入系统内部以及系统与相邻系统中，从而构建一个复杂的、有机的整体。

国内外对生态护坡的定义有很多，现阶段对生态护坡的定义并不明确。国内有学者将生态护坡定义为：利用自然植被，通过植物深根锚固土体、浅根加强预应力的作用，再结合其他材料固化边坡土体，从而形成了由植物或者植物与工程联合使用的护坡技术。国外学者将植被护坡定义为：单独用植物或者植物与土木工程和非生命的植物材料相结合的方式，强化加固边坡土体，以减轻坡面的不稳定性和侵蚀，其途径与手段是利用植被进行坡面保护和侵蚀控制。总而言之，无论是从哪种定义上看，生态护坡都是通过植物与工程相结合，从而达到护坡、固坡以及保护河道生态的目的。

3.2.7.2　生态护坡的功能

生态护坡既有传统护坡所具有的基础功能，同时又具备能改善环境的生态功能。生态护坡的植被根系能够稳固土壤，增强护坡土体结构的稳定性。植被深根与深层土结合起到锚固作用，浅根与土结合成复杂体，起到加筋作用。植被的存在还可缓冲坡体受到雨水及河水冲击，通过植被的吸收作用以及蒸腾作用降低坡体水分，减小渗透水压力，同时通过植被根系的连接锚固，增强土体抗剪强度，有效减少坡体受到冲刷产生的水土流失以及滑坡现象。

如果说护坡本身是基础，那植被的存在则是支撑，是河道生态护坡系统的支撑，有了植被，才会为生物及微生物提供生存空间，从而形成一个完整健康的生态系统。

一个健康的生态体系，不仅可以做到自我修复，同时也带来诸多好处，例如：降低噪声、美化环境、减少污染、避免扬尘，净化空气等，这些都是传统护坡所不具有的。

3.2.7.3　生态护坡设计原则

生态护坡设计，首先要满足护坡结构设计要求，依据《防洪标准》（GB 50201—

2014)、《水利水电工程设计洪水计算规范》（SL 44—2006）、《堤防工程设计规范》（GB 50286—2013）、《水利水电工程等级划分及洪水标准》（SL 252—2017）等规范要求。其次才是生态，因此我们需要从结构稳定性和生态两方面去考虑生态护坡设计原则。

生态护坡建设首先考虑的因素就是边坡稳定性，边坡稳定性是保障河道防洪、排涝等基本功能能够正常使用的前提条件和必要因素。我们在进行生态护坡设计时要综合考虑引起边坡失稳的因素，这些因素包括以下两点：一是边坡长期受到河流冲刷引起的失稳；二是边坡土体滑动引起的失稳。通过对边坡失稳因素的研究，从而实现生态护坡稳定性设计。

在满足了河道行洪等基本功能的前提下，就需考虑构建河道生态系统，把植物、动物、微生物以及河道生态环境等多方面有机结合起来，形成一个完整综合体。所以，遵循物种多样性，构建完整的生态循环体系，有利于修复河道生态以及增强河道生态的可持续性。要做到这一点，我们还应从以下几个方面去考虑。

1. 结构稳定性原则

护坡能有效防止土壤侵蚀，起着防洪、泄洪的作用，在设计时应重点考虑结构的安全性和稳定性，其稳定性与人们的生命和财产安全息息相关。生态护坡的设计，要确保城市的稳定，防止绿色植被或其他景观设施结构的损伤，防止发生洪水时出现管涌、清堤等事故，城市堤岸的首要职责是确保城市居民不受洪水侵袭，所以要选择耐受性好的材料。城市堤岸全面发展是提高城市土地利用的前提条件和基础，管理城市环境，创建经济效益，必须努力做好防洪排涝工作以保护生态环境。

2. 保护生态性原则

拥有健康和良好的生态环境对于人类来说具有重要的意义。滨水区生态环境就更需要有一个好的生态环境，使滨水区附近的能量来保持平衡，促进生态系统健康良好的持续改进。护坡在保护河岸线曲折的自然特征的情况下，尽量减少人为的转变，保持其本身的安全和稳定。为保证河道的生态循环和可持续性，在特殊情况下，也可以应用模拟自然生态系统的方法。

3. 注重亲水性原则

城市和文明的发展轴大多由滨水区构成。如伦敦的泰晤士河、巴黎的塞纳河、美国的密西西比河等。因此，生态护坡设计应结合当地历史背景，考虑特殊滨水地区的景观效果，生态护坡的景观设计应本着自然与美学相结合的原则，进行全面设计，努力做到亲近自然。以生活、历史、自然、文化和空间为主，通过深入理解认识当地自然环境和人文景观，使自然环境和当地景观巧妙地形成一个整体，是生态护坡设计的最高境界。

亲水性是生态护坡独特的性质，在滨水公园中建造生态护坡有许多优点，可以吸引众多游客来此休憩。因此，生态护坡必须有某些亲水性质的设计。例如，做些形式多样、高低错落的亲水平台、长廊和凉亭供人们休息娱乐。这些都是改变滨水区封闭性，迎合大众行为心理的生态景观设计。

4. 兼顾景观性原则

滨水生态护坡的设计是综合性的，如果只解决生态问题，不注重城市环境的景观化，就不能称之为优秀的护坡设计，在重视城市景观化的今天，对设计人员提出了更高层次的新要求，即护坡设计不仅要满足湖泊的生态要求还要保证其防洪的功能，在形式上也要更加美丽，提高滨水空间的魅力，吸引更多的人来到水边，走近生态自然。

3.2.7.4　生态护坡设计方法

河流生态护坡设计与水体因素包括水体流量、流速、流向、水体循环和水底材料等息息相关。传统的护岸设计过于强调材料的坚固性，而忽视护岸本身的生态性，导致水生动植物栖息空间遭到严重破坏，水体与土体的生物信息传递被阻断，水土间的生态关系受损。建设好生态护岸景观，需要设计者综合运用植物知识、景观生态学知识、水流动力学知识以及相关水利工程技术，构建人与水、人与生物之间的和谐共生关系。如何科学合理地分析水体的流量、流速、流向等数据，在此基础上，精准地进行护坡的生态设计是未来必然的趋势。

目前，基于水动力数值模拟，以构建量化指标的方法，可以准确模拟现状河道水动力特征，为优化护岸形式、改善植物生境和优化空间布局提供参数及技术支撑，最终实现指导生态护坡设计。

水体的水动力分析与护岸设计需要同时考虑。譬如，线型曲折有致的护岸容易在水岸附近形成不同流速的水域，保护水岸生态的生物多样性；具有孔隙结构的护岸能促进岸体与水体间的水气交换，充分缓解旱涝对生境的不利影响；生态护岸的排水设计可以维持地表水和地下水的循环交替；护岸植被与临水水生植物构成整体，水陆水体交换和能量转换共享共生。遵循自然规律，直曲结合，形成合理的曲线形态；垂直立面上要注意到亲水性的要求，岸高接近水面，产生陆地与水体之间的灰空间，提高人们对水体的感知程度。护岸形式和材料的选择，不盲目追求安全性和稳固性，而是选择能够与河流演变相适应的护岸形式。流场较大的岸线，岸线受冲刷较严重，需要加固护岸以保护水岸。缓流和易形成死水的区域，需要改变护岸形态，形成有利于改善水动力的水岸空间。针对不同分段水岸的岸带形式处理和形态设计，需要预留长期发展的弹性空间。

3.2.7.5　生态护坡的形式

生态护坡技术是在传统护坡技术的基础上，根据所采用的植物比例多少加以分类，主要可以分为土壤生物工程方法（Soil bio-engineering）和生物稳定技术（Biotechnical stabilization）。其中，土壤生物工程方法指只使用有生命力的植物进行边坡稳定设计的方法；生物稳定技术指整合具有生命力的植物与无生命力的力学元件（如土工织物、土钉、石笼等）的边坡稳定技术措施。鉴于此，在河道生态建设过程中，学者们将植物措施分为单纯植物护坡技术和植物工程复合技术两大类。

1. 单纯植物护坡技术

单纯植物护坡技术是指河道生态建设中全部采用植物进行河道岸坡保护的技术。该技术主要用于河道堤岸相对较缓、稳定性较好、土层深厚且种植层与地下层连接的河道堤岸防护。该技术从河道堤岸坡脚至坡顶依次种植沉水植物、浮叶植物、挺水植物、湿生和中生植物（乔灌草）等一系列护坡植物，形成多层次生态防护，坡面常水位以上种植耐湿性强、固土能力强的草本、灌木及乔木，共同构成完善的生态护坡系统，既能有效防止土壤侵蚀、固土护坡，又能改善生态、美化河岸景观，是一种兼顾生态功能和景观功能的堤岸防护技术。

1）草皮生态护坡

草皮用于正常水位以上区域的岸坡保护，这是由于草根不能耐受长期水的淹没的特性决定的，同时，尤其要注意的是要确保整个接近岸坡湿润区的过渡带都要维持适当的保护，以满足草皮的正常生长。单独种植的草皮护坡只适用于坡度较小的岸坡，不适用于较陡的岸坡及混凝土材料的坡面，因为较陆地岸坡上径流流速较快，草皮根系附着能力较差，易被流水冲刷。在混凝土坡面上的覆土种植也不稳固。

草皮在园林岸坡中的适用范围一般在水流平均速度 1 m/s 以下，尤其水流速度较缓处效果非常突出，可以形成较大面积的滨河草坪和绿带；如特殊需要，在水流速度达到 3 m/s 时，也可以应用草皮与三维土工网的复合（见图 3.2-13），适用于各种土质情况，优点在于可保持河道两岸原有植被，体现自然美感，工程费用低。常用坡率为 1:1.5，一般不超过 1:1.25，坡率大于 1:1.0 时慎用。土工织物草皮护坡在水利工程中亦有不少应用，尤其是在水土保持工程中用于防止山坡地雨水冲蚀（断面见图 3.2-14）。

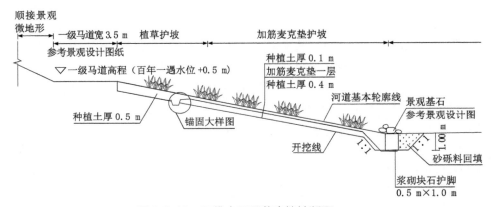

图 3.2-13　三维土工网草皮护坡断面

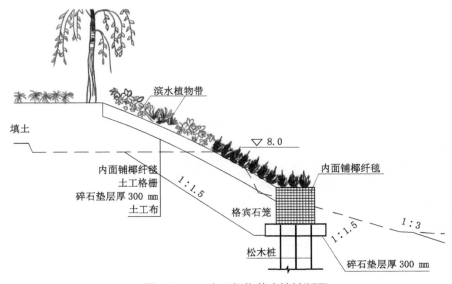

图 3.2-14　土工织物草皮护坡断面

2）树木生态护坡

树木生态护坡采用乔木或灌木等岸边栽种的植被，通过根系保持水土作用稳固边坡、保持生态系统平衡，常选用的树种为柳树、水杉、红树林等。

柳树护坡抗冲刷能力适中，对径流速度要求较小，适于在水流流速较快、水土流失较严重的河段应用。柳树迅速扎根发芽的特点可以用来加固堤坝、美化生态；柳树庞大的根系可以保护坡脚，支撑陆岸；垂入水中的枝叶为水生动物提供繁衍的栖息地。

水杉护坡，水杉根系发达，能够增加土壤抗腐蚀强度，有效减少径流对河岸的冲刷，水杉的根系还能够增强土壤的持水性，防止水土流失，改善土壤结构，增加土壤中有机物的含量，维持岸坡生态系统。水杉树形优美、树干笔直，容易形成良好的景观效果。

3）水生植物复合型生态护坡

水生植物复合型生态护坡是以芦苇、香蒲、灯心草等为代表的水生植物通过其根、莲、叶对水流的消能作用和对岸坡的保护作用而形成的护坡类型，它可以沿岸边水线形成一个保护性的坡带。促进泥沙的沉淀，从而减少水流中的挟沙量。水生植物还可直接吸收水体中的有机物和氮、磷等营养物质，以满足自身的生长需要，在保护岸坡的同时又能防止水体的有机污染和富营养化。此外，它们还为其他水生生物提供栖息的场所，水体得到进一步的净化，具体断面做法见图 3.2-15。

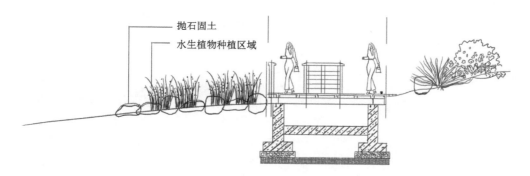

抛石固土

水生植物种植区域

图 3.2-15　水生植物复合型生态护坡断面

单独用水生植物做护坡材料能承受轻微的水的侵蚀，仅适用于低流速缓流水体。复合护坡结构是常用的水生植物和其他护坡材料，如石笼、编织袋和混凝土材料的配合，可以达到更好的保护效果，可承受中度或严重的水土流失。

使用范围：近水区或浅水区。水生植物做护坡材料能承受流水侵蚀的程度较轻微，适合低流速缓流水体。目前，为达到更好效果，通常采用的水生植物和其他护岸材料相配合的复合护坡结构。

特点：如芦苇、香蒲，作为障碍物起到保护沿岸护坡防护带的作用。

4）植物扦插生态护坡

除种植乔灌草进行堤岸防护外，在河道建设中还可以利用以能生根的植物茎枝等进行护坡技术，如活枝扦插技术、活枝柴笼技术、活枝层栽技术、灌丛垫技术、栅栏墙技术等，在环境条件合适时，活体木桩和活体枝条捆将生根并生长，产生一个有生命力的根系网层，通过加强和绑定土壤颗粒和吸收土壤层多余水分，来降低表层土壤的侵蚀和滑坡，达到稳固坡岸土层的效果。可防止岸坡30~60 cm土层的滑坡；在岸坡形成小的堤坝结构，从而缩短坡长，增加岸坡土壤稳定性；是修复经常处于潮湿状态的小区域土层滑坡和侵蚀的适宜技术。运用在坡度小于1:2~1:1.5的河坡，加以辅助工程措施可以用坡度在达到1:1的河坡。活体木桩材料尺寸一般直径为12~37 mm，长为0.6~0.9 m。活体木桩之间的距离（三角形距离）一般保持在0.6~0.9 m。坡面活体木桩的密度应保持在每平方米3~5个，扦插间距可按扦插地点的具体情况做轻微的调整。植物扦插生态护坡断面做法见图3.2-16。

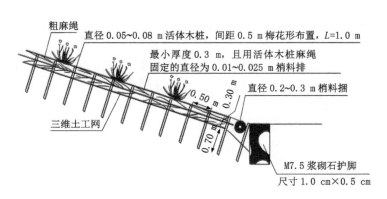

图 3.2-16　植物扦插生态护坡断面

2. 植物工程复合技术

植物工程复合技术是指生物技术与工程技术相结合的复合式生态护坡技术。这种生态护坡技术强调活体植物与工程措施相结合，技术核心是植生基质材料，依靠锚杆、植生基质、复合材料网和植被的共同作用，达到对河道堤岸进行防护的目的。该技术主要用于河道堤岸坡度较大、岸坡稳定性差、水流冲刷严重的河段。

目前，主要的复合生物护坡技术包括：石笼－灌丛层插、土工格栅－灌木层插、三维植物网、生态混凝土、生态砌块等技术，利用植物工程方法进行河道生态建设，必须遵循生态工程的原理，实现植物与工程的有机结合，方能取得最佳的生态修复效果。常见的护坡形式有以下几种。

1）木材生态护坡

木材生态护坡是利用各种废木材和已死木材为主要材料的生态护坡。粗糙的表面可以附着微生物，净化水质。此外，木材可根据需要做成各种形状，通常与石头搭配有关，可提高边坡的稳定性。

护坡结构首先加固边坡的坡脚，在坡脚打入木桩，然后再用木材或回填木横杠，用栅栏和石头回填进一步加强边坡土体的坡脚，还提供了水生植物、微生物和动物的生活环境，具体做法见图3.2-17。以上的斜坡栅栏可以用木制，搭配草坪植物，实现稳定、安全、生态、景观和亲水性的和谐统一。

使用范围：抗冲刷最大流速为2 m/s，木栅栏适用于流水冲刷轻的地段，尤其是公园、森林公园、风景名胜区等对自然风貌要求较高的区域。

特点：自然中的坚硬木材，在干湿交替地带最容易受到影响，影响其耐久性，要是想建立永久性设施，则要有相应的植被结合。如果是在水下，即岸坡底部，则相对可保存时间较长，大概在5~10年。

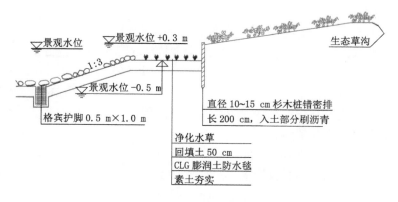

图 3.2-17　木桩护坡断面

2）石材生态护坡

石材的特点是成本低，来源广，经久耐用，抗腐蚀能力强。此外，粗糙的表面，为微生物的生存提供了环境，岩石之间的空隙也可以是各种水生植物的生存空间。常见形式有卵石缓坡护岸、条石护岸、山石护岸、堆石护岸等。

卵石缓坡护岸为理想的生态护岸，其横断面俗称"碟形"断面，有利于安全，有利于两栖动物的爬行，更有利于冬季防冰。结合水生植物种植，凸显自然生态感。

条石护岸要求条石为经过粗加工自然凿开面花岗岩。条石与条石之间不是紧密连接，不要求横平竖直，应错落有致，体现自然、美观，中间夹土绿化。

山石护岸的石块与石块之间缝隙不要求用水泥砂浆填塞饱满，尽量形成孔穴。块石背后做砾料反滤层，用泥土填实筑紧，使山石与岸土结合为一体。山石缝隙间栽植野生植物，点缀岸坡，展示自然美景。

堆石护岸的最大好处是具有可变形性，以致破坏是缓慢发生的，当一块石头相对于另一块石头移动时，抛石有一定的自愈能力。在护脚处先铺设土工布，再在上面随意堆放大量的块石，堆放的块石边缘弯曲而自然。之后在上面撒一层种植土，使之填充石与石之间的缝隙。过水之后，很容易长出大量的水生植物。抛石护岸做法见图 3.2-18。

使用范围：能抵御流速 4~5 m/s 的冲刷，所以一般用在较为平缓的水体护坡中。

特点：在水流运行速度快和易侵蚀区。混凝土与块石组合是性能更佳的结构体系，使用混凝土格子加固干砌块石驳岸下部，一部分被混凝土固定，一部分在边坡不暴露，这样能确保石头不会被水流冲走，也可以在丰富的石隙间悬浮生长的植物，使园林景观丰富。

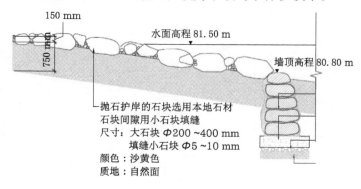

图 3.2-18　抛石护岸断面图

3）石笼生态护岸

石笼护坡是镀锌、喷塑铁丝笼或竹笼装石（有肥料，适合植物生长的土壤）垒成台阶的护岸或制成挡土墙砌筑，结合植物，增加稳定性与生态性。石笼特别适用于碎石或砂来源广泛，和大石头缺乏的地区。石笼网的尺寸一般为 60~80 mm，也可根据物料的灌装大小调整。石笼护岸适用于河流断面的高流动性，具有较强的耐侵蚀性，整体性好，应用更灵活，适应不均匀沉降能力较强，即使是全面护砌，在满足生态需要的同时也可为水生生物提供生存条件。

适用范围：它具有柔性强、透水性好、抗冲刷能力强的特点，所以比轮工、砖工、大体积混凝土或者预制块碎石驳岸更大。同时又是生物栖息的多孔隙构造，所以常被运用在园林驳岸设计中。格宾石笼护岸适用于坡度较平缓的河段，抗冲流速可达到 5 m/s，对于用地有局限的河段，可采用格宾石笼重力式直立挡墙，优点在于抗冲流速大，填石缝隙可覆土种植，景观效果好。

使用特点：箱形石笼是使填石固定就位的铁丝或聚合物丝的网格式制作物。铁丝笼是由铁丝编织网格或者焊接而成的结构物，见图 3.2-19。垫形和普通箱形。垫形石笼是一种较薄的、较柔软的石笼，可用于石笼沉排，见图 3.2-20。编成网格的石箱比焊接的石箱柔性更大，因此适应沉陷和荷载的性能是不同的。

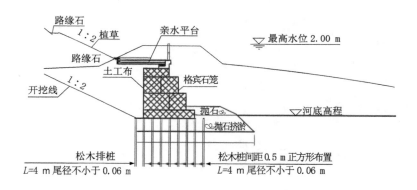

图 3.2-19　格宾石笼挡墙护坡断面

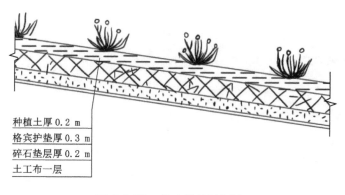

图 3.2-20　格宾垫护坡断面

4）生态袋护坡

生态袋是以高分子合成聚合物为原材料加工而成的袋子。这种采用高新技术研制的新型材料具有高强抗紫外线、耐酸碱、抗腐蚀、抗冻融等特点，广泛应用于市政道路、高速公路、铁路、山体、航道、河道、水库等边坡的生态防护。生态袋护坡岸利用柔性生态袋建造，袋内填充基质材料，为植物提供扎根场所，绿化覆盖率可以达到 95% 以上，较传统硬质护坡更为经济、环保和生态。具体做法见图 3.2-21。

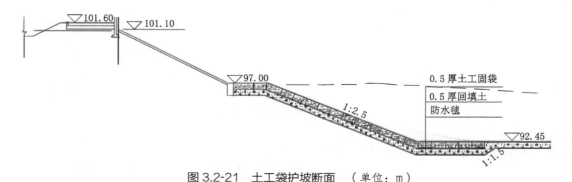

图 3.2-21　土工袋护坡断面　（单位：m）

适用范围：生态袋护坡可适用于各种河道断面形式，常用于斜坡式或多级斜坡式河道断面。抗冲刷流速可达 4 m/s，若单独使用生态袋护岸，坡度一般情况下小于50°，高度 $H < 3$ m，可根据现状自然地形确定。若陆地侧空间受限，需要增加坡度，可结合土工格栅一起使用。土工格栅分层平铺于袋后回填土内，与回填土体形成整体。其本身具有较高的抗压和抗拉特性，可提高回填土的抗剪指标，保证坡比较陡时堤身的安全稳定。此时极限坡度应不大于 75°，土工格栅的规格、力学参数、铺设长度和间距可视工程所在地的土层参数和场地空间等按需设置。

使用特点：生态袋底标高一般设置在设计河底标高位置处。根据实际需要及景观要求，生态袋顶标高可布置在常水位附近，采用多级斜坡式，常水位至设计堤顶高程之间放坡顺接，也可直接铺设至设计堤顶高程。一般情况下，为避免生态袋护坡发生过大沉降和变形，应设置基础层，厚度不应小于 0.2 m，具体厚度视场地地质条件确定。

5）生态砖护坡

生态砖护坡是一种多孔性生态砖构造形成的生态护坡类型，做法见图 3.2-22。目前，最广泛使用的护岸形式仍然是砌石堆叠的，对水体生态系统有一定破坏。同时采用生态砖可引起水流量的不同皮带速度，水流湍急，增加水中的溶解氧，有利于鱼类和其他水生生物的栖息和繁殖，从而增加了河流生态系统的多样性，提高自我净化水体的能力，并能保证匀称的独特景观护岸结构形式的稳定性。

生态护坡砖设计独特，可以降低流动率，提高排水能力，减小流体的压力，一方面起到渗水、排水作用；另一方面有增加植被面积、美化环境的作用。坡面在水流作用下具有良好的整体稳定性。

使用范围：抗冲流速可达到 4 m/s，优点在于满水位情况下鱼槽内形成鱼类避难空间，对水域生态有相当的帮助。采用多孔植物生长砖进行边坡护砌的河道边坡可为

1:1、1:2、1:3，当 $h<3$ m 时，$m=1:1$，一般边坡 $m=1:2$。可以变坡，采用固壁砖、鱼槽砖护砌的河道边坡可为 1:0.5、1:1。

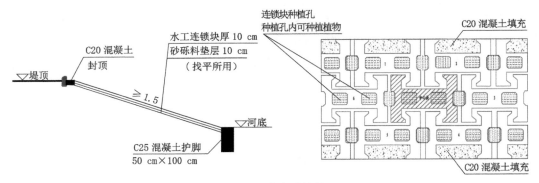

图 3.2-22　生态砖护坡断面

使用特点：其生态效应主要体现在设计的砖本身的"凹"形设计上。一般来说，鱼巢砖在常水位以下，"凹"形设计应该有利于鱼类和其他水生生物的栖息和繁殖。同时，多孔砖体结构的设计使鱼巢砖本身具有透气性，每个孔都有其独有的特点，在保证其结构安全的情况下，根据其结构特点，可以种植例如美人蕉、蒲苇、千屈菜等水生植物。

6）生态混凝土护坡

生态混凝土能改善流域周边环境，因为生态混凝土内部有很多连续的空隙，透水透气性好，空隙中充满了腐殖土，可让种子生根发芽，苗壮成长，用以改善周围环境。生态混凝土其中的空隙上凹凸不平的表面还可以为很多微生物和小型动物提供生存的条件，这样既保证了水体中生物的多样性，又净化了水质，更使草类、藻类的生长茂盛，使生态环境得到有效的保护。生态混凝土护坡是一种新型的护坡形式，能与自然和谐统一。郁郁葱葱的植被长在混凝土上，为河道增添了一抹绿色。

适用范围：该类型的护岸适用于中高流速的河道、坡面起伏较大呈不规则变化、坡面表层呈现风化、崩落现象的堤段。抗冲流速可达 5 m/s，优点在于可增强边坡抗冲蚀能力。最高水位上的框格可回填种植土，种植适生植物，提供遮阴效果及调节水温。

使用特点：绿色混凝土即生态混凝土，能够适应植物生长，先以碎石、水泥为原料，按一定比例与水搅拌混合，振压成型，然后在孔隙内充填植物生长所需的材料，并在混凝土块体表面种植植被，最终植被根系穿透混凝土块体长至块体下面的土体中，断面做法见图 3.2-23、图 3.2-24。以绿化混凝土为主要材料的生态护坡主要具有改善

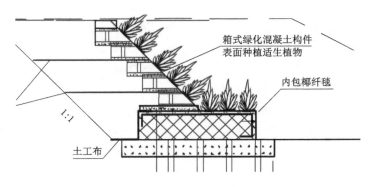

图 3.2-23　箱式生态混凝土护坡断面

生态条件、恢复和保护环境、保持原有防护作用三个功能。

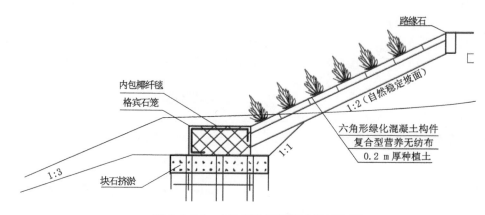

图 3.2-24　六边形生态混凝土护坡断面

3.2.8　生态河道防渗设计

随着现代城市的不断发展，滨水空间越来越成为城市品位提升的关键。城市往往通过拓宽河道面积，形成小型生态景观水体。由于这些小型景观水体特殊的位置，一方面是它们位于老河床上，下垫层多为冲积卵石、壤土等，属于透水性较强的土层，需要进行防渗处理；另一方面它们属于城市河道防洪的一部分，具有防洪、景观、生态等多种功能要求。因此，这些城市小型生态景观水体往往需要在满足行洪的前提下进行防渗处理，以往静水条件下的防渗方法将难以满足工程的实际需求，这样动水条件下的防渗设计研究成为城市生态水治理的关键问题之一。

3.2.8.1　城市生态河道防渗特点

一条城市河道，担负着防洪、景观、生态等多种任务，因此城市生态河道防渗有以下几个特点：

（1）工程处于城市附近，有防洪要求，河道行洪时水体水流速度较大，防冲刷要求较高。

（2）工程一般处于老河床上，水体内分布有大量砂砾石地层，渗透性很强，上游来水量有限，防渗要求高。

（3）工程区域内有较多的跨河或景观构筑物，防渗材料铺设突变处较多，对防渗材料的适应变形能力、延伸率等要求高。

3.2.8.2　防渗形式

防渗形式主要分为水平防渗和垂直防渗两种形式，城市河道的河槽主要为松散砂砾石基础，有些河道还会存在胶结砂砾石。砂砾石地层渗透系数达到 0.5 cm/s 左右，属于强透水层，需要进行防渗处理。采用垂直防渗的截渗墙施工，需要深入到埋深较大的相对不透水层，一方面工程相对加大，另一方面会阻隔河道两岸的地下水交流，严重影响河道周边的生态环境。所以，城市河道防渗方案主要采用水平防渗方法，选取合适的水平防渗材料作为主防渗层。

3.2.8.3 防渗材料

目前常见的水平防渗材料有三类。各种防渗材料特性比较见表3.2-1。

（1）刚性的防渗材料，主要有钢筋混凝土等。

（2）柔性的防渗材料，主要有黏土等。

（3）新型的土工防渗材料，主要有土工膜、防水毯等。

表 3.2-1　防渗材料特性比较表

序号	名称	使用年限	适用范围	优点	缺点
1	钢筋混凝土	50年以上	适合用在水体规则、水面较小的人工湖防渗工程	钢筋混凝土抗拉、抗压、坚固、耐久、防火性能好	施工复杂、成本高、变形能力差
2	黏土	不限	防渗性能不太高、要求水流速度小的地方	在当地具有合适资源时，易于施工，建设费用较低；在一定条件下对污染物具有截污和净化能力	渗透系数较大，占用土地资源
3	膨润土防水毯	50年以上	适用于市政（垃圾填埋）、水利、环保、人工湖及建筑地下防水、防渗工程	对地基不均匀沉降及冻融影响有一定的适应性，施工简便，具有自我修复能力，抗老化、腐蚀能力强、环保	造价较高
4	土工膜	50年	适用于市政（垃圾填埋）、水利、环保、人工湖及建筑地下防水、防渗工程	有很好的不透水性、弹性和适应变形能力，对细菌和化学作用有较好的耐侵蚀性，有良好的耐老化能力	厚度较薄，在施工中易受损
5	复合固结土	不确定	适用于道路路基、渠道防渗等	透水性满足工程要求，对细菌和化学作用有较好的耐侵蚀性，有良好的耐老化能力、环保	弹性和适应变形能力差

钢筋混凝土防渗属于刚性材料，适应变形能力差，对于防渗面积较大的工程，容易形成不均沉降；同时生态效果差，不符合现代生态水利工程要求。

黏土防渗要求黏粒含量至少要达到15%，一方面河道附近不一定能找到合适的黏土料场，另一方面料场占地较大，移民征地困难较大，不利于工程实施，也与当今保护耕地的基本国策相悖。

　　新型土工防渗材料的防水毯与土工膜，防渗性能好，适应变形能力强，适用范围广，目前多个领域的防渗工程都有应用。尤其在水库、湖泊等静水条件下水利工程的防渗应用，技术相对成熟且防渗效果明显。

　　针对城市生态河道防渗特点，防渗材料选取时需要适应变形能力强、防渗性能好、抗水流冲刷等多重要求。根据以上防渗材料的对比分析，可以选取防渗性能好，适应变形能力强的新型土工防渗材料作为主防渗层，同时在防渗层外部增加外保护层的方法，来满足城市河道防渗的要求。

3.2.8.4　防渗方案设计

　　为实现城市河道的防渗要求，需提供一种新型的防渗结构形式，即一种多层复合防渗结构，克服现有主要静水防渗结构的不足，使城市河道行洪时，动水条件下防渗层不被破坏，同时能达到防渗效果。

　　1. 防渗结构设计

　　多层复合防渗结构包括下过渡垫层、土工材料主防渗层、上过渡垫层、土工反滤层、压盖防冲层，各层自下而上多层分布。

　　土工材料主防渗层，可选用各种型号的土工膜，也可选用各种型号的防水毯。其厚度根据防渗需要计算确定。

　　下过渡垫层，可选用素土压实，也可选用砂砾垫层。其厚度及压实度应保证土工防渗材料变形不损坏，材料可选取开挖可利用料和当地便于采购料。

　　上过渡垫层，可选用素土压实，也可选用砂砾垫层。其厚度应保证压盖防冲层及施工时不破坏到土工防渗材料。

　　土工反滤层，可选用各种型号的土工布。土工布的厚度根据需要进行选定。

　　压盖防冲层，可选用格宾石笼、砌石等可透水性的多孔材料。其厚度应满足河道冲刷要求，保证主防渗层不受破坏。

　　上过渡垫层、土工反滤层可以是均设，亦可以根据需要只设上过渡垫层。

　　多层复合防渗结构断面图见图 3.2-25。

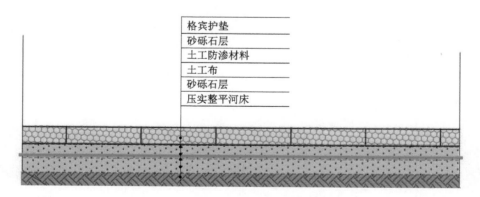

图 3.2-25　多层复合防渗结构断面图

多层复合防渗结构优点在于：

（1）多层复合防渗结构抗冲能力强，解决了原有防渗结构难以满足动水条件下的防渗需要，为河道的防渗、防洪等多功能需求提供了有效的解决方法。

（2）利用不同材质的不同特性采用多层结构，综合发挥整体构造的特殊防渗功能。

（3）各层材质均为当下常用材料，并且可以根据不同河道条件，选取适当材料，方便采购和施工。

（4）该结构材料均为柔性材料，结构稳定性能好，适应各种地形、地质条件。

（5）该结构压盖防冲层采用可透水性的多孔材料，为水下植物生长、动物栖息提供了有利场所。

2. 土工膜设计

根据《水利水电工程土工合成材料应用技术规范》（SL/T 225—98）规定，土石堤、坝防渗土工膜厚度不应小于 0.5 mm，对于重要工程应适当加厚。

城市河道内有较多的构筑物，土工膜铺设突变处较多，对土工膜的适应变形能力、延伸率等要求高。

基于以上原因，建议土工膜选用的厚度不小于 0.5 mm 高密度土工膜（HDPE 膜）。

土工膜厚度安全系数计算采用《水利水电工程土工合成材料应用技术规范》（SL/T 225—98）附录 C 的计算方法：

$$F_s = \frac{T_f}{T} \qquad (3.2\text{-}10)$$

$$F_s = \frac{\varepsilon_f}{\varepsilon} \qquad (3.2\text{-}11)$$

式中，T_f 为土工膜的极限抗拉强度。相应应变为 ε_f；T 为土工膜受到的拉力，相应应变为 ε。

3. 渗透计算

防渗处理后，渗漏主要有两部分，一是通过防渗材料的渗漏；另一部分是工程缺陷造成的。

1）防渗材料的渗漏量

目前国内外大多数沿用达西定律来描述在水力梯度作用下液体通过防渗材料的渗透规律。

$$Q_g = k_g i A = k_g \frac{\Delta H}{T_g} A \qquad (3.2\text{-}12)$$

式中，Q_g 为渗漏量，m^3/s；k_g 为渗透系数，m^3/s，目前防水毯材料的渗透系数 k 为 $5 \times 10^{(-11\sim-13)}$ m/s、土工膜材料的渗透系数 k 约为 $n \times 10^{(-11\sim-13)}$ m/s；i 为水力梯度；ΔH 为上、下水头差，m；A 为防水毯的渗透面积，m^2；T_g 为防水毯的厚度，m。

选取防水毯的渗透系数 $k_g = 5 \times 10^{-11}$ m/s、土工膜的渗透系数 $k_g = 5 \times 10^{-13}$ m/s。

2）缺陷渗漏量

土工膜、防水毯等土工防水材料常因种种原因造成缺陷，成为渗漏的主要通道，从而影响其防渗性能。当土工膜直接与土壤接触，由于接触面的不平整、颗粒粗糙以及土体变形分布不均匀等原因，在水头作用下有可能被刺破、撕裂和施工因素造成缺陷而失去其防水性能，成为渗漏的主要通道。参照国内外工程渗漏量实测数据的统计分析，施工产生的缺陷约每 4 000 m² 出现一个。此外，每 4 000 m² 一个缺陷是一个统计概念，实际缺陷的分布可能相对集中或相对分散。接缝不实形成的缺陷，尺寸的等效孔径一般为 1 ~ 3 mm。对于特殊部位（如与附属建筑物的连接处）可达 5 mm。其他一些偶然因素产生的缺陷的等效直径可以达到 10 mm。

应用 Bernouli 式计算缺陷渗漏量。

$$Q = \mu A \sqrt{2gH_w} \qquad\qquad (3.2\text{-}13)$$

式中，Q 为缺陷渗漏量，m³/s；A 为缺陷孔的面积总和，m²；g 为重力加速度，m/s²；H_w 为上、下水头差，m；μ 为流量系数，一般等于 0.6 ~ 0.7。

3.2.9 生态河道需水设计

城市河流受人类活动的干扰强烈，河流生态水量严重不足，水污染严重，生态系统功能退化，甚至出现断流，尤其是我国北方季节性河流，生态用水已经成为河流健康的制约因素，因此生态补水成为河流生态治理的重要举措。河流生态补水就是通过工程或非工程措施，向无法满足需水量的河流调水，达到改善、修复河流生态系统的结构、功能及自我调节能力的目的。

生态补水的关键在于水源与水量。水源上，应坚持"开源节流"的原则，尽可能地考虑优水优用、分质供水等手段，实现水资源的最优配置，常用的生态水源有雨水、再生水、循环水等。生态补水量到底多少合适，取决于供需两方面。从河流健康的角度计算河流最小生态需水量，国内外有很多相关研究，国家也有《河湖生态需水评估导则（试行）》（SL/Z 479—2010），这里不再赘述。难点在于水资源供给不能满足河流最低生态需水时，怎么合理确定河流补水规模？应坚持"以供定需"的原则，综合生态、城市规划、景观等多因素，设计多元化的生态河流形式。在实践中总结出三种类型，分别为景观蓄水型、公园溪流型和生态旱溪型，空间效果见图 3.2-26。

（a）景观蓄水型

（b）公园溪流型

（c）生态旱溪型

图 3.2-26 不同生态河流形式示意图

景观蓄水型，是对河道进行生态补水，形成景观大水面，滨水景观是城市形象展示的主要载体，地域性、公共参与性强，适用于展示城市形象的、地域性、公共参与性强的滨水区，形成门户景观。

公园溪流型，是对河道进行少量补水，使河道形成生态基流，滨水景观是城市市民的后花园，亲水性、可达性良好，尺度宜人，具有"小桥流水人家"的意境。适用于亲水性、可达性要求高，尺度宜人的滨水区。

生态旱溪型，是不对河道进行生态补水，形成生态旱溪型河道，滨水景观犹如城市的郊野公园，以疏林草地、阳光草坪、雨水花园等植物空间为主。适用于城市的郊野段，以疏林草地、阳光草坪、雨水花园等植物空间为主，形成自然生态景观。

3.3　塑造安全而韧性的地形

河流两岸绿地地形的塑造，不仅要考虑空间的需求，更重要的还要考虑排水的组织。现实案例中，很多河流因为修筑高堤防，阻隔了堤防外绿地的天然排水途径，导致绿地的雨水不得不往市政道路排，增加了市政道路的排水压力，如周边没有市政道路，雨水就会漫流，甚至淹没农田。因此，河流两岸地形的塑造，首要任务是堤防的设计，堤防如果能够结合河流两岸的滨河道路设置，让滨河路成为堤防，河流空间全部对外打开，这对于城市河流空间来说是最为理想的格局。退而求其次，可以设计隐堤，让堤防隐于两岸起伏地形中，成为绿地的主园路。

堤防格局确定后，场地的地形设计应坚持做大地景海绵，不要为了做海绵而做海绵，让海绵设施是景观地形的一部分，下凹场地与凸起地形相得益彰，最大化地提升绿地"自然海绵体"的功能。根据周边场地竖向与景观空间、视线、排水需求，确定设计最高点和最低点，形成高低起伏的错落空间，找准排水线路，确保排水有出口。此外，还需考虑土方量，尽量做到区域土方平衡。

涉及人工堆山造岭时，地形设计可以借鉴"三远"原理，对地形进行理脉布局，以求在咫尺之间展千里之致。平面布局要坚持胸有丘壑，虚实相生的原则，"有高有凹、有曲有深"地布置山脊和山谷。立面整体趋势是"未山先麓"，由缓转陡，具有山麓、山腰和山头的变化，土坡坡度不能大于土壤的自然安息角，自然安息角的大小，需取样试验，经计算确定。地形确定后，再因山构室，取境设路，步移景异，留有足够的休憩、游乐空间，保证重要的视线通廊和主要的无障碍通道。

3.3.1　韧性地形的内涵

"韧性"一词源于拉丁语"resilio"，又称弹性，表示"恢复到原有状态"的意思，最初用于工程领域，指构件或系统在外力作用下产生变形或位移后恢复原有状态的能力。

在物理学中，韧性是一个非常古老的概念，是指当物体受到外力作用后发生变形、而当外力解除后变形会得到一定程度恢复的性质。能恢复到原状的变形叫韧性变形，而不能恢复到原状的变形叫非韧性变形。借助韧性的概念非常容易解释一个物体或者一个系统抵御外力影响的能力，以及一旦影响发生，物体或系统恢复原有形态的能力。许多学科，如生态学、工程学、经济学和社会学等都先后引入韧性的概念，用以分析生态、工程、经济和社会等系统一旦受到外部环境的影响，特别是巨大的不利影响后，系统适应这种影响的能力。比如，在工程学中，韧性指的是一个工程受到干扰后，返回平衡状态或稳定状态的能力。

生态领域的韧性概念最早由美国佛罗里达大学生态学教授霍林 (C.S.Holling) 于1973 年引入，其著作《生态系统韧性和稳定性》(Resilience and Stability of Ecological Systems) 中提出"生态系统韧性"的概念，即"自然系统应对自然或人为原因引起的生态系统变化时的持久性"，白话地讲就是系统在抵抗外部影响、吸收势能且能快速恢复的能力，包含了抵抗、吸收、恢复三方面的特征。如今，由于韧性理念具有丰富的内涵、可持续发展特性以及普适性，其正被各个领域的研究人员广泛应用于城乡规划、城市基础设施、景观设计等诸多领域，用来应对灾害和气候变化带来的巨大影响，并在理论和实践领域都做出了突出的贡献。

韧性概念包容着社会、经济、文化、环境和空间多重维度。韧性理论强调的是系统观，如何让系统更具适应复杂变化和应对外界冲击的能力，是韧性理论主要解决的内容。韧性概念经历了工程韧性、生态韧性几个阶段，追求的目标也从最初的"单一稳定"到强调不断的适应，研究对象从线性拓展到非线性系统。韧性内涵的发展体现了学术界对韧性的理解从"恢复能力""保持能力"到"适应能力""转换能力"的过程。

风景园林是处理人类建造环境与自然环境之间关系的学科，是研究人类如何在使用土地等自然资源的同时维持自然环境健康的学科，或者说是创造适合人类使用和生态平衡的人类生活境域的学科。人工建造如何才能适应自然环境？两者如何才能达到平衡和谐？当台风、地震、洪涝、干旱等灾害发生，我们的建成环境如何能够抵御灾害的影响？当建成环境遭受损害时，如何能够尽快复苏？当社会、经济、人口和产业等因素巨变可能带来各种不确定的影响时，建成环境如何能够从容应对并实现可持续发展？

将韧性概念与风景园林结合，韧性景观由此而生，为风景园林学带来了新的研究视角，即研究通过风景园林的途径使得不同尺度的建成环境具有更强的适应能力。景观的韧性是指景观系统在受到外部干扰的时候，能够维持景观系统的结构以及内部生命群落演替不发生根本性变化的前提下所能承受的并自我修复的能力。系统内部各个物种或景观组团可能经受了剧烈的变化乃至破坏，但整个景观系统的核心功能仍然保持完好，具备后续的恢复重建的能力。

韧性景观具有两方面的特性：一个是遭受外力不发生形变的刚性，一个是在过度形变后能够快速达到新的平衡的恢复能力。

基于对"韧性"概念从各个专业角度的认识，同时结合已有河道治理方面的经验，我们在城市河流生态治理过程中提出了"韧性地形"的概念。"韧性地形"指结合城市河流生态治理过程中因扩挖、疏浚、清淤河道产生的土方，在河流两岸的绿地空间内，同时满足防灾减灾、排水、海绵城市建设、生态修复、绿化及景观效果等多专业要求的基础上打造的模拟自然的、变形时有快速恢复能力的、地表高低起伏的三维空间，让河道两侧绿地不仅能正常满足传统的休闲游憩功用，还能起到雨水收集、调蓄、净化，河流污染物削减，以及降低洪涝隐患等作用，实现生态修复、资源集约利用以及节约建设资金等会多重功效，成为河道两侧不可或缺的韧性海绵体。

结合我国传统造园文化中的筑山理念，本章从韧性地形与河道疏挖、排水设计、海绵城市设计、休闲空间构成、绿化设计几个方面分析韧性地形在城市河流生态治理方面对刚弹融合及与多专业的协调关系，探索如何以洪水为友，最终建立起能够适应防洪堤、适应排水、适应海绵、适应休闲空间及适应种植的河流两岸韧性空间，实现滨水景观场地的韧性。韧性地形设计理念与传统地形设计理念之间的异同见表 3.3-1。

表 3.3-1　韧性地形设计理念与传统地形设计理念之间的异同

项目	传统地形设计理念	韧性地形设计理念
内涵	抵抗性策略	韧性策略
出发点	所面对的变化是稳定的、可预测的	所面对的变化是不可预测的
目的	通过灰色基础设施完成对灾害的抵抗	增强系统自身的适应能力、恢复能力
措施	水泥堤坝、防护堤岸、快速排水、硬质铺装	滞洪区、生态堤岸、蓄水净化、透水铺装
灾后恢复	依靠人为调节	依靠系统自身调节

3.3.2　生态河道韧性地形与传统筑山理念

近 30 年来，中国城市化的高速发展带来了空前的大建设，由于城市的扩展，原本处于郊区的许多河道逐渐演变为城市河道，原本的城市河道因城市扩大、人口增长使行洪排涝要求必然不断提升，于是清淤、扩挖成了提高城市河道行洪排涝标准的有效手段，因此必然产生大量的土方。若这些土方全部外运至周边弃土场，费钱费力，因此结合城市河道治理过程中两岸绿地的建设同步消化土方逐渐成为一条行之有效的途径。

区别于传统公园点片状的挖湖堆山，城市河道生态治理是线性工程，短则几千米，长则几十甚至上百千米，产生的土方量巨大且呈线状分布，无法全部运至一处或多处进行集中堆山消化，且河道两侧绿地空间往往有限，土方承载能力受限，因此结合河道两侧线状绿地地形设计就地塑造安全而韧性的微地形更为可行与现实。在绿地较宽处可考虑堆筑面积较大的山体，形成整个河道周边空间的制高点；绿地面积较窄处结合微地形设计堆筑连绵的带状丘陵或低矮的山体，在绿地范围内形成丰富的地形空间，也有利于河流两侧景观场地的基础塑造。

我国人工筑山的渊源很早，从大禹用疏导治洪水成功，疏挖出的泥土以人工堆成九州山，先民上山得救，到秦汉有神话色彩"一池三山"的土山，到汉代"采土筑山、以象二峗"和"聚土为山，十里九坂"仿真山的土山，南北朝至唐代，苑囿园林中以土筑为主的造山，魏晋时期从"起土山以准嵩霍"的追求宏大的仿真山之形到追求真山之意境，宋徽宗虽开大量用石之风气，但以"冈阜拱伏""主山始尊"的开池堆土为主的艮岳，叠石山成风的明、清两代，出现了反对用石过多和主张土山戴石的做法，从而出现了以张南垣、张然为代表的写实与写意筑山相结合的自然主义新风格。直至中国现代风景园林中，仍传承延续中国自然写意山水园风格并伴随时代特点有所创新的山水公园，其中，"山"作为园的骨架，一直扮演着重要的角色。我国传统筑山设计具有技术与艺术的双重特性，能够作为划分空间和障景的手段，满足生态伦理、文化审美、功能需求、山水构造、空间营造、改善小气候、组织排水、平衡土方、经济利用等方面的多重需求，也是中华民族传统山水文化特色的体现。

与我国传统的山水文化设计理念相比，西方的大地景观设计形式似乎更受现代年轻景观设计师的青睐，然而在借鉴西方景观设计思路和语言的同时，也伴随着问题和弊端。一方面现代园林深受全新视觉冲击的设计形式和语汇的国外各种设计思维影响，出现了借鉴、模仿和抄袭西方园林的现象，在筑山方面，既有积极创新的借鉴，也有盲目的抄袭，例如将西方大地艺术、形式化的大地形和因西方自然文化渊源而形成的地貌特征，生搬硬套到中国筑山设计中，从而丧失了自身文化特色和师法自然的智慧。另外一方面，现代公园面积大，筑山甚至成为城市山水的重要部分，即使是中国特色的自然山水营造，也出现艺术水平缺失，片面追求大体量却缺乏层次变化的现象。孟兆镇先生认为：在土山或地形设计中，丘为实，壑为虚。布局应注重丘壑相辅相成，虚实结合。而现今诸多土山的通病是有丘无壑、多丘少壑、浅丘浅壑或接丘成壑，不仅不符合排水要求，不利于植物生长，而且山形僵硬呆滞，即使有实际高度，但对周围景观的控制力还稍显薄，更缺少似有真意的山林意境。中国传统筑山追求"有真为假、做假成真"，从仿真山尺度发展到拳山勺水的假山，都是"一方水土育一方人"，是适合中国国情，深蕴中国特色，遵循中国自然山水规律的造山。

现实河流治理案例中，很多河流因为修筑高堤防，阻隔了堤防外绿地的天然排水途径，导致绿地的雨水不得不往市政道路排，增加了市政道路的排水压力，如周边没有市政道路，雨水就会漫流，甚至淹没农田。河流两岸绿地多是为一个或几个片区甚至整个城市服务的公共场地，有着现代园林大尺度、大空间的公共设计要求。结合河道两侧绿地塑造安全而有韧性的地形不仅有益于城市河流生态治理过程中的排水解决，而且产生的土方能够就地平衡。城市河流生态治理过程中塑造安全而有韧性的地形更加强调整体性的场地属性规划设计，是对大地地形进行修复改造的竖向工程，需要在更大区域尺度甚至是城市尺度上结合交通、地面排水、建筑布局、水生态处理等进行综合的规划设计。另外，随着城市的发展，河道绿地两侧的地形塑造也有助于因城市扩建、改造产生的建筑垃圾、垃圾掩埋场（建筑垃圾和生活垃圾）、矿渣、煤渣等废土料的利用和生态修复。

3.3.3　韧性地形与多专业的关系

3.3.3.1　韧性地形与河道建设

1. 河流韧性的国际理论和区域实践

"韧性"的概念经历了工程韧性—生态韧性—演进韧性的演变。演进韧性思路已经抛弃了对平衡状态的追求，更强调持续的适应和学习力。针对洪水的防治措施，也从

"防御"向"适应"转变。越来越多的研究者和城市管理者开始接受"比防御河流更好的做法是与河流为伴"的思路,城市管理模式也从"安全抵御洪水"向"在洪水中安全"转变。人们开始认识到洪水的正向意义,认为从河流与城市的交互作用角度看,应对洪水的经验反而为城市创造了学习机会,使其得以调整内在结构、构建相关知识,逐步发展出多样化的应对策略。Vis 等通过评估洪灾的经济社会影响等,对比荷兰原有的通过提高堤防抵抗洪水的策略和"洪水滞留""绿色河道"两种弹性策略,提出弹性方案具有更长远的利益,并且还可以给河流和城市景观带来更灵活的发展方式。Nienhuis 等认为允许对生态系统有关键性调节作用的周期性洪水进入,可重新连通河道和洪泛区,对城市河流和城市整体生态系统的协调有积极影响。

在这种思潮的影响下,欧美等多个国家和地区纷纷开展了多样化的水地关系重构实践。荷兰三角洲地区于 2006 年启动"为河流创造空间"的水资源管理项目,通过开展一系列水利工程建设、滨水土地使用调整和国土空间规划等工作,缓解由城市化发展带来的河流空间不足、防洪风险加剧与水生态系统退化的风险,并制定《气候自适应导则》《蓝绿网格设计导则》等,在空间规划层面为项目的实施提供指导。荷兰的洪水防治措施从传统的修堤筑坝等"硬"工程对抗思维转为具有弹性的"软"工程适应思维,打破了水绿空间的界限,创造了一系列精彩的水岸空间,在保障防洪安全的同时,推动了河岸带经济发展,有效地提升了生态环境和景观质量。英国的洪水风险管理也进行了转换,以"给水空间"代替原来的以堤坝挡住洪水的方式,通过加大河湖的储备空间、增加湿地和河漫滩以及提高河流途经山地的种植覆盖率等措施扩大河流的空间,并进行对应的土地管理。纽约在经历 2012 年"桑迪"飓风的重创后,在 2013 年发布了《一个更强大、更具韧性的纽约》,随后推出了曼哈顿滨水的"Big U"构想以应对纽约未来的飓风灾害和海平面上升产生的影响。

2. 河流韧性在国内的理论发展和实践

2013 年前我国对韧性城市的研究相对较少,之后,为了更好地应对频发的洪水和内涝灾害,专家学者革新了洪水应对的思路和策略,"海绵城市"理念被提出。俞孔坚等用海绵来比喻城市中自然水系统的弹性,指出"河流两侧的自然湿地如同海绵,调节河水之丰俭,缓解旱涝灾害"。在 2014 年住房和城乡建设部发布《海绵城市建设技术指南——低影响开发雨水系统构建(试行)》后,我国兴起了研究和建设海绵城市的热潮。与海绵城市相关的韧性城市概念也越来越受关注。胡岳将韧性理论融入城市水系统规划,提出水利设施建设不能只强调功能性和工程性,而应当将其与城市景观设施结合,将"灾害抵抗"转为"调和共生"。廖桂贤等提出以"韧性承洪"的理念,应用自然的洪泛区功能建立城市承洪韧性,设立"可泛洪土地""可浸润百分比"等指标以评估城市的承洪韧性。汪辉等认为洪涝灾害发生的原因并不完全是强降雨,而是慢变量"容水率"(流域范围内的河湖蓄水容量与流域总面积的比值)的降低。总体而言,学者们普遍认同河流廊道的承洪韧性极为重要,但当前的河道韧性研究多集中在理论层面的宏观指导,较少关注具体的实践方法。

在滨水环境建设实施层面,俞孔坚等在浙江永宁江、上海后滩公园和哈尔滨群力湿地等项目设计中以水系统韧性为引导,开展了河岸软化、恢复河漫滩和湿地转为雨洪公园等试验，取得了较好的生态和社会反馈。随着国内河流生态治理工作的展开，很多城市在生态堤岸和滨水绿地的建设上投入了较大力量，同时在逐步突破传统的水利和环保路径，向着水岸统筹的方向探索。例如，广东省近年来推进的"万里碧道"工程突出水岸同治，将河道治理从传统水域拓展到水陆复合区域甚至更大范围的城市腹地，打造以水为廊道的公园群落。但国内大部分滨水城市因土地利用、防洪观念、生态意识和资源分配等方面的限制，仍存在河流过洪空间难以扩大、堤岸多样化利用缺少政策支持、动植物生境不受重视和上下游水资源缺少协调等问题。由此可见，对于韧性这一可持续理念，国内从宏观的理论到具体的技术实施之间缺少中间层次的空间规划系统支撑，如果没有严谨的定义和计量方法，韧性概念将无法指导实践。其中，最为典型的就是河道蓝绿线管控的刚性模式，当城市采用相对刚性的定线控制而非弹性的效率体系架构时，河道韧性建设可能很难取得有实际效果的突破。

　　近年来，日本、美国等国家的城市综合防灾规划中逐渐呈现生态防灾的特征和趋势，生态防灾即重视生态系统调控在综合防灾中的积极作用，将山、水、林、田、湖、草、沙等生态要素作为城市防灾网络的天然依托。在韧性理论的指引下，荷兰、英国等国家陆续采用更为弹性的策略提高河流廊道的韧性，并与国土管理结合，给予河流更大空间。而我国河流蓝线、滨水绿线等规划和管控方式固定了河流的防洪线与生态线，蓝绿空间难以扩展，城市缺乏韧性。基于此，本章在总结国内外韧性河流理论和实践的基础上，以蓝绿空间作为整体，建构河流廊道的韧性地形框架；将河流廊道作为城市韧性排水设施的主轴，充分解锁自然的力量，通过绿色和灰色基础设施的融合而应对灾害的办法克服单一硬性基础设施的诸多缺点，也为缓解灾害的影响提供了更加有效的办法。

　　河道的布置符合城市防洪与相关规划的要求，应首先对现状河道过流能力进行校核，不能满足城镇内涝防治设计标准中的雨水调蓄、输送和排放要求时，结合用地条件，增加河道行洪断面尺寸，提高过流能力，并且需要与城市用地、交通网络及排水等规划相协调。顺河势维持河道走向不变，不缩窄河道，在有用地条件下，尽量以拓宽河道方案为主，增加行洪断面尺寸，降低洪水位，为城市雨水顺利排放创造有利条件。

　　因河道疏挖和清淤会产生大量弃土，对河道两岸现状地形进行重新塑造，平整坑洼不平的地面并利用高差设计丰富景观层次。本着合理利用土方资源和节省投资的原则，尽可能做到河道工程设计中土方平衡相互协调，河道疏浚、工程开挖土方、植草沟开挖土方等与河道外景观微地形塑造相互平衡，从表土资源保护、弃渣物质组成、综合利用率、施工时序和运距等土方挖填的角度，分析工程土石方调配方案、弃渣综合利用的设计合理性，最终解决土方平衡问题。

3.3.3.2　韧性地形与排水设计

　　常规的城市行泄通道主要以河流水系、排水干沟、明渠、暗渠为基础，主要作用为将超标雨水就近排至水体，避免内涝灾害发生。2021 年河南郑州 7·20 特大暴雨，极端天气出现的频率和强度骤增、城市不透水下垫面面积的急剧增加等因素造成城市雨洪灾害日益严重，城市内涝、河流排水不畅问题充分暴露。

　　随着城市的开发建设，雨水径流量增大，城市雨水管网的排水压力急剧增大，增大内涝风险，当前排水防涝存在的诸多问题尚不能适应社会经济发展的要求。城市防洪仅靠传统的防灾灰色基础设施（如海堤、灌溉基础设施和水坝等），无法适应气候变化的不确定性，因此结合城市河流生态治理以自然生态系统为主体的绿色基础设施为自然灾害防御中的城市排水设计提供了天然的方案。

3.3.3.3 韧性地形与海绵城市设计

洪涝是我国城市主要的自然灾害之一，城市中人口、资产高度集中，一旦受损，损失较大。近年来极端天气出现的频率和强度骤增、城市雨洪灾害日益严重。传统的雨洪系统对于提升水安全的方式主要是增加雨水管渠或者加大雨水管渠管径等工程化措施，并没有考虑区域雨洪系统的整体性、复杂性。

2014年10月，住房和城乡建设部颁布了《海绵城市建设技术指南——低影响开发雨水系统构建（试行）》，提出要使城市能够像海绵一样，在适应环境变化和应对自然灾害等方面具有良好的"弹性"。海绵城市，是城市生态雨洪管理的新概念，提倡构建能够对雨水径流总量、峰值流量和径流污染进行控制的管理系统，即低影响开发雨水系统，以适应环境变化和应对雨水带来的自然灾害，下雨时渗水、蓄水、滞水、净水、用水、排水，需要时将蓄存的水"释放"并加以利用，最终实现用水目标。

海绵城市的建设途径主要有对城市原有生态系统的保护、生态恢复和修复、低影响开发等三个方面。首先应保护现有河网水系、湿地、绿地等城市雨水滞纳区，对城市建设中已遭到破坏的，应采用生态手段尽可能恢复，提升城市滞纳雨水的能力；其次通过绿色屋顶、下凹式绿地、雨水花园、植被浅沟、绿色街道、生态湿地、透水铺装、雨水调蓄池等低影响技术措施，强化雨水的积存、渗透和净化。

随着中国城市化的不断发展，城市地表的不透水面积大量增加、河流网络的破坏、城市内湖的消失、雨水管网的设计标准较低等问题，导致了城市内涝的发生，虽然海绵城市建设缓解了雨水径流和污染问题，常规的植草沟、雨水花园、旱溪等设施在市政小区或市政道路应用较为成熟，对于城市河道生态治理工程中大面积广域的生态景观工程中还没有成熟的技术体系，不能与景观体系很好地匹配，如人工堆山造景、景观建筑屋面径流污染、广场铺装耐久性问题无法很好解决。

韧性地形以绿色、生态为本，将解决好雨洪问题视为城市河流生态治理时优先考虑的因素，助力打造河流两岸的生态雨洪韧性系统。生态雨洪韧性系统是区域雨洪系统中的重要组成部分。对城市河流两岸已受破坏的水体、低洼地等自然本底，结合韧性地形设计运用生态手段进行恢复和修复，并维持一定比例的生态空间。结合生态岸线恢复目标，考虑河岸、水库、湖泊、湿地周边用地类型，根据水体现状水质情况、整治情况、水生态系统情况等，有区别、有针对性地提出生态雨洪的修复策略。城市河流两岸生态雨洪韧性系统主要包括保护"海绵基质"生态框架、径流路径的保护等内容。

城市河流两岸主要的绿色"海绵基质"可分为城市公共部分、林地部分、湿地部分。根据地块性质与居民生活需求，结合地形设置海绵基础设施，提升公共绿地的海绵功能对"海绵基质"全面保护，为雨水预留滞蓄空间。

城市公共绿色基础设施：以城市公共服务功能为主，结合河道水景和海绵基础设施，提升城市绿地的海绵功能。公共绿色基础设施主要包括与河道绿地系统相衔接的城市公园、街心公园、街道绿化带等。

林地绿色基础设施：林地绿色基础设施以保育及提升生态资源与群落为主，设置海绵基础设施，包括休闲栈道、景观休憩设施等，同时注重水景观营造及雨洪利用，提升公共绿地的海绵功能，主要位于绿道两侧绿地范围内。

湿地绿色基础设施：湿地绿色基础设施以乔灌草以形成丰富的种植层次，同时增加水生植物，形成湿地生态系统，起到净化水质的作用，主要位于河漫滩区域。

海绵技术应用：海绵技术在绿色基础设施中是指以各类低影响开发技术又包含若干不同形式的低影响开发设施，主要有透水铺装、绿色屋顶、下沉式绿地、生物滞留设施、渗透塘、渗井、湿塘、雨水湿地、蓄水池、雨水罐、调节塘、调节池、植草沟、渗管/渠、植被缓冲带、初期雨水弃流设施、人工土壤渗滤等，在河流两侧地形设计中，能够形成自然、流畅又具备生态雨洪功能的韧性地形，丰富人们在地面上的感官体验的同时还改善了雨水管理。在下雨时饱吸雨水，在干旱时"吐"水浇灌花草树木，像一块巨大的天然海绵体，基本实现场地范围内的雨水自给自足。

韧性雨洪系统属于城市河流生态治理中的重要环节，弥补了常规排水管网系统的缺陷，成为应对城市雨洪灾害的一种有效途径，相比于常规的雨水管道系统，综合运用自然生态本底的生态韧性和人工雨洪系统的工程韧性，因而有着更强的包容能力。

在城市河流生态治理建设前保护原有的生态本底及径流路径，地形设计通过将地形与海绵设施充分融合，系统解决城市河流生态治理过程中的水土流失，绿地排水无出路，初期雨水污染严重和硬质铺装广场易堵塞、耐久性差的问题，提高超标雨洪来临后整个城市河道乃至整个城市能够承受、消化、适应、快速恢复的能力，最终目标在于建立一套滨水景观绿地的雨水管理系统，实现雨水的高效绿色管理，逐步实现具有抵抗力、恢复力和适应力的区域雨洪管理系统，兼顾实现高山、凹地、建筑物多维度、全链条高效雨水管理回用体系。

韧性地形中常见海绵措施类型：

（1）生物滞留带。为配合绿地的生物滞留池改造的景观效果，对原有绿地的种植进行局部改造，改造控制范围。

（2）旱溪。旱溪不仅有传输、滞留、下渗雨水的功能，还起到传输、净化中水的功能，因此在线形布置上采用仿自然溪流蜿蜒曲折的布局形式，延长水流时间、降低水流速度。在剖面设计上采用多级驳岸的方式，丰富旱溪景观。

（3）雨水花园。允许地表径流进入花园水景系统，补充地下水，超出花园设计吸纳能力的部分则被导入雨水收集工程设施。

雨水花园可以在雨量充沛时作为临时性储存雨水的设施，它能够降低雨水径流速度，削减径流量，净化水质。雨水花园如同海绵城市的小气孔，单个拎出来作用不大，组合在一起，就能发挥一加一大于二的功效。通过实践，雨水花园用地灵活，河道两侧绿地内"有地就能活"，不需要大面积的空间。

3.3.3.4　韧性地形与休闲空间构成

河道两侧绿地作为保持、恢复和建立自然景观的空间载体，从古至今承担着提供城乡生境服务、改善人居环境的重要使命。识别公共健康风险、充分发挥景观空间对公共健康的推动作用，成为完善城乡公共安全规划、推进健康人居环境建设等国家重大需求中的重要一环。

韧性地形的形成优化了城市河道两侧绿地内的生态环境新格局，拓展了登山、郊游场地，通过巧妙的布局，形成一个个不同类型的休闲空间，让人参与其中，能够促进人与自然的和谐共生，同时优化城市山水近绿的生态环境格局。

从宏观方面讲，韧性地形与景观空间的结合应考虑遇到休闲空间在不同时段发挥不同功能的临时性空间，例如低地区域，平日里可供人们在其中活动，雨洪时也可以充当城市滞洪区。从微观方面讲，地形对于空间的分割过渡具有灵活自然的特点，通过形成虚实、动静、开合、明暗、藏露的对比空间变化，既结合场地主题和功能布局安排，又起到遮挡与引导视线的作用，达到步移景异的空间效果。作为分割空间的微地形或山岭至少比常人的视线要高，形体多呈曲带状，随分割空间自然变化，营造出开敞、半开敞、三面围合、四面围合等不同围合度的空间，产生步移景异的丰富空间体验，而地形高度、尺度及视距的变化，又能带来不同的空间感受。如果这些功能以一种美观的方式融入城市河流生态治理之中，便可使人们在日常生活中增进对于生态系统中的非生物及生物组成元素及动态变化的体验，进而促进人们开展休闲活动、改善身心健康，并培养尊重自然的观念。

3.3.3.5　韧性地形与绿化设计

相对于平整地形而言，结合城市河道生态治理过程中产生的弃土打造大面积的韧性地形能够有效地增加绿化表面积，提高大气污染物吸收能力，有效降低 PM2.5 浓度，对改善雾霾天气状况将发挥一定作用；同时，在河道两岸绿化带内拟建起一座座绿色屏障，阻止外来风沙，形成河流通风廊道，有效地改善城市河流周边小气候；丰富的山岭生境，形成不通的绿化种植环境，可有效地提高生物多样性，"一山有四季，十里不同天"，山体的营建会对场地日照、温度、风场、地表径流等产生不同影响，有利于营造生物栖息地的多样性和提升生物多样性，建构了不同物质、能量、信息交换的渠道，包括水网、生物迁徙通道等，使城市生态环境形成一个庞大的网络。

因韧性地形塑造后增加了场地的坡度，考虑坡面径流速度加剧、冲刷力强的特点，绿化设计时需结合地形营造植被缓冲带，陡坡选择截流能力和地表储水能力更强的乡土植被以更好地控制坡面径流。坡地上选择的植被应具备耐涝、耐旱及抗径流轻微污染的特性，兼顾园林美化与径流控制的双重效益。

在地形建造过程中，建议结合弃土加入草炭和有机肥的土壤改良和加大树穴的处理，以解决覆土层压实和树木生长之间的矛盾，缓解覆土层压实产生的透水、透气性差的副作用。

3.3.3.6　韧性地形的设计思路

在城市河流生态治理过程中，地形是所有景观与设施的载体，它为所有景观与设施提供了赖以存在的基面，是构成任何景观的基本结构框架。河流两岸地形的塑造，首要任务是堤防的设计，堤防如果能够结合河流两岸的滨河道路设置，让滨河路成为堤防，河流空间全部对外打开，这对于城市河流空间来说是最为理想的格局。退而求其次，可以设计隐藏于大地形中的堤防，让堤防隐于两岸起伏地形中，成为串联绿地空间节点的主园路系统。

堤防格局确定后，场地的地形设计应吸取西方现代造景手法的同时，继承与发展中国古典优秀筑山手法，延续中国山水象征性结构和自然写意山水的形式，做大地景海绵场地，让海绵设施成为景观地形的一部分。根据疏挖、清淤产生的土方量，结合周边场地竖向与景观空间、视线、排水需求，确定设计最高点和最低点，找准排水线路，确保排水有出口，让下凹场地与凸起地形相得益彰，最大化地提升绿地"自然海绵体"的功能，保证实现排水和海绵的双重功能，最终通过韧性地形的塑造，形成高低起伏的滨水大地景观。

3.3.3.7　相地择址，土方平衡确定地形

20 世纪五六十年代的现代公园基本是择自然条件良好的位置，挖湖堆山筑造现代人工山水；21 世纪初，随着奥运会、园博会等国际大型项目的建设和遍地开花的全国城市新区建设发展，出现了一批现代自然山水园，成为改善城市生态环境和提升周边土地价值的重要手段。由于城市环境的变化和用地紧张，公园和城市绿地的相地择址越来越受到局限，多为早期垃圾掩埋场、废弃用地和滨河常被洪水淹没的滩地，所谓相地择址的选择空间受限，需要在限定条件的场地范围内结合现状条件多做研究和思考，以扬长避短。

对于城市河流生态治理工作中的地形塑造，首先便是对场地条件进行分析，识别出场地面积大的可用于集中弃土的区域，为将来堆山相地择址，剩余面积较小且狭长区域可作为连接段，少量弃土，为将来微地形塑造做好准备，河道清淤和疏挖出的土方便可据此集中倒运，避免后期二次倒运；其次，识别场地内凹地、坑塘、水域、小溪等，为生物滞留设施的设置同步相地择址，提前预留，以避免后期地形塑造完成后再次开挖，造成工程浪费。

本着合理利用土方资源和节省投资的原则，尽可能做到工程设计中土方平衡相互协调，河道疏浚、工程开挖、生物滞留设施开挖土方等与河道外景观微地形塑造相互平衡，从表土资源保护、弃渣物质组成、综合利用率、施工时序和运距等土方挖填角度，分析确定工程土石方调配方案、弃渣综合利用的合理性，最终解决土方平衡问题。

3.3.3.8　理脉布局，确定场地雨洪疏导

河流两岸绿地地形的塑造，不仅要考虑空间的需求，更重要的还要考虑排水的组织。现实案例中，很多河流因为修筑高堤防，阻隔了堤防外绿地的天然排水途径，导致绿地的雨水不得不往市政道路排，增加了市政道路的排水压力，如周边没有市政道路，雨水就会漫流，甚至淹没农田。

地形的塑造增大了下雨时地形表面的径流速度，地形坡度越陡，雨水冲刷效应越加剧。另外，坡度越大，地形下垫面的雨水滞留作用越弱，由此在汇水区产生大量聚集性雨水的可能性更大。同时，因疏挖河道产生的弃土中多有不透水的淤泥或黏性土，塑造地形时又因人为践踏或机械碾压等原因，场地保水性差，雨水渗透性差，故需结合场地的雨洪疏导要求，有选择地利用弃土，如布置海绵设施的场地要求种植土是渗透性良好的砂质壤土，部分区域甚至要求土壤改良。因渗透性土壤在雨水下渗过程中会使地形下垫面含水量增加，增大山地水土流失的隐患，故地形与海绵设施布置时需在场地岩土专项分析的前提下进行。

河滩绿地收集净化雨水的能力远大于自身的汇水面积，应与市政雨水管网相连，收集城市一定汇水面积内的雨水。利用竖向地形将雨水导向绿地、洼地、草沟，延长雨水在绿地内的停留时间，达到下渗补给的功能。同时，利用景观水面，将雨季的洪水收集蓄留，供景观使用及河道补水。

在绿色空间场地的设计层面落实雨洪疏导措施的设计步骤如下。

1. 分散式源头收集、净化

梳理现状，保留、利用并适当修复场地现状的水生态敏感区，识别现状溪流、汇水冲沟、集水洼地、坑塘水体等资源作为现状自然海绵体，并结合布置湿塘、调节塘等设施。结合计算，确定滨河绿地系统低影响开发设施的规模和布局，通过微地形调整，丰富景观形态，提出低影响开发控制目标和指标，收集区域雨水，在绿地内建立雨水净化系统，打造海绵滨河绿地。

在整体生物滞留设施的基础上，局部结合地形空间布置雨水花园，在绿带内设置旱溪，收集并传输周边汇水，将汇水引至雨水花园进行消解，完成韧性场地中雨洪的分散式源头收集、净化。

2. 多途径调控传输、消滞

基于雨水收集的竖向设计，进行地表有组织地汇流，建立一套与雨水收集系统相适应的微地形系统，起到收集蓄滞的作用，打造具有净化功能的滨河绿地竖向空间，净化微污染的流域汇水，确保绿地与周边汇水区域有效衔接。

海绵城市的建设主要还是要解决城市雨水的问题，城市雨水的一个重要特性是重力流。规划设计的各类低影响开发设施首先要通过合理的竖向设计，确保有合适的收水范围，否则建成了下沉式绿地雨水也流不进去。

结合山坡式、半坡式较陡绿地，坡度在15%~35%时，建议采用景观化的径流拦截坝、散流式入水口、湿塘、旱溪等构筑方式，减缓坡面径流速度并引导调控雨水转输。对于面积较小的低缓坡地形，坡度在6%~15%时，结合场地内道路系统及周边市政街道径流进行滞留渗透控制。对于平地及略有坡度的场地沿着坡面构筑石龙条带、削减径流速度并初步过滤；两侧坡面可营造植被缓冲带，坡度在2%~6%时，其下垫面结构层内设置排水管，以促进坡地径流渗透；沿街面构筑植草沟、生物滞留带，传输并过滤周边街道径流，最终由溢流口引导至市政排水系统。

3. 近自然净化涵养、循环

雨水在进入自然河流前应进行净化，可以结合景观手法设计雨水花园、生态草溪、生物滞留塘等设施达到净化目的。对于坡地地形的绿地，通过单侧坡面链接上下层城市阳台，下坡低凹处设置前置塘与调节塘，并与街区雨水管网连接，适宜条件下可收纳蓄集周边街区雨洪进行自然净化涵养、循环，并利用充沛的雨水资源作为补给水源，结合雨水调蓄功能营造景观水体，同时实现雨洪缓排与营造景观的双重目的。山体地形的另外一种策略为阶地式生物滞留设施即满足土壤安息角的情况下，在山腰、山麓位置的铺装场地周边设置阶地状的生物滞留设施或下沉式绿地，横向截断地表径流，生物滞留设施或下沉式绿地之间采用石笼作为径流过滤带，能够有效滞留场地周边径流量。高差较大的场地间通过坡地及植被缓冲带连接，在山体末端设置湿塘，营造水体景观，竖向上形成阶地滞留与末端调蓄系统，多余的径流量再排入市政雨水系统。绿地紧缺的城市区域，广场可设计为多功能调蓄场地，强降水时迅速蓄积雨洪，延缓洪峰排放时间；此类广场可结合地形条件构建为台地形式，采用逐级滞留渗透措施，在径流汇集的末端营造下沉式的调蓄场地，用于收纳上游汇水区的排洪雨量，通过溢流口连接到市政雨水排放系统或者河道内。

在条件允许的地区，可以以副河道的方式使城市雨水净化后进入自然河流，对紧邻河道的城市道路及公园绿地的地表径流收集，对从城市雨水管网排入河道的雨水进行临时蓄滞及净化。

4. 生态设计手法处理场地关系

确保与周边城市排水系统的有效衔接，雨水净化与景观地形融合，在景观设计中使用多目标雨洪管理手段达到多重效益，可考虑阶梯式可淹没的软性防洪堤、梯田防洪堤、台地防洪堤。

3.3.3.9　地形设计，营造丰富竖向空间

涉及人工堆山造岭时，地形设计可以借鉴传统筑山"三远"的原理，借鉴"三远"原理，以求在咫尺之间展千里之致。所谓"三远"，即高远、深远、平远。高远，"先立主宾之位，次定远近之形"，先定主、次、配峰的主次关系，通过对比来衬托主峰的高耸。园林中常将视距控制在山高的 2~3 倍之内，增加视角产生高耸感，从而具有真山的效果。山体边坡要保证山体的整体稳定，筑山整体趋势可以"未山先麓"，由缓转陡，具有山麓、山腰和山头的变化。土山的底部承受压力大，为保持稳定坡度宜小，故坡长相对拉远；山腰部分承压较山麓小，坡度增加，山头更加陡峭。在总趋势下局部陡缓交替的变化，包括前缓后陡（北陡南缓），左急右缓，缓中见陡或陡中见缓。每个土山单元都有陡缓变化，每组土山直接坡度亦不相同。立面整体趋势是"未山先麓"，由缓转陡，具有山麓、山腰和山头的变化，土坡坡度不能大于土壤的自然安息角，自然安息角的大小，需取样试验，经计算确定。地形确定后，再因山构室，取境设路，步移景异，留有足够的休憩、游乐空间，保证重要的视线通廊和主要的无障碍通道。深远，在主山前布置配山，创造层峦叠嶂，且前小后大，使得前山不遮挡后山，对比衬托主山的高大。两山交夹的山口结合景石和植物增添景致、丰富中景，帮助增强山景的深远感。平远，山的底盘面阔即山体横向立面长度，兼顾大弯和小弯的凸凹面，产生顾盼呼应、曲折平远的变化，构成平远山水意境。追求一脉既毕，余脉又起，连绵多变的效果。

3.3.4　塑造韧性地形的关键技术

3.3.4.1　岩土专项分析评价技术

保证韧性地形稳定的前提是先做岩土专项设计，对景观山体下部原状土地基承载能力、沉降变形、塑性变形破坏范围、山体滑动影响范围稳定安全系数、堆山对周边建筑、构筑物、铁路、公路、河道等的影响等做出预评价。

1. 地勘要求

（1）据设计方案，对场地内原有填土进行处理后，按设计指标进行堆填后，堆山

山体在不同工况条件下稳定性系数均应满足要求，且堆山最大堆高不能大于极限堆高。

（2）堆山完成后，堆山土体及地基土体可能发生竖向和水平位移，最大竖向位移发生在坡顶处，地表最大水平位移发生在坡脚附近，距坡脚一定水平距离外地表将发生隆起变形，地基土体并未产生贯通的塑性区，地基整体稳定。地表竖向及水平位移将会对周边建筑物产生影响。

（3）应对山体边坡采取相应的防水、排水措施，减少降雨冲刷及雨水大量入渗对边坡稳定性的不利影响。景观山体山坡表层为植被绿化层，土质较疏松，在人为扰动、降雨等因素下，局部稍陡部位可能出现小范围浅层滑裂现象，但不影响边坡整体稳定，对局部稍陡部位可采取适当防护措施。

（4）对最大设计堆高大于极限堆高的山体，应降低堆载高度，使最大堆高小于极限堆高，或采取强夯措施等提高地基承载能力。

（5）当堆山周边有建筑物、构筑物时，应保持安全距离，以使人工堆山产生的附加变形满足相关行业、部门的有关规定，同时尽量避免在建筑物单侧堆载，应对称堆载，并保持相同的堆载速率。

（6）各堆山场地内现有人工填土成分较复杂，结构疏密不均，抗冲刷能力差，易产生不均匀沉降及边坡稳定问题，不宜直接作为堆山基础、堆山山体。

（7）山顶构筑物应在山体沉降基本稳定后建设，同时地基应加固处理。

（8）不得使用淤泥、淤泥质土、含草皮土、生活垃圾及含树根等腐殖质土进行填筑，填料粒径较大，压实设备无法压碎的硬质材料须破碎后方可使用。

（9）施工压实作业面应定期进行表面变形观测，观测频率根据规范及现场情况确定，雨后应加密其频率。

（10）分层堆载碾压过程中应对以下各项进行抽检：基底土质、回填料质量、回填土层分层厚度、标高、长度、宽度、表面平整度和分层填土碾压后的干密度试验。质量检验应逐层进行，每压完一层就检查一层，待符合设计要求后，方可铺填上一层。

2. 土料选取要求

工程所需土料为开挖利用料，土料质量应满足设计及规范要求。不得擅自将其他料随意用作填筑料，以保证填筑质量。土料不得用淤泥质土。设计场地土壤如为工程杂填土(工程杂填土、建筑垃圾、淤泥土、一般大田土等）需根据种植要求更换土壤，地形高程以下1.5 m范围内为种植层，回填的土壤需满足种植土要求。建筑垃圾利用，须将建筑垃圾破碎，并与土料进行1∶2充分拌和后方可采用。

3. 填土施工技术要求

（1）植物种植区：土料碾压试验应进行铺土方式、铺土厚度、碾压机械类型及重量、碾压遍数、碾压含水量、压实土的干密度等试验。碾压厚度随试验而定，压实度不小于0.90。

（2）道路、广场：地基以下1.5 m范围内，每30~50 cm进行分层碾压，压实系数不小于0.93，基础以上填土压实系数不小于0.94。

（3）建构筑物：

①地基处理方法及范围。地基处理采用压实地基处理方法。处理范围为建筑物或

构筑物外轮廓线向外扩 2 m，挖除此范围内所有的填土直至老土层上，开挖完成后需地勘现场验槽。

②填土要求。压实系数可参考《建筑地基处理技术规范》（JGJ 79—2012）压实地基和夯实地基第 6.2.2 条。压实系数 λ_c 不应小于 0.97，处理后的地基承载力 f_a 不应小于 140 kPa。

3.3.4.2　雨水多维高效管理技术

场地的雨水经过设计以后，雨水的管理非常重要，需要根据设计地形和设计内容因地制宜地进行雨水的管理。可以运用雨水多维高效管控技术，空间上构建 MFBS 四位一体的多维高效生态海绵技术体系，建立从源头到末端的全过程雨水控制与管理体系。针对人工堆山，运用"井"字形山地立体排水系统，兼具保土固坡、缓滞快渗、高效疏导的功能，实现山体雨水的安全生态管控；针对平缓场地，创新提出多标准的地景海绵保障技术，统筹水文、土壤和植物三要素，布置区域性下凹地景海绵设施，当暴雨或特大暴雨时，能够吸收容纳更多的降雨量，实现绿地景观与海绵功能的最大化；针对建筑，充分利用建筑立墙，运用兼具景观效果和雨水处理回用功能的"屋面雨水处理的复式竖向海绵系统"专利技术，生态高效地管控建筑屋面雨水；针对硬质铺装场地，运用适用于景观园路广场等硬质场地的"生态铺装储水装置"，解决传统透水铺装易堵塞，耐久性差的问题，具有雨天快速渗透，雨后缓释清水，高效拦污再生的功能，实现绿色高效净化回流涵养水源的功能。应用多维高效生态海绵系统，可以极大地提高场地雨水的削峰减排作用，实现项目区 85% 径流总量控制目标的要求，对径流总量和洪峰削减效果显著。雨水多维高效管理技术解决了人工堆山排水安全、绿地排水无出路、建筑屋面雨水污染严重和透水铺装耐久性差等问题。

3.3.4.3　三维动态地形塑造技术

如何快速精准地进行场地的地形设计对项目的进行至关重要，一个项目常常因为土方问题，导致设计方案的反复。为了科学高效地实现地形设计，本书创新性提出一套生态景观三维动态地形塑造技术，基于 Sketch Up Artisan、Civil 3D、Revit、Enscape 等多个三维平台，根据生态景观地形设计的流程，从场地现状地形分析、初步方案塑形、复核优化到满足土方平衡的最优方案，利用多个软件全过程耦合运用技术，实现三维动态实时设计展示的效果。基于三维模型，进一步进行多项量化分析，包括精确的土方工程量计算、视线分析、高程分析、坡度坡向分析、汇水分析等，科学精准指导后续的节点、园路、植物、排水的设计。解决传统二维制图在地形塑造中效果难以把控、方案调整烦琐、设计效率低、土方难以完全平衡等关键难题。

基于三维信息化平台直观快速地进行场地的地形设计，对地形进行数据化分析，精细指导场地竖向和园路广场设计，并对场地进行汇水分析，精准指导排水设计，以快速解决土方量巨大带来的地形和排水设计困难且容易疏漏的问题。

1. 三维可视化地形

传统测量图纸多以等高线、高程点等显示在二维平面图中，其效果不直观并且由于人为因素会存在部分高程数据偏差过大，设计人员基于二维图纸进行规划设计需要逐一查看每个高程点信息判断区域现状地形情况，既费时费力又容易出错（见图 3.3-1）。

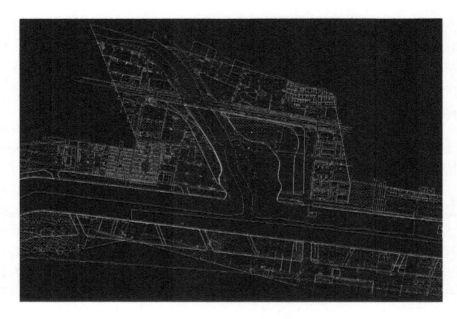

图 3.3-1　二维测量数据图纸

区别于传统二维测绘数据需要人为识别高程值，基于 DEM 格式的地形数据能够提供更为便捷的三维查看方式。通过 Civil 3D 软件将现状测量数据直接导入，生成三维曲面地形，利用"对象查看器"可直观地了解地形面貌（见图 3.3-2）。同时通过参数控制筛选无效数据，过滤出测量中偏差较大的高程数据，并可对地形进行放坡、平滑、开挖等多种修改。最终可将地形转换成 TXT、FBX、DWG 等格式文件用于其他阶段的设计。

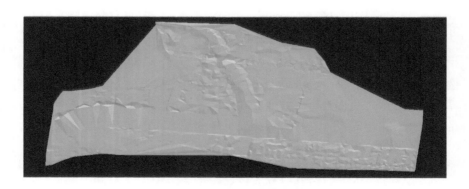

图 3.3-2　三维地形表面

2. 复杂地形快速塑造

现状地形生成后需要根据设计方案进行重新景观地形重塑，尤其在高差较大的复杂微地形中利用传统二维 CAD 的等高线难以控制其艺术造型，同时设计效果反映不直观，常常在后期施工过程中造成大量现场变更。项目运用可实现复杂地形的快速艺术塑形，以更直观的形式反馈设计效果，塑形完成后可直接生成设计等高线。

首先利用 Civil 3D 处理好的精准地形数据以 DWG 等高线格式提取后导入 Sketch Up 软件中生成，利用"SUBD"插件对地形曲面进行细分，SUBD 采用了 Catmull-Clark 细分算法对四边面进行自动优化，可以直接在细分网格物体的边线上调整权重，便于对地形曲面形体进行细微调整，最终生成细分后的三维网格地形表面（见图 3.3-3）。

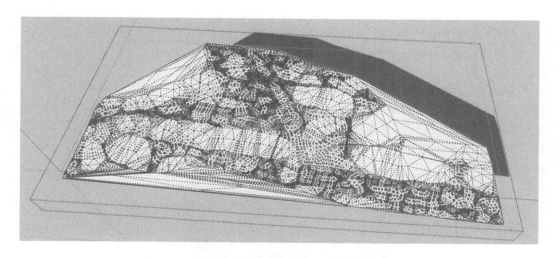

图 3.3-3　对地形表面进行分级细分

地形表面细分完成后，通过 Artisan 以及 Sculpt Brush 插件对地形进行艺术重绘，塑形过程中可调整笔刷力度、方向、大小等参数，根据项目需要形成复杂的山体、河流、雨水花园等特殊地形，结合 Enscape 等渲染软件对地形效果进行直观可视化修改（见图 3.3-4、图 3.3-5）。

图 3.3-4　进行细部三维地形艺术重塑

图 3.3-5　通过 3D 渲染查看设计效果与尺度关系

　　塑造完成后可直接提取设计等高线用于下阶段设计工作，也可导入 Revit 中进行精确修改以及园路、广场等布置（见图 3.3-6 和图 3.3-7）。相对于传统二维手动绘制复杂地形等高线的方式，此方法更精确、直观、高效、简便，可以有效地解决城市河流生态景观治理中遇到的大量堆山造景设计问题，大大减少了复杂地形设计的工作量，提高设计效率。

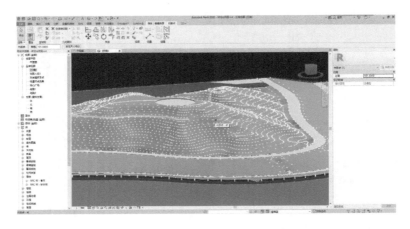

图 3.3-6　在 Revit 上进行精确竖向修正并结合地形布置景观场地

图 3.3-7　通过三维模型提取地形设计等高线

3. 精准土方统计与方案比选

地形塑形完成后可以自动精确地统计土方工程量。在 Civil 3D 中利用前期创建的现状地形与设计地形两个三维曲面添加"体积曲面"计算两者开挖及回填土方量，同时可以在计算中设置"松散系数""压实系数"等参数，最终自动统计出精确工程量，自动生成土方量表（见图 3.3-8 和图 3.3-9）。

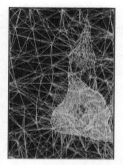

（a）现状地形　　　　　（b）设计地形　　　　（c）土方计算体积曲面

图 3.3-8　三角网面对比

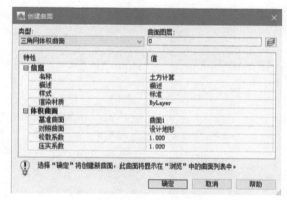
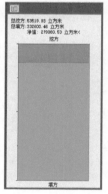

（a）设置"松散系数""压实系数"　　　　　（b）土方量

图 3.3-9　在"体积曲面"中设置"松散系数""压实系数"以及最终土方量

快速精准的土方计算过程能够大大节约设计人员的时间，同时也便于针对多个不同方案进行最佳比选，通过计算结果选出土方工程量最少的方案，以科学的数据支撑设计方案的合理性，降低后期施工成本（见图 3.3-10）。

	挖方体积 /m³	填方体积 /m³	体积净值 /m³
设计方案一	53519.93	332600.46	279080.53
设计方案二	175624.31	256476.89	80852.58
设计方案三	100564.72	465412.54	364847.82

图 3.3-10　通过土方计算结果进行方案比选

4. 数字量化分析引导景观设计

在城市河流生态景观设计中前期的详细分析会对后期方案产生重要的影响，场地的分析是后续工作开展的前提，充分了解场地信息有利于确定设计基底的功能、性质、需求、限制等多方面因素。

基于创建的三维模型可以对设计后的景观地形进行科学的量化分析，包括光照强度分析、高程分布统计、坡度与坡向分析、汇水流向分析等，通过这些量化分析数据可以极大地为后期提供实际参考，优化方案规划，减少设计问题。

1）高程分析

通过对场地高程的分析，我们对哪里堆山、哪里挖湖、哪里填挖方更有利于土方平衡，有利于施工成本的控制（见图 3.3-11）。根据高程特点合理考虑景观场地布局、植被种植层次、视野遮挡情况、空间开合变化等设计工作。

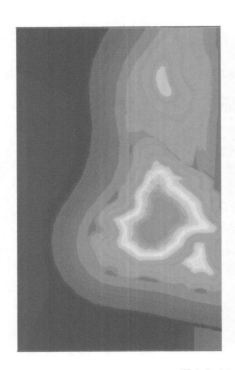

图 3.3-11　地形高程数据三维分析结果

2）光照分析

不管从自然生态还是从城市园林生态方面来讲，植物配置质量是非常重要的。绿化种植能否达到预期的景观效果和生态效果，要综合考虑光照、温度等因子的影响。同时不同区域的光照条件也会对景观节点及设施的布局产生影响，例如对于光照时间长、强度高的区域不适宜作为休憩停留场所，需要增加构筑物或高大乔木进行遮挡（见图 3.3-12）。

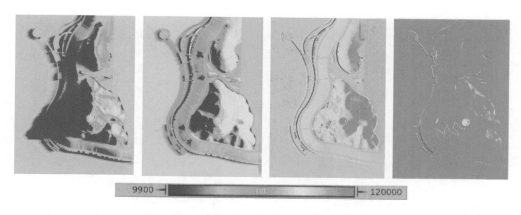

图 3.3-12　不同时间节点场地光照情况分析

3）朝向及坡度分析

场地的朝向与当地风向气候环境息息相关，该分析数据可用于设计与主导风和微风的分布相适应的场地布置，同时结合春、夏、秋、冬气候特点组织活动空间；坡度分析能够影响景观道路的规划，通常主路纵坡宜小于 8％，横坡宜小于 3％，山地公园的园路纵坡应小于 12％，超过 12％应做防滑处理。主园路不宜设梯道，必须设梯道时，纵坡宜小于 36％。支路和小路，纵坡宜小于 18％。纵坡超过 15％的路段，路面应做防滑处理；纵坡超过 18％，宜按台阶、梯道设计，台阶踏步数不得少于 2 级；坡度大于58％的梯道应做防滑处理，宜设置护栏设施（见图 3.3-13）。

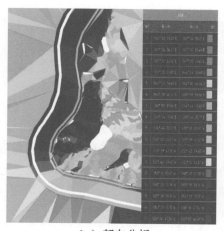
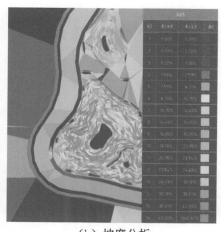

（a）朝向分析　　　　　　　　　　　　　　（b）坡度分析

图 3.3-13　场地朝向分析与坡度分析

4）汇水分析

景观场地的排水最好是依靠地表排水，因此通过巧妙的坡度变化来组织排水的话，将会以最少的人力、财力达到最好的效果。较好的地形设计，在暴雨季节，大量的雨水也不会在场地内产生淤积。根据三维模型可以对场地的整体汇流方向以及汇水区域进行详细分析，为后期详细排水设计提供依据（见图 3.3-14）。

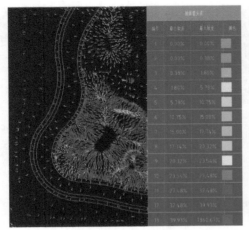
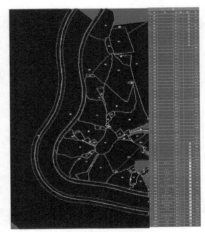

（a）排水方向分析   （b）汇水区域分析

图 3.3-14   场地排水方向分析与汇水区域分析

3.4   构建稳定的水生态系统

河流生态系统是指水环境与河流周边的生物群落共同作用，在长期的自然演变过程中，形成具有一定生态结构和生态功能的系统，包含河流、河床、河漫滩、河岸植物缓冲带、河流动物等构成要素。这些要素之间存在物质、能量、信息上的相互联系，通过相互作用而具有一定的生态功能。

3.4.1   河流生态廊道的连通性

河流廊道具有非常重要的生态服务功能，包括污染物净化、提供野生生物生境及迁徙廊道等。河流系统生态过程的连续性，不仅指地理空间上的连续，更重要的是指生态系统中生物学过程及其物理环境的连续。

3.4.1.1   减少河流廊道的断点

河道连接度对于物种迁移及河流保护都十分重要。增加河流纵向上的连接度与景观生态过程的连续性，有利于斑块间物种流动和基因交换，起生物通道作用，促进生物群体之间的个体交换与迁徙，从而有利于增加城市的生物多样性，此外对各斑块间物质能量的交流也具有重要的意义。

廊道有无断开是确定通道和屏障功能效率的重要原因，廊道上退化或受到破坏的片段是降低连接度的关键。规划与设计中的一项重要工作就是通过各种手段减少河流廊道断点，增强河道连接度。

1. 控制污染源

水质污染已经成为目前城市河流生态功能被破坏的主要因素。外源污染包括来自工业污染源与生活污染源的点源污染，以及以地表径流污染、农村面源污染为主的面源污染。

点源污染由于有固定的污染物排放点，较为集中，易于控制，为有效实施控源截污措施，必须对所有可能的污染源进行严格排查，定点排放治理，将潜在污染源对水体的不利影响降至最低。针对各排放口水量、污染物浓度的不同，设置不同规格的排放口处理系统，利用人工介质、植物、微生物对排放口水质进行强化处理，降低初期雨水对水体水质的影响，并遮挡排放口，美化河道景观。

面源污染的控制与处理应以源头治理为主，应优先考虑对污染物源头的分散控制，在各污染源发生地采取措施将污染物截留下来，推进废物减量化技术，控制与削减地表面污染潜力，减少面源污染含量，从而达到控制进入水体的面源污染负荷的目的。

通过对外源污染的控制，削减其对水体水质的影响，减少河流廊道的断点。同时加强中水回用，补充河道用水，保持河道长流水，从而提升河流廊道的纵向连接度。

2. 修补交通断点

城市道路、桥梁、大型水电站、闸坝等灰色基础设施通常是影响生态廊道连接度的重要因素。水工构筑物、纵横交错的道路网等将河流廊道切割成破碎的生境斑块，造成生态破碎化，使得连续的廊道网络产生一定空间范围的生态间隙，严重阻碍了廊道内物种的正常流动。

河流上修筑拦河坝阻断连续水流，往往影响到一些洄游鱼类的正常生长、繁殖，易造成坝上、坝下的遗传隔离和生物多样性降低。对于这种情况，可在坝体补建鱼道，并辅助以生态及管理措施，帮助鱼类顺利通过水坝。

针对城市交通设施，应采取一定的工程措施加以修复和改善，预留交通廊道建设空间，如建设地下通道、隧道和天桥等，降低交通廊道带来的负面影响（如声、光、气味等污染）。对于现状跨河桥梁，应保证最大的绿化空间并采取垂直绿化处理，让道路桥梁对廊道的影响降低到最小。考虑通行的舒适度建议桥下净空大于 3.5 m，较宽桥梁建议设计成双幅或多幅，以增加桥下空间的透光性。

3.4.1.2 合理划分廊道功能区

河流与河岸带区域的横向连续性也同样重要。河流与河漫滩、湿地、静水区、河汊等形成了复杂的生态系统。河流与横向区域之间存在着能量流、物质流、信息流等多种联系，共同构成了小尺度的生态系统。在具有高度连通性的河流—滩区栖息地内，物种多样性可达到较高的水平，生物过程的连续性也处于较高的状态。

河流的横断面结构由三部分构成，分别为主河槽、河漫滩和高地过渡带（见图3.4-1）。

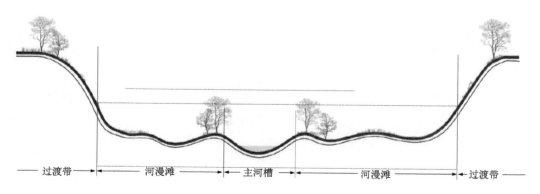

图 3.4-1 河道横断面结构示意图

常水位时河水都被束缚在主河槽中，洪水期到来时，河水溢出主河槽，向两侧的河漫滩散开，洪水退却时，水体挟带的泥沙滞留在河漫滩，塑造了河漫滩的地貌特征，极大地丰富了河道的生态多样性。高地过渡带是河道与周边高地的过渡地带，与相邻的河漫滩保持关联性，受到水力侵蚀作用，主河槽逐步退化，河漫滩逐渐加宽。河道水位高低的季节性变化加强了河流内动植物和微生物的横向物质能量交流。

河流廊道横向综合功能区划的目的在于保持廊道在横断面方向上的连通性，廊道内需重点保护生态本底条件好或可恢复性强的生境缀块，与此同时，满足人类亲水、回归自然的休闲需求以及资源开发利用需求。随着边界河岸高地－河漫滩－河道的空间转换，河流廊道在横向上的功能随之变化，植被分布也呈现梯级变化。

1. 河岸高地

河岸高地位于设计洪水位以上，由于距离河道较远，被水淹没的可能性很小。树种应以当地能自然形成片林景观的树种为主，注意保留场地原有乡土植被，在适地适树的基础上注重增加植物群落的多样性。种植方式上应尽量采用自然式种植，新增植物应尽量模仿自然生态群落的结构特征，组成结构稳定、郁闭度高的林地，作为滨河绿道重要的风景林。

2. 河漫滩

河漫滩位于常水位至设计洪水位，滨水步道常设置在其中。由于此区域具有透景和交通功能，应该以具有一定通透性的半开敞空间为主。上部植物以能短时间耐水淹的中小型乔木、灌木为主，下部靠近常水位线处以耐水淹的湿生植物和挺水植物为主。

3. 河道

这个区域位于常水位以下，生长的植物类型主要是漂浮植物、浮叶植物和沉水植物。漂浮植物和浮叶植物一般采用片植和群植。

3.4.2　水体生态系统修复

水质改善是河流生态修复基础且是重要的任务。通过"源、界、水"三位一体的生态水环境保障体系，能有效地增强水体自净能力，构建健康、稳定、可持续的水生态系统，增强河流廊道连通性，恢复河流生态功能。

3.4.2.1　源

"源"即通过污水处理厂提标、人工湿地建造等措施源头控制污染源，尤其适用于中水回用的项目。通过雨污分流，对污水进行全面截流，使其进入污水处理厂集中处理，达到提升水质的目的（见图3.4-2）。

人工湿地是基于自然湿地生态系统中物质迁移转化的原理，由人工建造和运行的生态型污水处理技术，具有高效、低耗、抗水力冲击能力强等特点，是控制面源污染的一种高效率"绿色"技术。可通过一系列的物理、化学、生物作用净化污水，其优势在于可以实现较大量的雨水调蓄，同时它也是一个人工强化的水体自净系统，通过植物及微生物的作用，可以实现对城市雨水的净化（见图3.4-3）。特别是在城市建成区，由于雨污分流不彻底、初期雨水污染物浓度高、某些特殊区域雨水得不到有效处理，通过人工湿地的净化，可以有效地削减排入环境的污染物。在充分利用现状水体或低洼地形建设人工湿地，相比其他初期雨水处理设施，其投资和运行成本较低。人工湿地作为水环境保护体系中的重要角色，已成为重要的水污染处理技术和重要的湿地生态系统类型。在水质净化的同时，湿地通过吸收 CO_2、释放 O_2 调节局部区域微气候，有效调控大气组分；湿地生态系统具有复杂多样的植物群落，为鸟类、两栖类动物等提供生存、繁衍、迁徙的空间，有利于保护生物多样性。此外，人工湿地还能提供涵养水源、蓄洪防旱等多种生态服务功能，有效维持生态平衡，具有显著的环境效益、生态效益和经济效益。

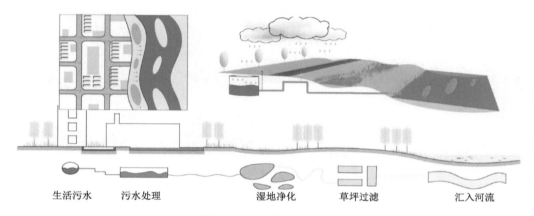

图 3.4-2　污水净化示意图

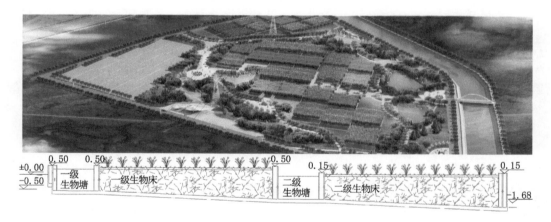

图 3.4-3　人工湿地效果图

3.4.2.2　界

　　"界"即河岸植被缓冲带，是河流生态系统的重要组成部分，是"绿色基础设施"，主要生态功能包括防止河岸侵蚀、截留泥沙、净化水质，以及保障湿地生物多样性、提高生物安全性和维护生态系统完整性等。河岸植被缓冲带能够过滤河岸两旁地表径流内的营养物质（如氮、磷等）、有机物质（如腐植酸、亲水性氨基酸等）和有毒有害物质（如重金属、农药等），并在各种物理、化学和生物过程作用下，减轻对河流水体的污染。河岸植被可以缓流落淤，减少水中悬浮物，起到改善水质的作用。

　　同时在植被缓冲带中，全面融入海绵城市的理念，利用植草沟、下凹绿地、雨水花园、湿地等海绵设施来滞蓄和排放径流雨水，作为"促进下渗""慢排缓释"和"净化处理"的主要措施，实现径流雨水总量和污染控制，从而实现生物多样性保护、水质净化、水土保持与护岸、景观美学价值等多种功能。海绵城市示意图见图 3.4-4。

图 3.4-4　海绵城市示意图

3.4.2.3　水

"水"即原位生态处理技术，以生态系统中完整的食物网链为基础，即从初级生产者到水体最高消费者，充分利用食物链摄取原理和生物间相生相克关系，构建健康的生物群落结构，从而维持生态系统平衡，使水体水质长久维持较好的状态。该技术运行管理费用低，不需要动力提升，通过水生植物系统修复、水生动物系统修复及微生态系统修复就地治理，充分利用生物—生态净化技术，增强水体自净能力。

1. 水底

水底采用生态清淤、底质改良等措施恢复河底天然结构、创造自然底栖生境。利用底泥生物修复技术，使固体物质作为载体，负载微生物菌剂。实施后能够使得微生物直接到达底泥层，并快速作用于底泥中的有机污染物，将其分解成氮气、二氧化碳、水等，在降解、消纳底泥特别是浮泥的同时，能够形成矿化层阻断底泥和水体之间的污染物及养分的交换，并提高底泥对上覆水体的生物降解能力。

2. 水中

在水体修复工程中，沉水植物能有效地降低水体中营养物质含量。为适应水中生长，沉水植物的茎、叶和表皮都与根一样具有吸收作用，因此具有较强的净化能力。沉水植物同时也是水体生物多样性赖以维持的基础。作为生物环境，沉水植物通过有效增加空间生态位，抑制生物性和非生物性悬浮物；改善水下光照，通过光合作用增加水体溶解氧；为形成复杂的食物链提供了食物、场所和其他必需条件，也间接支持了肉食和碎食食物链。通过选择适应能力强、净化能力强的水生植物，根据环境条件和植物群落的特征，按一定比例在时间分布和空间分布方面进行安排，可使整个生态系统高效运转，最终形成稳定、平衡的水生态系统。

　　水生动物群落构建也是水生态系统良性循环的必要条件。构建以鱼类群落为核心的水生动物群落，应结合水生动物群落构建理论，通过合理设计食物链，调控浮游动物与滤食性鱼类，达到控藻的目的。根据生物种群间的关系，结合鱼类、大型底栖动物的生活空间和食性的差异性，从本地物种中筛选出合适的鱼类和底栖动物构建合理的食物链，保证水生动物在栖息空间和食性方面的互补，使其能充分利用水体空间。在水生态系统构建初期，待水生植物根部稳固后，按照由少及多，少量多次的原则投放水生动物。优先投放底栖动物净化水质，然后投放滤食性鱼类，最后根据鱼类数量投放肉食性鱼类，并谨慎投放草食性鱼类。

3. 水面

　　水面采用生态浮岛、景观曝气等措施自下而上立体净化水质，促进水生态系统的形成与稳定，增强水体自净能力，吸收降解水体中的污染物，使目标水体水质达标且长效运行，构建清水型生态系统。

　　海绵城市示意图见图 3.4-5 和图 3.4-6。

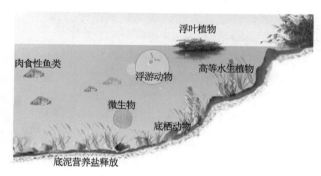

图 3.4-5　海绵城市示意图（一）

3.4.3　生态空间布局

3.4.3.1　动物栖息地需求分析

　　生物多样性丰富是河流生态系统健康的体现，同时也促进着河流生态的可持续发展。栖息地是生物生存和繁衍的场所，其多样性是生物多样性的保障和基础。因此，栖息地构建是河流生态系统修复的主要目标和重要任务。

1. 目标物种筛选

　　河流廊道不仅是鱼类等水生生物的栖息生境，河漫滩、河岸林也为昆虫、鸟类、爬行类、两栖类和小兽类提供聚集、觅食、生存、繁衍的栖息场所。由于时间、资金以及技术的限制，往往无法对所有物种进行保护，因此需要根据场地情况确定优先保护物种。指示物种是一系列对环境的改变

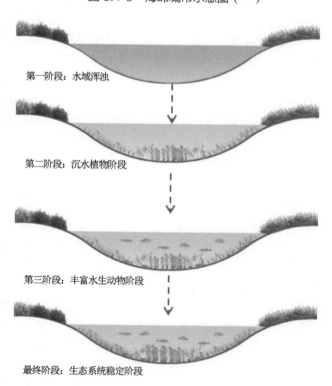

图 3.4-6　海绵城市示意图（二）

较为敏感并能迅速做出反应的物种或生物群落，通过调查指示物种的数量、生长状况、群落结构等特征，能够反映出自然环境的改变和受到干扰的程度。通过对指示物种适宜栖息地的研究，对其进行保护、修复和管理，能够同时满足大部分其他物种的栖息地需求。用于河流栖息地修复的主要指示物种包括鱼类、两栖类、大型底栖无脊椎动物和鸟类。

一般来说，指示物种的选择需要遵循以下原则：

（1）物种对环境改变较为敏感且反应迅速、准确。

（2）物种在生态位中处于重要地位，对维护整个生态系统的平衡具有重大意义。

（3）考虑到栖息地破碎和退化对物种造成的影响，优先选择区域内具有代表性的特有、稀有、濒危物种，或国家重点保护物种。

（4）物种资料翔实，便于栖息地修复的规划与实施。

2. 物种栖息地需求分析

两栖类动物的生活范围包括水域和陆地，水域是大多数两栖类动物繁殖、幼体发育的场所，尤其是池塘、湖泊、溪流旁的浅水区域及周边草地、灌木丛和林地，并且成体运动范围较小，核心栖息范围在 205~368 m。两栖类动物的分布和数量很大程度上受到水文变化的影响，水位快速波动会导致两栖类存活率下降，因此，人为导致的流量变化给两栖类动物的生存造成了巨大的压力。尽量保持或者恢复河道自然的流量变化、恢复河漫滩可以有效保护本土地区的两栖类动物。坡度较缓（＜30°）的泥质驳岸是两栖类动物从水域过渡到陆地活动的重要条件。

大型底栖无脊椎动物栖息在水底或附着在石块和水生植物上，其丰富度和多样性主要受到河流水文的影响，保证它们生存的流量不得低于河流最小生态需水量的10%。大型底栖无脊椎动物在深度小于 0.75 m 的水中，分类群更为丰富。河流底质作为大型底栖无脊椎动物的主要生活场所，也是决定其群落结构的要素之一，各底质类型中，大型底栖无脊椎动物最偏爱有水生植物生长的卵石河床，沙质河床中的大型底栖无脊椎动物密度最低。水土流失会导致河流中的泥沙淤积、水质下降，从而导致底栖大型无脊椎动物多样性降低。

鸟类可大致分为游禽、涉禽为主的水鸟类以及鸣禽、陆禽为主的非水鸟类。水鸟类栖息地营造的主要因子有水体深度、水域植被覆盖、植被缓冲带设计三方面。水鸟适宜在浅水区活动，其活动区域一般不超过 2 m，因此适当增加浅水区比例对于水鸟栖息地的营造至关重要；植物选择方面，水鸟对水域植被覆盖率需求要达到 40%~75%，水质良好且沉水和挺水植物所占比例较高；植被缓冲带对于满足鸟类的惊扰距离，保持鸟类栖息活动不受干扰至关重要，一般缓冲带宽度越大，鸟类种群多样性越高，鸟类保护程度越好。通常来说，超过 30 m 缓冲带均有很多种类的灌草，鸟类边缘种丰富，也进而确保了水鸟栖息地的安全，满足鸟类的迁徙活动条件。非水鸟类栖息地影响因素可分为树木高度、地被丰富以及植物群落结构三个不同类型。乔木高度往往是对鸟类影响较为重要的因子。不同鸟类的营巢高度不同，因此在场地中，应该营造多种高度类型的植物生境，满足不同鸟类的筑巢需求。非水鸟主要取食土壤微生物、植物种子、地面以及空中飞虫，鸟类食源的多少与地被丰富有着直接关系，地被丰度的多少会直接关系到土壤微生物以及昆虫的数量，结果类的地被植物、潮湿的生态环境更容易吸引鸟类以及其他小动物。因此，地被植物在材料选择上尽量选择结果类植物，且扩大其种植面积。植被结构的丰富程度往往是鸟类选择生境的重要因素，常见的植物群落搭配包含灌草类、林草类、乔灌草搭配类、草甸类几种。同时乔木冠幅较大，对整个植被生境起到一定的遮蔽以及保护作用，因此高大乔木群落往往可以吸引到多种类型多层次丰富的植被生境，有利于为鸟类构建多元化的栖息条件。乔灌木搭配的生境因具有不同的植物高度变化，且疏密不同，大大丰富了鸟类的生态位，同时扩充了鸟类食物来源，因此植物群落配置要提高对高大乔木的利用，尽量选择乔灌木搭配的植物配置模式。

3.4.3.2　生境类型布局

河流上游、中游和下游，河床与河岸都具有不同的生境环境，河流生态系统在内部具有异质性，可为不同生物提供栖息地，提供动植物所需的食物和繁殖、生存条件。

根据不同生物的栖息需求及河流廊道横向功能分区，可将高滩区归为旱生生境，中滩区归为半干半湿生境，低滩区归为湿生生境。其中旱生生境细分为坡地林、平地林、农田、花田生境；半干半湿生境细分为河岸灌木、浅水灌木、浅水草本、荒溪型生境；湿生生境细分为浅水水草、浅水水草沼泽、深水水草沼泽生境（见图 3.4-7）。

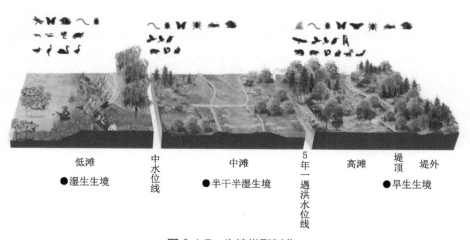

图 3.4-7　生境类型划分

1. 旱生生境

旱生生境位于地势较高的区域，选用观赏特性良好的乡土树种，根据造景及空间使用特点，营造乔灌草层次丰富、四季色彩变化的植物景观，注重速生树种与慢生树种、常绿树与落叶树的搭配比例，营造良好的植物群落自然迭代。

1）坡地林生境

利用高地变化的场地高差，通过坡地林生境的营造，需要形成坡地特有的景观特色，同时还需要实现固土护坡等的功能目的，为坡地动植物形成良好的栖息环境。

2）平地林生境

选择适宜平地生长的观赏植物，如水杉、银杏等色叶类植物，樱花、海棠等开花小乔类以及果树作为主景植物，地被植物选择耐阴地被，与主景树季节错开，拉长观赏期；另外，林下空间和植物为小型哺乳动物、昆虫等提供了丰富的活动空间和食物来源，为特定类型的动物如松鼠、刺猬、野兔、啄木鸟、燕雀、蚂蚁、菌类等提供栖息环境。

3）农田生境

主要选用易于养护的观赏型作物品种，季节性轮作，打造综合观赏型农田生境。另外，适当引入适应本土环境的蜜源植物、食源植物，吸引食草昆虫、鸟类等，以自然调控的方式抑制农田病虫害，避免杀虫剂、化学肥料等的使用，采取绿色防控措施，丰富生物多样性。

充分利用农田边缘的绿地、边沟、林地、池塘及休耕地等非生产用地，作为修复动植物生境的缓冲带，营造草丛、灌丛、疏林地、密林等满足各类农田生态链动植物、微生物完整生活史的生境。

4）花田生境

花田生境与农田生境类似，需要一定的人工干预加以维护，选用多季轮作品种进行栽植，同时考虑招蜂引蝶植物，打造浪漫自然的花田景象，同时为少量两栖动物、爬行动物、鸟类及哺乳动物提供栖息场所。

2. 半干半湿生境

半干半湿生境是陆域与水域之间的过渡地带，是随着河水涨落形成水体与绿地互相交错的河漫滩。由于特殊的地貌特征，河漫滩上水生植物群落与陆生植物群落相互作用，是植被分布最为丰富的地带。考虑到防洪要求，尽量少用或不用乔木，以灌木、草本为主要栽种模式，普遍采用能够滞尘、调节气候、保持水土、净化水质，并且自身能够耐瘠薄，耐寒耐旱，耐水湿，再生能力强、管护方便且观赏期长的植物类型，通过合理的组合搭配，营造出层次结构合理的自然河岸带，以期减少人工成本，注重生态价值的发挥。

1）河岸灌木生境

河岸灌木生境位于地势稍高区域，上水概率略低，植物选择以可耐短暂水淹的植物群落为主，作为整个河岸带的上层种植空间。河岸灌木生境能够吸引鹭类等前来栖息。代表植物有：柽柳、紫穗槐、醉鱼草、黄刺玫、绣线菊、迎春、千屈菜、鸢尾、苜蓿、二月兰、红花酢浆草、蛇床等。

2）浅水灌木生境

河流不仅具有单一的陆地和水体，而且具有两者相互作用的湿生浅水区，不仅具有连续性，而且能为生物提供充足水源，是难得的具有建立较完整生态系统潜力的区域，利用其特性建立自然的景观生态系统，营造层次丰富的栖息地，形成生物界的混合社区。以低管理需求的野生地被、草本灌木、灌木组团为主。

3）浅水草本生境

构建层次丰富的水陆过渡带植物体系，发挥其食物供给、水质净化、栖息地等功效。浅水水草植物茂盛，是两栖类动物的最爱。植物群落主要由禾本科、莎草科、蓼科、菊科等组成。

4）荒溪型生境

荒溪型生境由于河岸的季节性冲刷，河滩原始状态遭受一定程度的破坏，造成砾石密集，土壤较为贫瘠，在模拟现状草本群落为主的基础上，综合考虑现状优势种，重点选择耐贫瘠的物种搭配群落。

3. 湿生生境

湿生生境在模拟现状自然植物群落的基础上，以耐水湿、适应高低水位变化、适宜地区的适生水生植物、湿生植物、喜湿植物群落为主，引入乡土湿生、浮水、挺水、沉水植物等，建立多样化生态系统，构建具有地方特色的生态群落。为保证行洪安全，除保留部分现状乔木外，不设置阻水植物及高秆乔木。考虑水土冲刷及土壤盐碱，选用耐盐碱、韧性强的植物。

1）浅水水草生境

浅水水草生境具有丰富的水生植物，可以吸引鱼类及软体动物，从而吸引大量浅水禽类栖居。该生境主要由草本植物和挺水植物组成，草本植物以耐水湿的狼尾草、射干等为主，芦苇、酸模叶蓼、菰等是构成挺水植物群落的主要物种。

2）浅水水草沼泽生境

浅水水草沼泽由于长期受积水浸泡，土壤剖面上部为腐泥沼泽土或泥炭沼泽土，下部为潜育层。有机质含量高，持水性强，透水性弱，干燥时体积收缩。经排水疏干，土壤通气良好，有机物得以分解，土壤肥力较好。主要由莎草科、禾本科及藓类等植物组成。浅水水草沼泽是纤维植物、药用植物、蜜源植物的天然宝库，同时是各种鸟类、鱼类栖息、繁殖和育肥的良好场所。

3）深水水草沼泽生境

沉水植物和浮水植物是此生境的主要类型，其中，水鳖科的黑藻、眼子菜科的马来眼子菜和金鱼藻科的金鱼藻等是构成沉水植物的优势种。菱科植物野菱、四角菱、睡莲科的芡实、浮萍、萍蓬草等是构成浮叶植物群落的主要物种。

3.4.4　生态植物配置

生态环境是一个综合多元的动态因素，生态植物配置除要考虑不同的生境类型外，还应考虑不同场地的特殊生态条件，这样才能保证植物生长茂盛，达到预期的景观效果。植物的成活及健康生长是其生态功能发挥的前提。

植物生长环境由多个生态环境因子综合决定，传统的由设计师经验主导的植物选择与植物群落构建方式，缺乏科学系统的评价方法与设计依据。通过 BIM 和 GIS 技术对制约植物生长的光照辐射、场地水文、土壤质地、土壤酸碱性等重要生态因子进行数字化分析，对四个生态因子分析图在空间上进行组合叠加，生成现状场地的"种植生境图谱"。

3.4.4.1　场地光照辐射分析

1. 基于 BIM 软件的光照强度分析

通过使用 BIM 软件对设计方案图进行地形、园路等处理，建立可视化三维模型，结合 BIM 软件的光照分析，找出适合喜阴、喜阳型植物的适宜栽植区域，分析后获得光合有效辐射。一般太阳辐射能小于 3 MJ／（m²·d）的区域需要种植阴性植物；太阳辐射介于 3～6 MJ／（m²·d）的区域适合种植中性植物；高于 6 MJ／（m²·d）的区域适合种植阳性植物。场地模拟太阳运动轨迹图、太阳光照强度图见图 3.4-8、图 3.4-9。

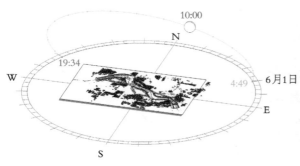

图 3.4-8 场地模拟太阳运动轨迹图

图 3.4-9 太阳光照强度图

以郑州市贾鲁河生态绿化治理工程为例，对场地进行日照模拟，一般日照时段为07:00~18:00，11:00~14:00 光照强度最强。通过 BIM 软件生成场地内各个时间点的光照强度图（见图 3.4-10）。

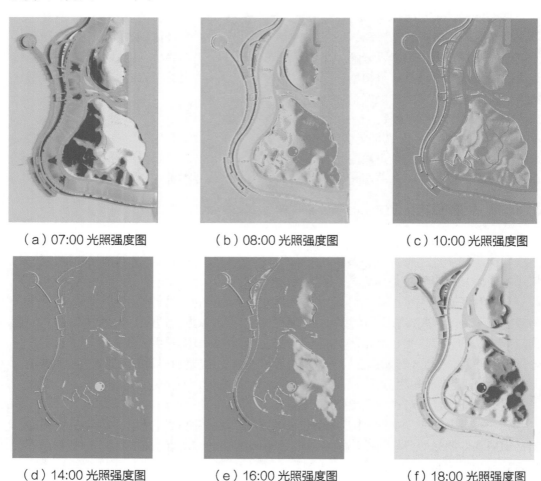

（a）07:00 光照强度图　　（b）08:00 光照强度图　　（c）10:00 光照强度图

（d）14:00 光照强度图　　（e）16:00 光照强度图　　（f）18:00 光照强度图

图 3.4-10 通过 BIM 软件生成场地内各个时间点的光照强度图

2. 基于 GIS 软件的日照分析

结合 BIM 软件生成的各个时间点（07:00~18:00）的光照强度图，将不同日照强度的色块分别赋予 0、1 属性值（见表 3.4-1），将这些时间点的光照强度图进行叠加处理，生成日照强度叠加图（光照时数图），并将叠加图进行类别区分，根据植物的光照需求，将不同的属性和值划分为阳性、中性、阴性三类（见表 3.4-2、图 3.4-11）。

表 3.4-1　各光照强度属性表

光照强度色块	蓝	绿	黄	橙	红
属性值	0	0	0	1	1

表 3.4-2　各光照强度分类表

属性值	0~2	3~5	6~10
类别	阴性	中性	阳性

3.4.4.2　场地水文过程分析

基于三维设计模型进行场地汇水分析，通过分析可得出场地凹地分布、场地排水方向、场地汇水区域面积等水文过程相关信息。根据场地水文情况合理布设低影响雨水管理设施：滞留渗透设施、传输设施及受纳调蓄设施，从而分阶段逐步实现雨水径流的滞留、渗透、净化与蓄积利用。以贾鲁河祥云山地块为例，应用 Civil 3D 软件对场地水文过程进行分析，结果如图 3.4-12、图 3.4-13 所示。

为进一步指导场地雨洪管理下的植物规划设计，将雨水功能区划分为雨水径流区、雨水导流区和雨水蓄滞区。径流区对雨水起到初期截流、消能、涵养的作用。导流区指起到雨水输送功能的汇水谷地、冲沟等区域。蓄滞区指下游具备雨水受纳储蓄功能的自然洼地、坑塘等。

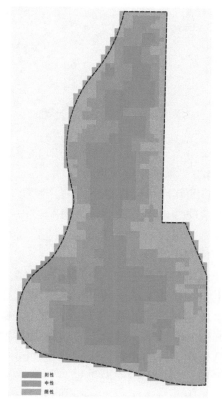

图 3.4-11　光照分析图

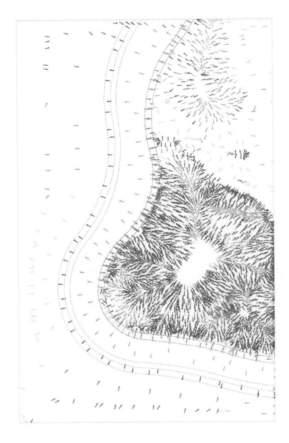
图 3.4-12　排水方向分析图

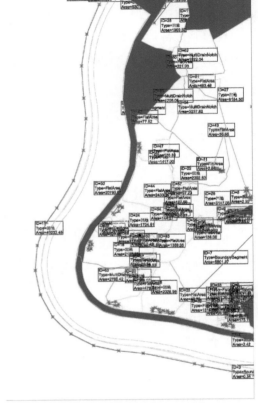
图 3.4-13　区域水文分析图

3.4.4.3　场地土壤质地分析

GIS 软件可以根据不同属性赋值，并形成栅格化图像。本章拟利用 GIS 的这一特性，将土壤质地以不同数值输入系统中，生成可视化图像，以便作为指导景观植物设计的土质参考，根据不同土壤质地选择适宜生长的景观植物，从而提升景观种植科学性、适宜性、精细化的设计。

以郑州市生态绿化治理工程为例，通过进行地质勘测实验得出，全段共包括（粉质）黏土、（粉质）砂土两类土壤质地，由于场地的特殊性及复杂性，部分区域的土壤为杂填土（包括建筑垃圾等）、素填土（河道开挖堆土）。基于《绿化种植土壤》（CJ/T 340—2016）要求，种植土壤质地应为壤土或砂土，易于大部分植物的成活和生长，但是结合景观工程的实际情况以及工程的生态性、可持续性，本工程只在重要节点、重要种植场地及现状土壤状况极其不适合植物生长区域的土壤换填为壤土，其他区域遵循场地现状。因此，本工程土壤质地共分为壤土、砂土、其他土（包括黏土、素填土、杂填土等）三类。

地质勘查报告中主要是针对建筑物、构筑物进行勘测（见表 3.4-3），结合勘测得出的不同土壤质地（层号 1、2 行），参照不同位置的建（构）筑物在场地内的坐标图（1：1 000 CAD 方案设计图）。以 ArcGIS 9.2 为操作平台，将壤土、砂土、其他土赋予 1、2、3 三个不同的属性值导入，进行数据的录入、校正和纠偏（见图 3.4-14）。栅格距离设定为 10 m×10 m，形成场地土壤质地范围图。不同的颜色代表不同的土壤质地，根据上文中关于不同质地的植物选择，结合建立的贾鲁河种植数据库，选择适合相应土壤质地生长的景观植物。

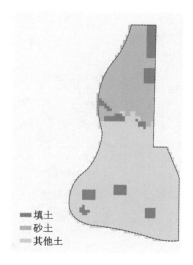

■填土
■砂土
■其他土

图 3.4-14　土壤质地分析图

表 3.4-3　金水区建筑物、构筑物场地地层厚度、埋深及层底标高统计

序号	建筑物、构筑物名称	层号	土质	厚度 /m		层底埋深 /m		层底标高 /m	
1	一级驿站01#	①–2	杂填土（Q_4^{ml}）	3.2~7.1	5.5	3.2~7.1	5.5	80.37~84.27	82.74
		①–1	素填土（Q_4^{ml}）	18~2.3	2.05	5~7	6	81.5~82.47	81.99
		②	粉土（Q_4^{al}）	1.6~2.5	2	6.9~9	8.17	79.9~80.77	80.41
		②–2	粉细砂（Q_4^{al}）	0.7~2.3	1.37	7.6~8.3	8.03	79.27~79.87	79.61
		④	粉质黏土（Q_4^{l}）	0.69~3.41	1.73	9~18.6	13.3	71.17~78.9	74.95
		④–1	粉土（Q_4^{l}）	0.9~4.29	2.64	10.7~18	14.59	70~77.8	73.65
		⑤	粉细砂（Q_4^{al}）	勘探深度内未揭穿该层，揭露厚度 2~4 m					
2	二级驿站01#	①–1	素填土（Q_4^{ml}）	2~8.5	5.3	2~8.5	5.3	85.46~89.13	87.34
		①–2	杂填土（Q_4^{ml}）	8~8.7	8.4	8~8.7	8.4	88.5~89.04	88.77
		②–1	粉土（Q_4^{al}）	0.7~2.5	1.6	10.5~12.2	11.35	84.84~86.02	85.43
		②	粉土（Q_4^{al}）	2~5.2	3.96	11.5~14.5	13.16	82.5~85.54	83.87
		③	粉质黏土（Q_4^{al}）	0.6~1.8	1.25	14~21.6	16.98	79.08~82.52	80.02
		③–1	粉土（Q_4^{al}）	勘探深度内未揭穿该层，揭露厚度 1.8~8.8 m					
		④	粉质黏土（Q_4^{l}）	勘探深度内未揭穿该层，揭露厚度 1.6~3.4 m					
3	二级驿站02#	①–1	素填土（Q_4^{ml}）	2~3	2.64	2~3	2.64	85.2~86.26	85.55
		①–2	杂填土（Q_4^{ml}）	1.3~5	2.47	4~5	4.67	83~84.26	83.56
		②	粉土（Q_4^{al}）	1~3	2.1	6.2~8	6.7	80.36~82.2	81.5
		②–1	粉土（Q_4^{al}）	2	2	7	7	81.35	81.35
		②–2	粉细砂（Q_4^{al}）	1.5~3.3	2.13	7.9~9.8	8.88	78.56~80.3	79.34

续表 3.4-3

序号	建筑物、构筑物名称	层号	土质	厚度/m		层底埋深/m		层底标高/m	
3	二级驿站02#	④	粉质黏土（Q₄¹）	0.7~3.8	1.74	9.2~12	11.4	76.2~78.8	76.8
		④-1	粉土（Q₄¹）	勘探深度内未揭穿该层，揭露厚度3~7.1 m					
4	二级驿站03#	②	粉土（Q₄ᵃˡ）	1~3.76	1.91	1.3~7.3	3.41	78.2~84.3	82.13
		②-1	粉土（Q₄ᵃˡ）	2~3.2	2.41	3.54~5.2	4.25	80.4~81.96	81.3
		②-2	粉细砂（Q₄ᵃˡ）	2~4	3.23	4~5	4.5	80.6~81.7	81.11
		③	粉质黏土（Q₄ᵃˡ）	勘探深度内未揭穿该层，揭露厚度1~5 m					
		③-1	粉土（Q₄ᵃˡ）	0.5~0.9	0.73	7.6~10.73	9.07	74.8~77.93	76.54
		⑥-1	粉质黏土（Q₃ᵃˡ）	0.44~1	0.72	13.2~13.95	13.58	71.55~72.5	72.03
		⑥	粉土（Q₃ˢˡ）	勘探深度内未揭穿该层，揭露厚度1~2.3 m					
5	二级驿站04#	①-1	素填土（Q₄ᵐˡ）	2.5~4.3	3.47	2.5~4.3	3.47	81.61~84	83.06
		④	粉质黏土（Q₄¹）	0.45~3.2	1.51	4.1~11.4	9.8	74.51~81.75	76.59
		④-1	粉土（Q₄¹）	勘探深度内未揭穿该层，揭露厚度0.62~3.2 m					
		④-2	粉细砂（Q₄¹）	勘探深度内未揭穿该层，揭露厚度0.5~7.8 m					
6	独立卫生间2-01#	①-2	杂填土（Q₄ᵐˡ）	6.1~6.7	6.4	6.1~6.7	6.4	90.5~90.7	90.6
		②	粉土（Q₄ᵃˡ）	0.3~4.35	1.5	7~14.5	10.13	82.1~90.4	86.88
		②-1	粉土（Q₄ᵃˡ）	3.15~4.57	3.86	0.15~11.5	10.86	85.83~86.45	86.14
		③	粉质黏土（Q₄ᵃˡ）	勘探深度内未揭穿该层，揭露厚度1.5~5 m					
7	独立卫生间2-02#	①-1	素填土（Q₄ᵐˡ）	9	9	9	9	88.07	88.07
		①-2	杂填土（Q₄ᵐˡ）	9.1	9.1	9.1	9.1	87.9	87.9
		③	粉质黏土（Q₄ᵃˡ）	1.65~3	2.25	10.65~16.2	12.98	80.8~86.42	84.04
		③-1	粉土（Q₄ᵃˡ）	5.4~5.65	5.53	16.3~17.5	16.9	79.5~80.77	80.14
		④	粉质黏土（Q₄¹）	勘探深度内未揭穿该层，揭露厚度2.5~3.1 m					
		④-1	粉土（Q₄¹）	勘探深度内未揭穿该层，揭露厚度0.6 m					
8	独立卫生间2-03#	①-2	杂填土（Q₄ᵐˡ）	10~11.3	10.65	10~11.3	10.65	83.97~85	84.49
		③-1	粉土（Q₄ᵃˡ）	3.7~5.75	4.73	15~15.75	15.38	79.25~80.27	79.76
		③	粉质黏土（Q₄ᵃˡ）	3	3	18	18	77.27	77.27
		④-1	粉土（Q₄¹）	3	3	21	21	74.27	74.27
		④	粉质黏土（Q₄¹）	勘探深度内未揭穿该层，揭露厚度1.55~2.3 m					
9	独立卫生间2-04#	①-1	素填土（Q₄ᵐˡ）	4.8~5.7	5.25	4.8~5.7	5.25	83.58~83.94	83.76
		②-2	粉细砂（Q₄ᵃˡ）	6.9~7.4	7.15	11.7~13.1	12.4	76.18~77.04	76.61

续表 3.4-3

序号	建筑物、构筑物名称	层号	土质	厚度 /m		层底埋深 /m		层底标高 /m	
9	独立卫生间 2-04#	④	粉质黏土（Q_4^1）	勘探深度内未揭穿该层，揭露厚度 0.5~2.1 m					
		④-1	粉土（Q_4^1）	勘探深度内未揭穿该层，揭露厚度 0.7~0.9 m					
10	独立卫生间 2-05#	①-2	杂填土（Q_4^{ml}）	3~4.7	3.85	3~4.7	3.85	85.88~87.61	86.75
		①-1	素填土（Q_4^{ml}）	2	2	5	5	85.61	85.61
		②	粉土（Q_4^{al}）	1.1	1.1	5.8	5.8	84.78	84.78
		②-2	粉细砂（Q_4^{al}）	4.7~5.4	5.05	10.4~10.5	10.45	80.08~80.21	80.15
		③	粉质黏土（Q_4^{al}）	1.4~2.2	1.8	11.9~12.6	12.25	78.01~73.68	78.35
		③-1	粉土（Q_4^{al}）	勘探深度内未揭穿该层，揭露厚度 3.1~3.4 m					
11	W 独立卫生间 2-06#	①-1	素填土（Q_4^{ml}）	6	6	6	6	84.33	84.33
		①-2	杂填土（Q_4^{ml}）	5.3	5.3	5.3	5.3	84.7	84.7
		②-2	粉细砂（Q_4^{al}）	0.5~1.5	1	6.5~6.8	6.65	83.2~84.33	83.77
		④	粉质黏土（Q_4^1）	1~3.05	2.19	9.4~13.4	11.56	76.93~80.6	78.6
		④-1	粉土（Q_4^1）	勘探深度内未揭穿该层，揭露厚度 0.45~2.5 m					
12	独立卫生间 2-14#	②	粉土（Q_4^{al}）	2~2.5	2.25	2~2.5	2.25	86.5~87	86.75
		④-1	粉土（Q_4^1）	4.26	4.26	8.66	8.66	80.34	80.34
		④	粉质黏土（Q_4^1）	勘探深度内未揭穿该层，揭露厚度 2.4~8.5 m					

3.4.4.4　场地土壤酸碱性分析

土壤酸碱性是指土壤中存在着各种化学和生物化学反应，表现出不同的酸性或碱性。土壤酸碱性的强弱，常以酸碱度来衡量。土壤之所以有酸碱性，是因为在土壤中存在少量的氢离子和氢氧根离子。当氢离子的浓度大于氢氧根离子的浓度时，土壤呈酸性；反之呈碱性；两者相等时则为中性。

土壤酸碱性划分为 9 个等级。<4.5 极强酸性，4.5~5.5 强酸性，5.5~6.0 酸性，6.0~6.5 弱酸性，6.5~7.0 中性，7.0~7.5 弱碱性，7.5~8.5 碱性，8.5~9.5 强碱性，>9.5 极强碱性。

土壤酸碱性的强弱，常以酸碱度来衡量。土壤酸碱度又以 pH 来表示。测定土壤的 pH，多采用电极法或石蕊试纸比色法。电极法测定土壤的 pH，既快又准确，但目前很少用。石蕊试纸比色法测定土壤的 pH，方法简便。测定土壤、苗床及营养土的 pH 时，可先取样土一份，放入碗底，然后加入蒸馏水 2.5 份，用玻璃棒充分搅拌 1 min，待其静止澄清后，将一段试纸浸入清液中，试纸即变色，马上用变色的试纸与 pH 标准比色卡进行比较，即可直接得出 pH。

我国土壤 pH 大多在 4.5~8.5 范围内，由南向北 pH 递增，长江（北纬 33°）以南的土壤多为酸性和强酸性，如华南、西南地区广泛分布的红壤、黄壤，pH 大多在 4.5~5.5；华中华东地区的红壤，pH 在 5.5~6.5；长江以北的土壤多为中性或碱性，如华北、西北的土壤大多含 $CaCO_3$，pH 一般在 7.5~8.5，少数强碱性土壤的 pH 高达 10.5。

土壤酸性过大，可每年每亩施入20~25 kg 的石灰，且施足农家肥，切忌只施石灰不施农家肥，这样，土壤反而会变黄变瘦。也可施草木灰40~50 kg，中和土壤酸性，更好地调节土壤的水、肥状况。而对于碱性土壤，通常每亩用石膏30~40 kg作为基肥施入改良。碱性过高时，可加少量硫酸铝、硫酸亚铁、硫黄粉、腐植酸肥等。常浇一些硫酸亚铁或硫酸铝的稀释水，可使土壤增加酸性。腐植酸肥因含有较多的腐植酸，能调整土壤的酸碱度。以上方法以施硫黄粉见效最慢，但效果最持久；施用硫酸铝时需补充磷肥；施硫酸亚铁（矾肥水）见效最快，但作用时间不长，需经常施用。

酸性土壤的特征是"酸"（pH在6以下）、"瘦"（速效养分低，有机质低于1.5%，严重缺有效磷）、"黏"（土质黏重，耕性差）、"深"（土色多为红、黄、紫色）。在这些土壤上种植作物，不易全苗，常形成僵苗和老苗，产量低品质劣。

酸性土壤改良培肥方法：

（1）使用石灰中和酸性，每亩每次施 20~25 kg石灰，直至改造为中性或微酸性土壤。

（2）施绿肥，增加土中有机质，达到改善土壤酸性的效果。

（3）增加灌溉次数，冲淡酸性对作物的危害。

（4）增施碱性肥料，如碳酸氢铵、氨水、石灰氮、钙镁磷肥、磷矿石粉、草木灰等，对提高作物产量有好处。

碱性土壤改良培肥方法：

（1）使用酸性肥料，如硫酸铝、硫酸亚铁、硫黄粉、硫酸铵、硝酸铵、过磷酸钙、磷酸二氢钾、硫酸钾等，定向中和碱性。

（2）多施农家肥，改良土壤，培肥地力，增强土壤的亲和性能，如施入腐熟的粪肥、泥炭、锯木屑、食用菌的土等。

（3）进行客土，有条件的施入沙土 500~1 000 m³，和农家肥一起翻入土壤 10~15 cm。

（4）种植比较耐盐碱植物，如水稻等；同时进行合理的田间管理，防止次生盐渍化。

3.4.4.5　种植生境图谱的构建

基于 BIM 和 GIS 技术对制约植物生长的土壤质地、土壤酸碱性、光照辐射、场地水文等重要生态因子进行数字化分析；同时，自主研发"数字化植物智能配置平台"，在平台中根据植物对生境的需求不同，对种植生境进行分类编码和空间叠置分析，实现种植生境图谱的构建，建立植物数据库，在此基础上，可以进行不同生境图谱区域的植物自动化检索和配对，最终实现快速有效的生态节约型植物群落的配置。具体内容包括以下两部分：

（1）种植生境的数字化分析。基于 BIM 和 GIS 技术对制约植物生长的光照辐射、场地水文、土壤质地、土壤酸碱性等重要生态因子进行数字化分析。

（2）自主研发"数字化植物智能配置平台"，平台中有两个模块，分别是"种植生境图谱"和"植物数据库"。"种植生境图谱"是根据植物对生境的需求不同，对种植生境进行分类编码和空间叠置分析，生成反应现状场地综合条件的"种植生境图谱"。"植物数据库"是通过对园林植物信息的收集整理，建立一个可以存储信息、检索信息、筛选信息、分析数据等功能于一体的植物数据库，植物数据库中的每一类植物都附有生境图谱编码、植物区划、生态习性、形态特征、应用形式等信息属性。通过生境图谱编码就可以为每一块土地链接到适宜这种图谱生境生长的适宜植物清单，最终实现快速有效的生态节约型植物群落的配置。

自主研发一个数字化植物智能配置平台，在平台上能够实现影响植物生长的多种环境因子的空间叠置分析，构建种植生境图谱；同时，构建植物数据库，且能够实现点击任一生境图谱，可以链接到相适应的植物数据库，最终实现生态节约型植物群落的智能配置。

在对种植生境数字化分析的基础上，通过搭建数字化只能配置平台，影响植物生长的多种环境因子的空间叠置分析，构建种植生境图谱。首先采用数学组合法生成各个生境因子的编码，将光照、水分、土壤质地、土壤酸碱性等生境因子分别以数字个位、十位、百位、千位来代表（详见表 3.4-4），如光照辐射因子导入平台编码系统中赋值为 1、2、3，水分因子导入平台编码系统中赋值为 10、20、30，土壤质地的赋值为 100、200、300，土壤酸碱性的赋值为 1 000、2 000、3 000，依次类推，后期如若再添加环境因子（如风、温度等），只需再增加万位、十万位即可，这样赋值以后，不同的环境因子组合都能得到独一无二的编码，如强阳性、旱生、壤土、酸性区域的综合生境图谱属性值为 11111，此编码方法既方便操作，又清晰明确地代表各个因子的属性。

表 3.4-4　各个环境因子分类属性值

环境因子	分类	属性值
光照辐射	强阳性	1
	阳性	2
	中性	3
	耐阴	4
	喜阴	5
水分因子	旱生	10
	半干半湿	20
	湿生	30
	水生	40
土壤质地	壤土	100
	砂质壤土	200
	砂土	300
	黏土	400

续表 3.4-4

环境因子	分类	属性值
土壤酸碱性	酸性	1 000
	弱酸性	2 000
	中性	3 000
	弱碱性	4 000
	碱性	5 000

上述四种因子的图像通过赋予不同的属性值，录入平台中，将各因素空间化，并生成 5 m×5 m 大小的栅格，通过使用多因子叠加法，生成不同环境因子下的种植生境图谱（见图 3.4-15）。其具体的构建方法如图 3.4-16 所示。

种植生境图谱的构建使植物配置的工作方式，从"人工经验定性"转为"智能精准定量"，最终实现快速有效的生态节约型植物群落的配置，从源头上解决了因植物配置过于主观、不够精准而带来的后期养护管理难、成活率低等问题。

3.4.5　植物空间规划

除注重河流廊道的生态功能外，植物配置还应注重空间上的规划，坚持"点上绿化成园，线上绿化成荫，面上绿化成林"的原则，将复育河流地带性乡土

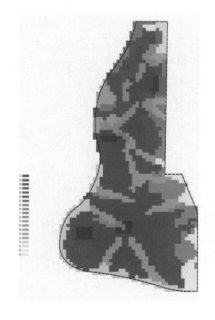

图 3.4-15　种植生境图谱分析

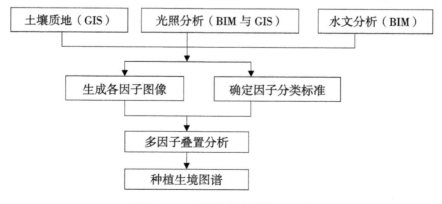

图 3.4-16　种植生境图谱构建方法

森林作为总体目标，充分分析现状乡土植物群落，选择一些生态稳定、兼顾季相景观的典型乡土植物群落广泛应用，形成健康持续的生态绿化带。

3.4.5.1　点上绿化成园

随着城市滨水绿地的纵深发展，单纯的绿化建设已不能满足城市景观多样性和生物多样性的发展需求。植物专类园因其科研、保育、观赏属性，承担着更多的社会作用及社会责任。在当前城市用地日趋紧张的时代背景下，采用有效的建设方式在滨水绿地上建设出既有生态价值又有文化内涵、既有科普作用又兼顾景观效果的植物专类园，是绿化工作者的社会职责的体现。

1. 专类园类型

植物专类园的类型丰富，除展示同类植物的观赏特性外，还可展示不同植物的相同特性和景观特色，因此其分类方式也多种多样。

1）体现亲缘关系的专类园

该专类园指以具有亲缘关系的植物（如同种、属、科或亚科）为主体，配置其他种类植物，形成景观丰富的专类园。如梅园、竹园、牡丹园等，这一类型的专类园又包括同种专类园、同属专类园、同科（亚科）专类园。

同种植物专类园植物主体单一明确，由不同品种的植物营造形态和色彩的丰富性，表现景观层次的变化，同时与其他植物、建筑、地形地貌、景观设施结合突出专类植物的景观特色。这种专类园一般占地面积较小，研究的植物多偏向花期长、有较高观赏价值的观花植物，如常见的牡丹园、海棠园等。

同属植物的专类园中植物选择仍以亲缘关系较近的植物为主。这一类型的植物大多种类系统发达，具有相似的观赏特性，它们开花和结果的时期也基本一致。这种同属专类园多使用本土观花树种，如玫瑰园。

同科（亚科）植物在遗传关系上比上述两种植物要远许多，因此植物的选择范围更广。有时，除一些常见的科属共同特征外，同一科的植物在形态上还会呈现很大的差异。这类专类园主要有两种：同科植物配置和不同科植物配置。同科植物配置的专类园一般以科普教育功能为主，它们一般会收集同科但品种类型不同的植物，种类众多，适合作为对此科植物科普研究的场所；不同科植物配置的专类园也较为常见，一般选择具有相似特性或文化内涵相似的植物，如松柏园等。

2）展示生境的专类园

该专类园是指用在同种环境生长的植物营造景观，展示生境特色的专类园。这种专类园以植物为主体，以生境景观为主题，如水生植物园、岩石园、湿生植物园等，它们不仅让人欣赏了解各种生境景观，还在环境保护中发挥了积极的作用。

3）突出观赏特点的专类园

这种类型的专类园主要突出植物的观赏特点，如叶形、树形、季相变化、气味等，运用具有相同观赏特点的植物配置出明确动人的园林景观吸引游客眼球，达到观赏目的，如芳香园多采用具有香味的植物，形成以嗅觉为观赏特色的专类园；盆景园则将不同造型不同种类的植物收集在一起，展示形态各异的植物。这一类型的专类园由于不局限植物的种类，相对来说景观层次较为丰富。

2. 专类园功能

1）专类植物的收集整理与展示功能

植物专类园是可以展示更多种类、品种的专类植物的地方。园内会收集尽可能多的相关或类似的花卉植物，将它们合理配置，呈现出丰富多彩的景色。例如，西部地区的牡丹园主要种植了中国西北部地区的牡丹品种，以中部地区的牡丹品种为辅，设计出九大色系，展现出其对地方品种的保护和收集。

2）专类植物的引种驯化功能

植物专类园曾作为植物园的重要组成单元，是植物园的"园中园"。植物园具有科研研究、引种驯化、培育新品种的功能，这些功能具体实现则由专类园体现，所以这也成为专类园的基本功能之一。

3）文化宣传功能

早期的植物专类园多以研究中国传统名花为主，通常具有浓厚的文化内涵，现有的植物专类园也继承了这一特点，在收集植物品种的基础上，也有向游人宣传普及植物相关文化内涵的功能。

4）观光游憩功能

不同于传统植物专类园主要服务于从事相关工作的研究人员，滨水绿地中的专类园多服务于普通的游人群体，所以不可避免的专类园中需要具备观光游憩的功能，使其为游客提供一个可供休闲观光、游览休憩的场所。

5）科普功能

植物专类园中的植物具有一定的相似性或相关性，一般游客不具备专业知识，很难区分辨别，难以深入了解其中奥秘，所以专类园中会设置解说牌、科普馆等设施，以求使游客在游览中能有全面的了解和认识，因此植物专类园也具有科普功能。

3. 专类园规划设计原则

1）生态性原则

随着社会的不断进步，人们对生态绿地的理解也不断加深，生态规划理论被越来越多的人接受。生态是物种之间相互协调的关系，是景观设计的灵魂所在，因此坚持生态性原则是设计的首要原则。专类园作为专类植物收集、引种、驯化的场所，在其设计中坚持生态性原则尤其重要。在专类园的规划设计中，应在栽植专类植物的基础上以乡土树种配置为主，科学合理地运用现有资源条件，降低对资源的消耗和破坏，在尊重自然、遵循生态性原则的基础上建造发展可持续的生态型专类园。

2）地域性原则

地域性文化特色作为一个地方的专有特色成为解决"特色缺失"这一问题的关键因素，因此地域性原则也成为景观设计中需要着重突出的原则之一，将地域性特色充分应用于专类园的规划设计中也成为专类园景观设计的一项重要内容。专类园规划中可将地方文化、历史特色与专类植物文化内涵结合，选择适合当地生长的乡土树种搭配，展现专类植物特色的同时，体现当地的风俗文化特色，将地域文化融入专类园的景观设计中。

3）满足植物专类园的功能需求

功能性原则是景观设计中的必要原则。园林设计需要做到景观与功能相结合，在考虑美学价值的同时满足其实用功能。专类园建设不仅要营造优美的景观游览空间，还要建设具有植物保护和科研普及功能的应用型园林，因此专类园设计需要满足植物园的基本功能需求，合理调整布局，以建设一个功能完善、景观优美的城市绿地。

3.4.5.2 线上绿化成荫

林荫率是反映公共空间绿化配置的重要因素，对公共空间活力有显著影响。必要的树荫遮蔽空间可以给人私密性并有效提高空间舒适度。在滨水绿地中，设计者有时会因过高的绿地率而忽略慢行系统的林荫率，导致滨水绿地在夏季高温季节服务游人的能力大打折扣。研究表明不同覆盖率对林荫道降温增湿效应影响显著。覆盖率越大，林荫道降温增湿能力越明显，具有较好的生态效益。但从环境功能上讲，覆盖率过高有碍空气流动，对汽车尾气产生富集作用，产生负效应；从空间结构上讲，过于密闭的环境会造成人的心理感受压抑，降低人体的舒适度。综合来说，覆盖率70%～90%的林荫道，降温增湿效应趋于平缓，且与覆盖率90%以上没有显著性差异，可见显著发挥温湿效应综合能力最强的林荫道覆盖率为70%～90%。因此，在滨水绿地的建设中，应尽量保证"有路就有树，有树就有荫"，并根据周边环境及空间条件设计合理的林荫率。优先选择遮阳效果好、成荫快的乡土适生树种，保证树形整齐、树干挺拔、树冠丰满，形成主园路浓荫绿伞，为游人步行、骑行营造舒适环境，让慢行系统景观效果得到有效提升。

3.4.5.3 面上绿化成林

随着城市的发展，作为城市生态系统主要组成部分的滨水生态廊道发生了深刻变化：一方面城市原有植被受到人为的直接干扰和破坏；另一方面，城市景观对植被的切割，导致植被群落物种多样性降低、群落结构受损、功能退化等。从演替阶段看，群落多处于逆行、退化演替过程中。人工营造的绿地和林地普遍存在植物结构单一、生物多样性下降、病虫害严重等问题。地带性植被是近自然植被的前提，只有建立在地带性植被的基础上，才有可能打造出近自然植被景观的效果。因此，复育地带性乡土森林是滨水生态廊道在新时期的新使命。

1. 地带性植被恢复依据

潜在植被表明了一个地区植被的发展潜力，也为地区植被恢复自然植物指明了方向。不过由于小气候条件和土壤条件的不可逆变化，自然过程中向地带性植被演替的进程极其缓慢。它和地带性植被的不同点在于，某个地区的地带性植被类型只有一个，即其气候顶级植被类型，而潜在植被更接近于多元顶级的情况，除单元的气候顶级外，还包括土壤顶级和地形顶级等。潜在自然植被不一定是现状植被，潜在自然植被是在没有人类干扰情况下，对植物与自然环境之间关系的真实反映，而现状植被是反映在人类活动影响下形成的植被类型与环境间的关系。遵循这一理论，人们就可以推断在一定的气候、地形、土壤等生境条件下会生长出什么样的自然植被，从而为植被恢复确定目标。

2. 地带性植被恢复原则

1）地带性原则

不同地区的植物有着不同的生态适应性，地带性物种对当地环境适应力强，群落发展稳定。地带性物种的选择是地带性植被恢复的前提与基础。模拟地带性植被类型进行地带性植被恢复应该参照地带性植被的植物种类组成和机构确定,遵循群落演替规律,以地带性植被建群种为基调树种,同时应当引入伴生种,增加物种多样性。但选择地带性植物不仅包括本地乡土树种,也包括同一地带范围内的、在本地生长良好、适合进行地带性植被恢复的植物。

2)群落多样性原则

进行地带性植被恢复的理想结果不单单是在种类与目标植被相似,在演替后期,也应该在结构与功能上相似。这就要求在进行物种选择时,应考虑群落不同结构层的物种,应该避免单一树种与结构的模拟,采取乔木、灌木、草本、层间植物相结合,从一定程度上推动群落的进展演替方向,创造多层次多物种的混交群落,丰富群落多样性,尽量避免出现单一优势种群落,同时在景观上更容易创造丰富的垂直结构,产生良好的景观效果。

3)生态与景观相结合原则

一方面,地带性植被恢复首先考虑其生态效益与功能;另一方面,滨水生态廊道也承担着一部分景观功能。在选择合适的植物进行林相改造时,应从群落整体的季相与色彩考虑,不同的季相变化赋予植被更加丰富的色彩变化。在选择树种时应该尽量避免具有竞争关系的树种,使山体植物保持低维护或免维护的状态,人工促使植被进展性演替。适当种植具有景观效果的植物,在注重生态效益的同时,增加美学价值。

3. 地带性植被恢复策略

植被分布的地带性规律及据此确定的植被分区为植被恢复提供了宏观尺度上的恢复标准,植被演替理论指导着具体的实践,总结地带性植被恢复的策略如下:

(1)对拟定进行地带性植被恢复的区域进行现状评估,分析现状植物群落,判断其演替阶段与趋势。

(2)依据区域的自然条件,通过顶级群落类型,推断该地潜在自然植被类型。

(3)根据区域自然和潜在植被类型,选择典型植物群落,主要是群落建群种和优势种以及伴生种。

(4)采取合适的种植方式,对区域植被进行人为干预恢复,并进行动态监测。

3.5 营造地域特色文旅品牌

河流是人类赖以生存和发展的基础,自古以来,人类都是择水而居,从某种意义上说,人类生存和发展的历史就是水的历史,因此河流文化的建设对于我国文化自信的建立至关重要。工业文明时期,随着我国经济的快速发展,城市河流陆续得到大规模的治理,在保障防洪安全、改善城市环境的同时,也存在一些不可忽视的问题,比如过度注重防洪任务,裁弯取直,硬质护岸,缺乏对历史文化的传承和弘扬等,导致河流景观千篇一律,阻碍了优秀水文化的传承和发展。当代生态文明时期,河流是生态、文化、经济功能复合的河流,需要重新修复人与水的关系,河流与之形成的滨水开放空间共同引导城市发展,提升城市居民的生活品质。

河流文化属于水文化的范畴，水文化是人类在漫长的生存和发展过程中，与水产生互动而形成的相关文化。水文化可以概括为四个要素：一是精神层面，人们对于水的认识、理解、价值观、崇拜；二是制度层面，人们利用水、管理水、治理水的社会规范，社会习俗及法律法规；三是人类行为层面，人们对待水、利用水的行为模式；四是物质文化层面，人类在使用水和治理、改造、美化水环境过程中形成的具有文化内涵和象征的物质建设结果。中国河流文化蕴含着中华民族的智慧，体现中华民族的精神与气质，河流文化的建设对于我国文化自信的建立具有重要的现实意义。

河流文化到底如何建设？其实，每条河流都有存在的意义，它可能是一个村庄的水源，也可能是一个国家的命脉，每条河流都滋润着一片大地，都有其独特的文化特色，而这些文化就是这条河流的灵魂，我们应该以每条河流特有的文化为脉络，将每一条河流都塑造成这个区域的品牌，这个区域可以小到一个村庄，也可以大到一个国家。通过河流自信地讲述人类与水灿烂的历史文化。

我们要高品质地建设河流文化，应该将河流文化定位成这个区域的品牌，塑造河流文化品牌。河流文化品牌是一个城市重要的文化精华，可以让一个城市独具特色，成功塑造良好的河流文化品牌形象，可以使之成为一个城市最具魅力和影响力的标志，能够增强市民的文化自信，提升城市凝聚力和向心力。

如何以文化为切入点，从景观、历史、艺术、水利、旅游等多学科统筹的角度，探索城市河流文化品牌的构建体系，从工程的角度，为城市河流的文化建设提出一套系统的方法，真正让水文化能够依托工程实践，让老百姓能够切实感受到，进而实现文化生产力的转化，让文化转变成文旅，最终实现可持续的发展。

3.5.1　水文化相关理论研究进展

我国水文化博大精深，源远流长，然而水文化概念提出和研究兴起于 20 世纪 80 年代末。我国水文化研究大体经历了概念提出、开展宣传研究、服务水利实践、政府倡导推动、规划专项建设五个阶段。近年来，特别是 2011 年水利部《水文化建设规划纲要（2011—2020 年）》发布以来，国内学者的水文化研究主要聚集在水文化理论、水文化遗产、水文化资源、工程水文化、地域水文化、水文化教育传播等方面，研究成果颇丰。

3.5.1.1　水文化概念研究进展

对于水文化概念，靳怀堷的《水文化内涵与外延研究》、赵爱国的《水文化涵义及体系结构探析》、周小华的《水文化研究的现代视野》、彦橹的《重新定义"水文化"》等有相关论述，毛春梅等认为我国水文化包含物质水文化、精神水文化、制度水文化，是上述传统水文化概念的代表。李宗新认为水文化是人们在从事水事活动中创造的以水为载体的各种文化现象的总和。孟亚明等认为水文化的实质是通过人与水的关系反映人与人关系的文化，并具有科学性、行业性和社会性。郑晓云认为水文化可划分为精神层面、制度层面、行为层面、物质文化层面，具有民族属性、地方属性、文化背景属性和时代属性。左其亭则认为水文化是人类在与水打交道过程中，对水的认识、思考、行动、治理、享受、感悟、抒情等行为，创造的以水为载体的所有物质财富和精神财富的总称。

3.5.1.2 水文化遗产研究进展

水文化遗产是我们中华民族宝贵的文化资源，是中华民族五千年来智慧的结晶，需要加强对水文化遗产的研究和整理，使中华民族宝贵的水文化遗产得到传承和发展。水文化遗产研究借助现代技术方法，从水文化遗产内涵、运河文化遗产保护与开发、水文化遗产传承创新等方面，取得诸多成果。

水文化遗产内涵研究进展。如谭徐明认为水文化遗产应按工程和非工程遗产分为两大类，而每一大类遗产应有其物质和非物质形态。汪健等指出水文化遗产具有历史文化价值、艺术价值、科技价值、经济价值以及水利功能价值。王浩宇等指出作为全国第一部专门展示水文化遗产资源的工具书，《全国水文化遗产分类图录》的出版，填补了当前水文化研究领域的一项空白，对于普及和推广水文化遗产知识，进一步加快水文化遗产保护和研究步伐，充分发挥水文化遗产的教育、启迪、激励和凝聚功能。在进行水文化创意设计时，涂师平认为应从水文化遗产的分类分级、水文化创意设计的形式选择、水文化创意设计的价值选择等不同维度，选择不同的路径对水文化遗产进行保护、传承、利用。另外，董文虎、靳怀堟分别在中国水利报撰写《古桥——物质水文化遗产的璀璨明珠》《如何才能保护和利用好水文化遗产？》文章，拓展与丰富水文化遗产，增强保护水文化遗产的意识。

运河文化遗产保护与开发研究进展。伴随着我国大运河申请世界遗产的进程，学界对运河文化遗产保护与利用较为关注，张志荣等以京杭大运河杭州段为例，把运河水文化遗产可以分为物质形态水文化遗产、制度形态水文化遗产和精神形态水文化遗产。谭徐明在《中国大运河文化遗产保护技术基础》一书中，详细介绍了运河遗产价值认知、遗产构成、保护与管理策略、古代闸坝复原、运河遗产保护工程图例设计、数据采集技术。李爽以大运河江南河段苏州作为切入点，指出苏州段运河遗产丰富且价值较高，应建立长效的遗产保护机制。董小梅等详细分析了水文化遗产保护与利用的现状，以淮安里运河水文化遗产保护与开发为例，阐述里运河水文化遗产保护工作的困难和问题。王丹等指出京杭运河枣庄段水文化资源具有古色水文化、金色水文化、红色水文化和绿色水文化等区域特色水文化资源。在水文化资源开发上，要做好水文化资源挖掘与研究、加强水文化产业规划、发展水文化产业新业态、做好水文化产业基础工作等。黄克清等指出在中国大运河申遗的背景下，淮安段大运河的建设与管理，既坚持水利功能的提升，又按照申遗的需要，在治淮建设、江水北调、南水北调和航道整治等建设中，既利用历史形成的大运河主体河道效益，又为提升水利功能和文化传播而进行发掘传承。

水文化遗产传承创新研究进展。郑晓云通过云南省两个世界文化遗产地红河元阳梯田和丽江古城的分析，指出近年来气候变化所带来的干旱对当地的水文化遗产带来的影响。结合水利风景区的特殊功能，周波提出了分类保护利用水文化遗产的相关方法措施，为开展水利风景区水文化遗产保护工作提供借鉴。在此基础上，周波等进一步分析了水利风景区水文化遗产保护利用现状和存在的问题，提出了水利风景区水文化的开发利用策略。柳德明提出建设通州区水文化遗产要挖掘整理水文化遗产，加强水文化遗产资源的研究和保护，要充分发挥水文化在通州首都城市副中心建设中的积极作用等建议。贾兵强的《河南水文化遗产传承创新研究》课题，归纳总结了河南水文化遗产类型全、知名度大、源远流长的特征，具有科学研究、历史文献、旅游经济、宣传教育等价值，初步分析了河南水文化遗产传承创新现状及其成因，从管理创新、决策创新和理念创新各个方面提出河南水文化遗产传承创新的策略。另外，贾兵强在《科技黄河研究》一书中，对黄河科技文化遗产内涵、类型进行研究，归纳黄河科技文化遗产的特征，提出黄河科技文化遗产传承创新对策。

由上述可知，在水文化遗产研究方面，伴随着我国大运河申请世界文化遗产的进程，学术界对水文化遗产关注度很高，但水文化遗产理论的研究还比较少，形不成系统和体系，对水文化遗产的保护措施也不到位，对水文化遗产的重要性认识存在不足。

3.5.1.3　水文化传播研究进展

水文化重在建设，成在传播。近年有关水文化传播方面的研究成果尽管数量有限，但相比之前已有较大发展。文化传播的功能主要是传承文化、创新文化、享用文化。从总体来看，关于理论方法研究的成果较少，主要是传播媒介的应用研究，仅仅局限于传播途径和学校教育，创新性的并且能够被普通民众喜闻乐见的传播媒介和手段还鲜见，出现"传而不播"和"自娱自乐"现象。

关于水文化传播的宏观研究，张翠英指出水文化一级传播是在水利行业人员中的传播，二级传播是水利行业人员向普通民众的传播，其中大众传媒的舆论力量和大学生的人际影响力值得重视。靳怀堾认为，构建水文化传播平台，要在传播内容的丰富性上、传播载体和渠道的拓展上下功夫，要充分利用现代先进的传播学理论，整合水文化资源的传播渠道，建立丰富多彩而又简明高效的水文化传播平台和机制，从而使水文化走出"象牙塔"，走向社会，走向民众，在更加广阔的天地展示深厚内涵与独特魅力，努力使水文化融入新时期国家文化大发展大繁荣的浪潮中。王伟英对水文化传播和水文化教育进行了界定，分析了水文化传播教育的时代价值，探讨了加强水文化传播教育的途径和方式。陈梦晖认为加强水文化传播，一方面，必须繁荣水利文化，丰富传播内容；另一方面，必须打造文化品牌，创新传播载体，多措并举，完善传播机制。罗湘平等提出了运用新媒体技术，构建水文化传播教育新媒体平台。从大众传播学的经典理论——哈罗德·拉斯韦尔"5W"模式出发，杨发军等分析中华水文化传播的传播者、传播内容、传播媒介、传播对象和传播效果的现状，提出中华水文化传播的策略。

关于水文化传播的微观研究，张芹等通过对三峡地区水文化在日常生活传播、社会生产传播及精神文化传播方面的研究，提出了三峡水文化的传播途径以及三峡地区人水和谐互动的生存状态。陈玲从文化遗产的保护、旅游文化的开发、三峡移民精神的传播方面讨论了三峡水文化的传承与发展问题。钟亮等把南昌的水文化符号分为语言符号与非语言符号两大类型，探讨了南昌水文化符号的传播途径。王延荣结合近年来河南水利系统的水文化建设成果，探讨了传播对文化有重要作用，指出媒体是水文化建设的首要工具、是水文化建设的有效载体。李霄等分析了浙江水文化传播的S型曲线，探讨了水文化传播形式，提出了实现水文化传播"临界大多数"的策略。另外，2014年水利部牵头、中国水利水电出版社组织策划"中华水文化书系"包括《水文化教育读本丛书》《图说中华水文化丛书》《中华水文化专题丛书》三套丛书及其相应的数字化产品，总计有26个分册，约720万字，是水文化普及传播的新举措、新路径、新成果，必将有力推动水文化教育走进课堂、水文化传播深入大众、水文化研究迈向更高层次，对促进水文化发展繁荣具有十分重要的意义。

3.5.1.4 地域水文化研究进展

所谓"一方水土养一方人"，每个地区受自然环境特别是水环境的影响，造就了独具地方特色的地域水文化。地域水文化涉及行政区和流域中，水与政治、水与经济、水与社会、水与城市等多方面内容。为此，学界对地域水文化进行了很多相关的研究。

在行政区域水文化研究方面，敖特根花介绍了蒙古族水文化的生态伦理观、生态习俗、法律禁忌，并从水的象征寓意、水的祭祀、以水命名的名称三个方面阐释了蒙古族热爱水、珍惜水、崇拜水的文化内涵。张实从水与藏族民间传说、水在藏族家屋中的位置、水与藏族日常生活和水葬等方面论述了云南迪庆藏族对水的崇敬。陈鸿等探讨彝族节水、用水、敬水、爱水的水文化观念及其现实意义。姚轶等介绍了航运、淹城、诗歌等与常州水文化相关的内容。李都安认为岭南地区水文化具有相对封闭、日渐开放的地域特质以及开明、开放、和谐的时代趋向。邱志荣认为献身、求实、创新的治水精神以及天人合一的思想是绍兴水文化的核心价值。王晓珊等提出加强水文化建设的组织领导、科学编制水文化建设规划、建立健全水文化建设各项体制机制、在水利工程与水景观设计中强化文化意识、丰富水文化宣传教育载体、深度挖掘泉城特色水文化内涵、加强水利行业人才队伍培养等措施建设泉城特色水文化。王维平的《水与齐鲁文明》一书，以水与齐鲁文明的关系为主线，介绍了齐鲁地区的古代水文化、古代治水人物及思想、古代水利工程等，阐述了水对齐鲁文明产生和发展所起的作用。郭永平认为河南水文化主要由水历史文化、水工程文化、水民俗文化、水组织文化、水艺术文化、水科技文化、水旅游文化等组成。李悦等通过对渭河水文化的内涵和表现形式的系统分析和研究，提出了渭河水文化建设规划的总体布局，得出渭河水文化在整合、导向、规范、传承四方面的重要功能价值。高春菊分析了国家级自然保护区和水利风景区衡水湖的水工程、水环境、水景观等物质形态的水文化，以及水哲学、水法规、水文艺、治水理论和水著作等精神形态的水文化。张莉等以云南省元阳哈尼梯田为研究区域，分析元阳哈尼梯田水文化中森林资源分区管理、水神祭祀活动、护林员制度、冲肥入田法、沟渠系统、沟长制、分水制和偷水惩罚制等内容的传统及变迁等。

在流域水文化方面，侯全亮的《家国黄河》从华夏摇篮、大河文明、河山一统的角度，井晓旭从自然环境、起源、思想、建设、民俗民风等方面来探究黄河文化的水文化特征。王易萍以西江流域丰水社区的用水习俗和水观念为研究内容进行反思。同时，《中国河湖大典》编纂委员会的《中国河湖大典·珠江卷》和《中国河湖大典·河流卷》分别系统介绍了珠江以及河流两大流域内的历史以及文化。席景霞认为巢湖水文化，是指有史以来，巢湖人在与水共生共处的长期过程中所形成的历史沉淀，包括水环境、水资源、水景观等物质财富及治水理念、水的民风民俗、诗词歌赋、民间传说等精神财富。

总的来说，在地域水文化研究方面，研究成果相比之前明显增多，主要是以流域和行政区为主要对象的微观水文化研究，地域水文化理论研究对象、研究任务和学科性质还没有论及。学术界从多学科角度，对水教育、水伦理、水艺术、水法律、水历史、水哲学、水环境、水安全、水寓言等进行系统研究并取得阶段性研究成果，基本反映出水文化研究呈现的宽泛性、包容性、交叉性和创新性的新态势。

3.5.2　水文化理论

3.5.2.1　水文化的内涵

水文化的理论是建立在马克思主义哲学的基础之上的，蕴含唯物论和辩证法的基本原理。具体来讲，水文化不是人的主观臆造，而是人与水发生关联的过程中形成的客观文化现象，水文化的形成、发展和变化有其客观规律。

从广义上来看，水文化指的是人类社会活动过程中，将水作为基本媒介，在各种水事活动中所创造的物质及精神财富的总和，由此形成的价值谱系与社会文化现象总和。

从狭义上来看，水文化是指与水元素能够相关联的政治诉求、思想观念、道德规范、伦理价值等社会意识，反映了人与社会、人与自然共生共进、依附发展的关系。

水文化实质上是水、人、文化三者之间所产生的关系，是指人类社会在历史发展过程中积累起来的关于如何认识水、治理水、利用水、爱护水、欣赏水的物质和精神财富的总和。在物质文化方面，水文化记载了人们对水的认识、利用，改造水的实践；在精神文化方面，基于人类从远古时期而形成的水崇拜精神，从水的物质形态及其变化中提炼的哲学及美学思想，还有对水寄托的精神意念都是水文化精神上的表现。

3.5.2.2　水文化的形态分类

按一般文化类型来划分，可以从物质、精神、制度三个方面来加以分类。

1. 水文化的物质形态

水文化的物质形态，是指人类思维、智慧等形成社会财富的外在表现，包括日常生活中，我们所能看见的水形式、水建筑、水工具、水景观、水遗产等。例如，两千年前建造的都江堰工程，至今一直在持续发挥防洪灌溉的作用，原因在于其在建设与管理过程中始终遵循自然规律，做到了顺应自然加以合理化地利用和改造，也体现了"道法自然"的文化内涵；京杭大运河跨越 2 500 多年至今仍为沟通南北的黄金水道，也展示了生生不息的奋斗精神和与时俱进的创新精神。每一项兴水利民的工程背后都闪耀着哲学思想的光芒，这也符合实践与认识辩证关系的马克思主义基本原理。

2. 水文化的精神形态

水文化的精神形态，是指人类在长时间的水事活动中产生的某种心理认识形态，这是水文化的核心内涵，也是水文化研究的重点所在，其具有历史传承性和相对稳定性，能够对人们的水事行为产生深远和连续的影响。水文化的精神形态主要包括水精神、水伦理、水哲学、水价值等，例如从"大禹治水"的神话传说中可以总结出艰苦奋斗、求实创新、民为邦本等精神财富；中国共产党领导人民开展水利建设和发展历程中，经过总结提炼升华而成的红旗渠精神、九八抗洪精神。

3. 水文化的制度形态

水文化的制度形态，指的是物质与精神之间、人们与物质之间形成的能够对人们水事活动开展产生指导作用的规范流程。在现代社会中主要体现为政治法律制度和设施等上层建筑，包括政府设置的水行政主管部门，以及国家制定出台的水行政法律体系、路线方针、政策条例、规章制度等，这些都表现为政府和社会管理者对人们行为规范的

"硬准则",也包括水科技、水教育、水文艺等人的行为形态和动态形式。

3.5.2.3   水文化建设的任务和目标

水文化建设,是进行社会主义文化建设、传播中华文化的重大行动,其主要内容不仅仅是水利行业文化建设和日常的精神文明建设,也是把水文化研究所取得的成果落实到具体行动之中的现实活动,是实现水文化繁荣发展的必由路径。

在水文化建设的实践过程中,社会公众通过积累经验、改进思维、提升认知,从而逐步认识水的习性、水的特点、水的利用和水的治理方法。

当前,在碳达峰、碳中和的战略目标指引下,水文化建设被赋予了更多的使命和责任,这要求水文化建设坚持以"人水和谐"愿景为目标,结合经济社会发展时代要求,因地制宜地保护水环境,挖掘水文化物质和精神遗产,在发展水利事业过程中既注重培育、拓展水文化内涵,又能够运用水文化建设取得的成果推动水利及经济社会改革发展,系统全面地总结好、传播好中国共产党领导人民发展民生水利过程中形成的众多宝贵的时代精神,在新时代新阶段凝聚精神文化合力推动生态文明建设。

3.5.3   当前水文化建设情况

3.5.3.1   水文化建设成效

水文化载体是水文化建设的重要表现形式,是广大群众直接认识、熟悉水文化的重要途径。水生态文化建设的实际成效主要表现在各类水利物质文化遗产、水利工程、水利景观等载体的呈现上,随着水文化建设管理体制的不断完善,各地立足水利发展和改革的实际,充分采用现代化手段技术手段扩充水文化的表现形式,进一步丰富了水文化载体的种类、样式、风格,增强吸引力和感染力。

1. 水文化建设管理体制机制得到完善

2018年,水利部机关司局"三定"方案中明确了水文化职能,初步形成机关司局指导、直属单位负责、社会团体及其他各方参与水文化建设工作架构。以水文化框架中的水情教育工作为例,各地水行政主管部门因地制宜、因势利导地加强顶层设计,增加财政投入、健强人才队伍、健全机构设置。其中,江苏、湖北、山东、陕西、河南等水利大省编制出台了省级水情教育规划。以湖北为例,省水利厅专门成立了湖北省水情教育中心,对全省水情教育活动开展、水情教育基地的创建工作进行统一指导。

2. 水文化遗产保护认定有序推进

按照水利部文件《水文化建设规划纲要(2011—2020年)》《关于开展水文化遗产调查工作的通知》要求,各地水利主管部门联合文化旅游部门从2012年起陆续开展辖区内水文化遗产的认定调查工作,将所调研摸底得到的数据进行了分类统计,北京、江苏等地完成了本区域水文化遗产普查登记工作,并在建章立制提供保障、利用信息化手段强化数据库建设等方面付出了艰辛的努力。各地充分挖掘辖区内的水文化遗产资源,通过逐级申报评选,以中国大运河为代表的水利工程被列入世界文化遗产名录,23处古代灌溉工程先后被列入世界灌溉遗产名录。

3. 水利工程文化品位不断提升

以中国大运河为代表的水利工程被列入世界文化遗产名录,26处古代灌溉工程先后被列入世界灌溉工程遗产名录。2016 年全国水利系统开展了水工程与水文化有机融合案例征集展示活动,各地经过积极开展水工程建设与我国水文化有机融合的个案总结、申报,进一步挖掘水文化遗产中亟待继承弘扬的民族文化和价值导向,以充分发挥水利工程的人文功效,进一步提升了水利工程的人文内涵和文化品位。江苏江都水利枢纽工程、浙江曹娥江大闸枢纽工程、福建莆田木兰陂水利工程等项目脱颖而出,借助此次交流活动,各地水文化建设不但开阔了思路,也对现有工程项目的历史背景、人文历史价值以及当地民风民俗等进行了宣传,提升了水文化建设的整体品位,也扩大了社会影响力。

3.5.3.2　水文化建设存在的问题

尽管当前我国水文化建设取得了一定的进展,为生态文明建设贡献了力量,但距离习近平生态文明思想要求构建的水文化体系还存在一定的差距,水文化建设就其文化属性可以划分为物质、精神、制度三个文化层面,以下依次从这三个文化层面上来分析存在的问题及原因。

1. 物质层面的水文化建设问题

保护好水资源、利用好水生态资源是水生态文化在物质层面的直接展现手段,在保护中开发利用、惠及民生是当前生态文明建设的重要任务,也是开启美丽中国建设新篇章的生动实践。当前,水文化建设物质层面存在的问题主要体现在水文化遗产的保护、水文化产业的开发利用不足上。究其原因,主要是各地水文化遗产保护起步工作较晚,特别是相关基础资料搜集不足,无法在数据完备的情况下开展行之有效的保护、开发和利用。同时,水文化产业打造和产品推广上,也难以脱离"行政束缚"和"思想包袱",市场化运作模式不成熟,独立做大做强、创新研发特色产品的耐心不够、行动力不强。

1) 水文化产业主体单一

当前,水文化产业建设的主体是水利文化产业,水利行业主管部门的直接投资管理是水文化产业的主要构成,而我国水利产业作为民生行业,历来以政府直接投入运管为主,社会融资为辅,这也对水文化产业产生了连带影响。纵观各地的水文化产业,在组织架构上多为事业单位管理,依赖行政拨款,部分单位职工较多,"养人"负担较重,部门管理者静下心来思考产业多元化经营的时间不多,毕竟开展企业化、公司化运营的风险较大,同时由于事业单位管理体制的限制也往往无法顺利开展实施。

2) 水文化产品缺乏

旅游作为第三产业的重要支柱,在水文化市场的应用最为广泛,以水利工程为依托,利用工程的场馆、绿化景观、管护设施打造水利风景区、水情教育基地等做法较为常见,但由于湖库堤坝建造标准往往趋于统一,致使在景观开发上难以凸显特色,造成同质化严重。由于各地对水文化建设的研究和投入标准不同,挖掘历史文化内涵的水文化产品往往不足,也导致水文化产品单一和市场竞争力不足,利用水文化来改善群众生产生活的效力将大打折扣。

3) 水文化遗产保护不够

水文化遗产作为承载水文化的重要载体,也是"人水和谐"理念的实物展现形式,不仅需要水利主管部门重视其工程效用、社会效用,还需要对其文化效用进行充分挖掘。

当前，虽然水文化遗产认定工作有序开展，但进展较慢，主要表现为部分水管单位对水文化遗产的基础性数据和概况掌握不多，没有将水利遗产的保护上升到经济社会全盘规划发展的高度来统一布局谋划。虽然有的地方政府将所在地的水利遗产打造为国家级或世界级遗产名录，但由于缺乏科学规范的保护管理体制机制，导致在后期运行管理中与现有的其他规章制度冲突，使得自身的长远发展受到局限和掣肘。

2. 精神层面的水文化建设问题

水孕育了中华文明，产生了传统水文化，影响了中华民族的品格与观念，水文化也是中华民族珍贵的精神财富。习近平生态文明思想对传统水文化中生态文化理念进行了传承发扬，要求我们做到人与自然和谐共生，重视自然生态价值，同时，结合中国共产党开展的伟大治水实践发扬红色水文化。但当前水文化建设的精神层面存在公众节水护水爱水的意识不强、聚焦水生态价值的理论研究缺乏、对红色水文化资源的挖掘提炼不多等问题。究其原因，主要是"人水和谐"为核心的水文化理念在现代人的思维中有所淡薄。首先，随着经济社会的快速发展，水资源短缺、水环境污染、水生态被破坏等矛盾日益严重，由此造成的负面影响往往不会短时间内直接影响到人们的正常生活，导致社会公众对水日益突出的矛盾认识不深刻，部分公众事不关己高高挂起；其次，水生态价值的理论研究周期性长、涉及面广、知识更新迭代快，需要广泛调动专业力量长时期、不间断地接续参与，社会层面合力形成不足；最后，各地对红色水文化的认识不尽相同，挖掘弘扬的手段和举措有待丰富。

1）对公众节水减排的观念引导不足

在日常生活中，社会公众普遍缺乏水危机、水忧患意识，尽管节约用水等水文化教育活动开展较多，但公众往往只对触及自身最直接利益的某一范围内的居民用水价格、供水水质等问题关心得较多，缺乏系统性的节水思维，对水安全事关经济社会发展、人民生活健康幸福的重要性认识不足，缺乏节约利用水资源、保护水生态环境、构筑水安全格局的整体观念。随着工业化、城镇化进程加快，在工业生产、居民日常生活中会产生大量未经处理的废水，由于生态环境意识的淡漠和长期以来的用水陋习，人们内心深处尚未形成自身发展与水生态环境休戚相关的价值观念，从节水角度出发，落实碳达峰、碳中和要求的环保思维还有待科学普及。

2）对水文化价值理论的研究不多

人们在治水思路上存在着误区，认为仅仅依靠科学技术就能够实现治水目标，片面地将科学技术与人文影响分割开来，重技术而轻文化，没有认识到文化软实力的价值所在。水文化价值的理论拓展对水文化建设具有积极的现实意义，也是水文化理论研究的重要内容，当前我国水文化理论的研究主体是水利主管部门所辖的科研院所、相关水利专业高等院校等专业机构，行业色彩较为浓厚，结合当前生态文明建设，挖掘水文化的价值属性促进经济社会发展的标志性研究理论成果数量少且分散，很多成果的发表年代也较为久远，水文化基础理论构架研究体系需要逐步完善。

3）对水文化的红色属性凸显不够

水生态价值观也体现在人与水的互动连通之中，中国共产党领导人民开展民生水利建设，改善恶劣的自然环境，着力构建"人水和谐"的宜居社会，其中所产生的众多时代精神集中体现了水文化的红色属性，这也是我国水生态价值观的特殊体现。当前地方水管部门对水文化的红色属性挖掘和开发还存在着一定的缺失，利用现代化的展示手段、创新展示方式方法不多，没有讲突出水文化的红色基因，许多宝贵的治水精神和文化没有得到其应有的社会知名度和影响力。

3. 制度层面的水文化建设问题

建立健全各项规章制度是保障生态文明建设的基础，而加强水文化建设，也离不开与水生态文明相关的体制机制的完善，重点在于水生态环境保护、人水和谐关系的构建等制度政策和法律的出台。纵观当前水文化制度建设现状，面临着基础条件薄弱、融合发展不够、政策保障不足等问题。究其原因，受制于经济发展水平的差异，各地对水文化建设的投入存在较大差距，没有将水文化建设纳入水利行业乃至全社会文化发展"一盘棋"统筹考虑，政府和行业主管部门对水文化宣传教育的重视不够，没有充分意识到水文化建设中教育、传播和交流的重要性，受限于将水文化单纯理解为水利行业文化，在教育引导、传播推广等方面的创新方式方法还存在诸多不足。

1）政策保障机制不足

治水文化不仅仅限于水利工程文化方面的内涵，更在于水法规制度的有效执行，其重点就是利用法制性的法规体系约束社会公众的水事活动，以正确处理各类水事争议，并保障水资源永续使用。由于过去我国对水利技术、水利工程经济体系等评价标准较为注重，而社会评价体系尚未形成，因此水生态价值和水文化价值长期没有得到应有的重视。治水体制机制如果无法跟上当前治水的需求和实践，那么就很难与当前复杂的治水环境相适应。

目前，地方水行政主管部门在政策引导方面尚有待进一步完善，水文化建设绩效考评机制也还没有建立，无法对地方各级形成硬性约束，少数地方的水利部门还没有把水文化建设作为一件大事放在重要工作日程上，对水文化建设重要性的认识还需进一步提高，缺乏顶层设计、政策支持和技术指导。

2）融合发展机制不足

水文化建设与流域治理管理、涉水事务管理、水利工程建设、群众生产生活等方面有待深度融合，开展水文化品牌创建缺乏有力抓手。作为水利部门主抓的工作，在水文化传承上，流域水文化统筹机制还不健全，长江、黄河等流域内对水文化资源还缺乏系统全面的梳理整合，对水文化资源在当代产品转化及活化利用路径还缺乏深入系统的研究。在已建成的水库、电站、农村集中供水工程、灌区中，融入水文化传播功能的工程较少，对工程本身及周边文化挖掘和传播更加匮乏。因重视程度不够、缺少维护资金等原因，这些已建文化载体工程或因年久失修或承载文化内容未及时更新，已不能满足当前人民群众的文化需求。

3）教育传播机制不足

少数地方政府只重视水工程建设的业绩，或者满足于数据资料上的进步，一些地区浪费水资源、损害水生态、污染水环境的现象依然存在，开展水文化教育往往流于形式，对水文化春风化雨的教育功能认识缺位，水情教育基地、水科普研学基地的申报创建热情不足，建设理念和标准不高，组织开展的水文化教育活动缺乏吸引力，无法调动公众积极性。部分城市缺乏融学、教、体验于一体的水利科普类场馆，有的城市虽然设有水文化展览馆，但存在展示内容、形式单一、趣味性不强、吸引力不够等问题；一些地区水利科普类研学活动严重不足，例如，即使有条件组织开展水利设施开放日和水情教育活动，也难免存在内容体系不完备、受众面窄、持续周期短等问题。

当前水文化传播主要依靠广播电视、行业报纸杂志等官方媒体开展专题宣传报道，虽然能够对水文化建设取得的成就进行宣传，但由于部分传统官媒固定化、模式化的宣传方式所限，切合年轻受众的新媒体传播方式融合不足，加之对主题活动的内涵理解不深刻，往往无法持续深入地开展水文化传播，主动谋划思考的时间并不多，致使内容生动鲜活、表现形式突出的作品不多，形式单一乏味、说教意味较重，无法得到广大受众的青睐。各类水文化交流研讨活动往往也局限于听取会议报告和专家发言，不同类型的传播平台由于宣传手段和传播习惯的差异，使得部分水文化重大选题的报道侧重点千差万别，陷入"各自为战"的窘境，影响了传播效果。

3.5.4　城市河流文化品牌构建的意义

河流文化属于水文化的范畴，河流文化到底如何建设？其实，每条河流都有存在的意义，它可能是一个村庄的水源，也可能是一个国家的命脉，每条河流都滋润着一片大地，都有其独特的文化特色，而这些文化就是这条河流的灵魂，我们应该以每条河流特有的文化为脉络，将每一条河流都塑造成这个区域的品牌，这个区域可以小到一个村庄，也可以大到一个国家。通过河流自信地讲述人类与水灿烂的历史文化。

我们要高品质地建设河流文化，应该将河流文化定位成这个区域的品牌，塑造河流文化品牌。河流文化品牌是一个城市重要的文化精华，可以让一个城市独具特色，成功塑造良好的河流文化品牌形象，可以使之成为一个城市最具魅力和影响力的标志，能够增强市民的文化自信，提升城市凝聚力和向心力。

如何以文化为切入点，从景观、历史、艺术、水利等多学科统筹的角度，探索出城市河流文化品牌的构建体系，从工程的角度，为城市河流的文化建设提出一套系统的方法，具有重要的意义。

3.5.5　城市河流文化品牌的构建体系

中国对河流的称谓有很多，江、河、水、溪、川等，但无论大小，每条河流都有自己独特的河流形态和演变规律，都养育了一方子民。古人说：一方水土养一方人。古往今来，人类与河流之间相互作用，形成了特定的生活方式、社会习俗、行为习惯等，随着时间的推移，河流沿岸遗留下来一系列璀璨的文化遗产。文化遗产具有丰富的历史、艺术、科学和旅游价值，是不可再生的，近年来随着经济的发展和城市的扩张，许多文化遗产遭到了不同程度的破坏。当代生态文明时期，首先要尊重河流的历史与现状，包括河流的肌理格局、空间风貌、历史遗存等，在河流品牌的建设中对其进行尽可能地保护再利用；在此基础上，结合新时期的治河理念与手段，对优秀的河流文化进行创新性的传承与弘扬，发挥其在现代化社会建设中的积极作用。

3.5.5.1　特色肌理

对河流文化的保护利用，包括河流的肌理格局、空间风貌等。在空间布局上，通过对不同层次的空间元素的保护与利用，以叠加的方式形成丰富的文化空间格局，尽可能延续和彰显城市与水系相互依托的原有特色肌理，包括水系布局、植被特征、山水田园、村庄风貌、街巷道路等（见图 3.5-1）。河流原有的特色肌理的保护与利用，是对河流文化最好的延续和表达。

图 3.5-1　特色肌理保护与利用示意图

3.5.5.2　历史遗存

在特色肌理的基础上，深度挖掘滨水历史遗存，拓展保护对象，结合城市文化遗产的概念，注重文物遗产和历史保护对象的延伸，关注对滨水工业遗产、里弄街坊、古树名木的抢救性保护。鼓励把沿岸的大型公共建筑纳入保护体系，活化利用滨水历史遗存，彰显文化风貌特征，保护及修复古桥、水埠、码头等反映水景观特色的环境要素。对重要历史文化遗产加以保护，赋予场地新的文化内涵，文化遗产包括物质文化遗产和非物质文化遗产。

对物质文化遗产的保护利用，坚持把保护与利用相结合，处理好发展与保护的关系。一要坚持分层次保护，对不同的历史文化遗产采取不同的保护方法，对已经列入各级文物保护单位名录的文化遗存，遵循文物保护单位相关规定要求，对未列入各级文物保护单位名录但价值较高的文化遗产，对其根据每年实际需要进行保护或修复；二是要尽可能恢复其使用功能，实现对文化遗存的活化利用；三是提升保护、展示利用水平，充分发掘文化遗产的当代价值，借助新媒体技术、数字技术等，加强文化遗产的展示和传承。

对非物质文化遗产的保护利用，对其本身以及与其相关的实物、场所等进行保护，并通过对传承人的资助扶持和鼓励，建立非物质文化遗产传承机制。针对处于旅游线路上的非物质文化遗产资源集中地区的传统曲艺歌谣、舞蹈戏剧等适合表演的非物质文化遗产，建设适当规模的室内小型剧场或者露天剧场。针对传统手工技艺、民间美术等适合开展生产性保护的项目，结合当地相关的企业或者个体生产者生产，根据项目具体要求，建设生产制作展示、传习培训等准公益性场所。针对植根乡村的庙会集会、节庆活动、民俗活动等非物质文化遗产类型，对其承载场所进行保护，同时也可以结合乡村文化大院、乡村公共文化场地等建设，建设非物质文化遗产传承场所。

3.5.5.3 传承弘扬

在对特色肌理和历史遗存进行保护利用的基础上，如何传承弘扬水文化，是水文化建设的难点和重点。每条河流都有存在的意义，它可能是一个村庄的水源，也可能是一个国家的命脉，为了做好河流文化的传承弘扬，我们提出河流品牌的概念，将河流定位成一个城市的品牌，把每一条河流都塑造成这个区域的河流品牌，并提出从品牌提炼、品牌设计和品牌宣传三个层次进行河流品牌的构建（见图 3.5-2）。

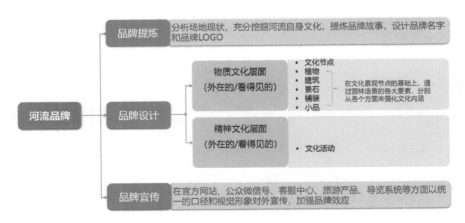

图 3.5-2　河流品牌实现途径示意图

1. 品牌提炼

河流文化的提炼，一定要分析场地历史遗存和文化特征，找寻人与河流相互依存的方式和人与水发生的故事，充分挖掘河流自身文化，提炼形成每一条河流独一无二的品牌故事，并为河流品牌进行特有的视觉形象设计。而不是把一个城市方方面面的文化都杂糅到一条河流里，甚至杂糅到一个河流的治理段落，让河流成为一个文化大杂烩的展示平台。

2. 品牌设计

河流品牌提炼形成以后，如何实现河流品牌的塑造？根本在于围绕河流品牌的目标，进行相关文化空间的塑造，而文化空间设计的核心是文化景园的设计，就是运用工程技术和艺术手段，通过地形塑造、种植、建筑小品、园路等途径，塑造一定文化主题的园林空间。在文化主题空间的基础上，分别从园林造景的各大要素（包括植物、建筑、广场、园路、园林小品等）来强化文化内涵。植物软景方面，物种的选择上，大量应用乡土植物打造地域特色的地带性乡土森林，是对地域文化和河流特有风貌最好的表达；植物配置上，结合文化景园的主题定位，选择乔灌草不同的搭配方式，形成与之呼应的特色鲜明的植物分区。所有硬景的设计，坚持统一中求变化的原则，将河流品牌的 **LOGO** 形象，充分应用到建筑、亭廊构筑物、景墙小品、服务设施、铺装等设计当中，在大的文化景园空间中，更精细化地装饰文化空间。

3. 品牌宣传

在大的文化空间中，根据不同分区的文化空间特色，可以策划一些与之相匹配的文化节庆活动，通过这些文化活动可以进一步活化景观空间。对外宣传时，广泛应用品牌LOGO形象，以整体统一的视觉形象，对外宣传推广，通过纸媒、数媒等传播手段，让河流将不只是一个普通的生态廊道，而是一个城市新的文化品牌。

3.5.6　城市河流文旅融合发展

自古以来，我国许多城市的产生、发展都与河流息息相关，河流为城镇居民用水、浇灌土地和物资运输提供了保障。从空间角度来看，河流由沿岸以及沿岸实体建筑、景观等构成，既有丰富的自然资源，也有多样化的社会人文资源。作为城市水资源的主要供应来源，城市河流不仅具备灌溉、运输等生产功能，还发挥了文化传承、休闲娱乐、观光游览的人文功能。随着现代旅游业进入全域旅游发展阶段，推进城市河流文化旅游融合发展将成为实现城市文化传承、形象塑造、产业转型的有力措施，对城市的经济发展、文化传承和环境保护有着重要的意义。

3.5.6.1　城市河流文旅融合发展的原则

1. 河流文化的历史传承和时代创新相结合原则

传承和创新是文化生成的内在生命力和维持其平稳有序向前发展的内生动力，两者相辅相成、辩证统一，贯穿文化发展的始终。河流文化作为人类文化的一种，也是如此。这就需要以河流流域独特的自然景观和人文内涵价值为依托，协调好保护与开发、利用的关系，一方面重视文化的历史传承和保护；另一方面则推动其在当代的发展和创新。

2. 因地制宜和区域协调相结合原则

河流文化区域包含范围非常广泛，一方面要做到统一规划、统一治理、统一调度、统一管理，坚持区域服从流域，统筹协调上下游、左右岸、干支流关系；另一方面则要依据区域旅游发展现状和资源配置情况，因地制宜地做好各区域的文旅发展定位，充分调动各方面的积极性，努力调整区域产业结构，使发展目标和发展方向等，同时符合全域文旅发展整体趋势和区域文旅发展布局要求。

3. 产业联动和政府主导相结合原则

河流文化和旅游的高质量发展离不开市场的积极参与，更需要政府发挥主导作用，两者缺一不可。因此，既要通过市场行为，在河流流域内，促进不同文化产业主体之间的相互联系与合作，形成互补优势；同时，政府在管理上构建并形成流域统筹、区域协同、部门联动的整体格局，且在各区域产业发展基础上，加大政府的组织协同、整体统筹和部门协作力度，推动落实政府在文旅发展规划、基础设施建设、文旅行业管理等方面的行政管理与公共服务智能。

4. 生态先导与可持续发展相结合原则

党的十八大曾将生态文明建设纳入"五位一体"总体布局，党的十九大又把生态文明定位为"中华民族永续发展的千年大计"，党的二十大报告指出："中国式现代化是人与自然和谐共生的现代化"，明确了我国新时代生态文明建设的战略任务，总基调是推动绿色发展，促进人与自然和谐共生。河流文旅开发建设也需要树立生态先导观，处理好生态保护与旅游开发的关系。尤其是要重视生态景观的历史传承性与区域文化特征，以科学发展和可持续发展为导向，保证对文旅资源进行有效开发利用的同时，使得历史文化得到良好的保护，从而达到文旅融合发展的最佳结果。

5. 突出特色和可行性相结合原则

以文旅市场为导向，坚持以区域特色文化为核心，尊重当地政府、文旅部门和居民的意见和感受，全面考虑实际情况，严格遵守和执行国家有关的法令、法规和相关的标准要求，使河流文化的传承发展、开发利用合情、合理、合法，且具有十足的可行性。

3.5.6.2 城市河流文旅融合发展的策略

1. 创新旅游产品

全域旅游不仅强调在空间上将陆地、水域等融合，还强调在产业上以"旅游+"的模式挖掘当地的旅游资源、创新旅游产品。城市河流不仅有着丰富的自然旅游资源，还具备社会文化资源、生产设施设备资源等，可通过合理的组织和创新，坚持以市场需求为导向的原则，开发具有多元化体验的"文旅+"产品体系。

1）多层次开发文旅产品

多层次开发是指针对游客的不同消费层次和消费内容开发多层次的旅游产品。以河流主要旅游产品——游船项目为例，可以从价格、服务、项目内容、线路等方面出发，合理构建多层次旅游产品体系。一是适当降低价格，尤其是降低淡季时的价格，以提高游船利用率，同时扩大市场；二是保持价格不变，不断丰富服务内容，如提供免费餐饮、文创产品等；三是与其他产业开展合作，创新产品组合，将演艺、科普、美食等元素合理融入游船项目。

2）多主题开发文旅产品

人们的旅游需求日益多元化，对河流文旅产品也有同样的期待。市场应遵循多元化的原则进行文旅产品开发，满足游客的多元化需求，这样能协调和平衡城市河流沿岸的产业发展，实现产业融合。

第一，优化现有游览观光产品。当前，河流文旅主导产品还是河流风貌都市观光游。根据旅游资源的含义，对游客有吸引力且能被旅游企业开发利用并能产生效益的元素都可成为旅游资源。基于此，应积极建设沿岸景观，加强城市河流两岸历史文化、现代风情的展示，丰富都市观光旅游产品内涵。

第二，创新主题旅游产品，打造主题旅游精品。城市河流承载着地方的历史文化和民风民俗，因此可将其作为主题进行河流文旅产品开发。同时，也可以将亲子游、研学游等主题运用到河流文化旅游中，开发独特的主题旅游产品，打造旅游精品；或者将科普讲座、生日聚会、婚庆仪式等内容融入河流游船旅游产品，吸引不同年龄段和消费层次的游客。

3）开发水陆结合的旅游线路

水陆结合的旅游线路强调连接水上交通（或乘船游览）与陆地旅游景观或景区景点，增强游客的体验感与参与感。如桂林漓江游等城市河流旅游产品具有游览与连接景点的功能，游客可在游览完城市旅游景点后，到码头乘坐轮船，再体验吹江风、看江景的活动。另外，部分城市河流文旅产品开发可以借鉴水上巴士系统，借助水上公共交通，游客可以灵活快速地在景点和旅游区之间移动，通过将船上与岸上旅游景观有机结合，从而打造新的旅游线路。

2. 做好河流沿岸文旅元素配套开发

1）完善公共开放空间，多层面考虑景观设计

城市河流沿岸的空间既可以满足城市居民或外地游客的休闲娱乐需求，又可以发挥防洪防涝功能，是混合型的城市开放空间，也是河流景观的重要组成部分。因此，河流沿岸的景观设计应与城市设计相结合，既要突出景观设计的独特性，又要强调颜色选择、体量大小、文化符号等方面与城市设计相协调。

对于城市河流公共开放空间的设计，可以建设滨水广场，这样既可以增加旅游环境容量，又可以满足居民日常休闲游憩的需要。另外，景观设计还要展示地方文化，体现历史文化价值，使游客或市民对城市有更深的了解，自觉成为城市文化的传承者和宣传者。一方面，可以通过挖掘城市历史文化资源、借助历史遗存展示历史文化；另一方面，对于不在岸边但处于河流邻近区域的历史文化资源，可以尝试打通视线廊道，将它们展现在游客的视野内，从而激发游客的兴趣。

2）保护好历史文化遗存

城市河流沿岸往往保存有较完好的历史遗址或特色建筑，是城市历史发展的参与者和见证者，能使游客对城市历史文化产生强烈的兴趣，也是发展文旅产业的重要旅游资源，有极高的开发价值。除了一些已明令不得改建的建筑外，可对其他富有历史文化特色的建筑进行创造性保护和利用，即在保持原貌的基础上赋予其现代化的功能。对于部分近代历史建筑，可打造为博物馆等；对于集中且风貌保存尚完整的街区、街道，可以更新改造为富有活力的休闲娱乐区；对于建筑风貌有一定特色且结构较好的仓库、厂房，在保留其风貌的基础上，尽可能地改造为公共建筑。

3. 开发文旅新业态，完善"全链式"服务水平

文旅融合发展到一定程度会催生新业态，而涌现的新业态反过来又会促进文旅高质量发展，相伴随的则是不断提升的服务能力和服务水平。这就需要立足于河流文化资源特色，积极开发当前受到游客欢迎、能够产生效益的旅游新业态，将低空旅游、地面旅游、水上旅游、夜间旅游、农业旅游、工业旅游等新型旅游产品和新业态，融入城市河流文旅发展中，形成全季、全域、全要素、全方位的立体式旅游。同时，借助智慧城市建设，构建完善的"吃、住、行、游、购、娱"文旅服务体系，以"安、顺、诚、特、需、愉"六字要诀为根本要求，提升"全链式"服务水平。

4. 强化河流文旅融合发展管理

1）重视城市社区居民利益，协调不同利益相关者的关系

就城市河流旅游发展成果来看，城市河流的旅游开发给相关利益主体带来了较大影响。如对于政府而言，河流旅游开发可以改善环境，提升城市知名度和美誉度；对于企业而言，可以通过项目经营获得不菲的经济收入；对于社区居民而言，可以美化居住环境，但同时需要支付较高的生活成本；对于游客而言，可以优化旅游体验。针对不同利益主体的诉求，政府应发挥主导作用，积极调和矛盾，如通过文旅发展增加就业机会，为居民提供更优质的公共空间，提高社区居民的幸福指数。

2）建立统筹协调机构

文旅产业具有广泛性和复杂性，城市河流文旅发展涉及众多部门以及不同市场主体，其行政管理与文化和旅游部门、水利部门、工商管理部门紧密相关，关系错综复杂且流程烦琐，因此针对城市河流文旅融合发展需要建立一个协调机构。协调机构主要负责对接河流及沿岸旅游和景观设计规划、开发和运营等工作，同时负责与下游部门或企业沟通交流，实现城市河流文旅发展从规划设计到项目落成实施全过程管理，辅助城市内河文旅产业可持续发展。

3）实施整合营销策略，打造城市河流文旅品牌

营销是将产品推向市场的关键渠道，也是树立形象和打造品牌的必经之路。首先，由政府牵头组建营销团队，制定营销战略，全面实施营销计划，扩大宣传影响面，为打造精品线路或产品提供基础。其次，创建网络平台，增加宣传信息触达点，及时将旅游信息传递给潜在游客。当前，随着移动互联网的发展，网络宣传的渠道变得多样化，政府应组织相关人员开展宣传活动，主动推广，落实精准营销。

3.5.6.3　城市河流文旅融合发展的模式

城市河流旅游与文化创意产业的融合是大势所趋。通过融合，不仅可以提高行业的竞争力与资源的利用效率，而且可以创造更大的产业格局以创造更多的价值。城市旅游与文化产业的融合需要考虑到当地的旅游资源、文化创新产业发展的水平，进而选择适合自己的融合模式，就当前我国来说，主要是以资源为主体的资源融合型、以先进技术为手段的技术融合型和以市场为导向的市场融合型。

1. 资源融合型

资源融合型在发展中依靠丰富多样的自然资源或者文化资源通过对产业资源的利用，依靠创新手段来实现产业发展的融合。少数民族在以资源为主体的融合方式中更有优势，他们可以利用自己独特的文化特色，以及游客对他们文化的好奇心理，通过文化创意进行表达，把原来不太容易被注意的文化资源重新捡拾起来，开发成自己独特的旅游产品。

2. 技术融合型

虽然，有的地方没有十分独特的自然或者历史文化资源，但是依靠科学合理的规划，以影视、动漫、创意区、创意展览、酒品的酿造等方式为路径，让游客置身其中，体验他们的生产过程，把文化创意产业打造成一个景区。还有的政府和旅游企业通过利用生物技术，如白色草莓、彩色西红柿、方形的、心形的各种西瓜、苹果等来吸引游客。

3. 市场融合型

传统观点认为旅游发展离不开优质的旅游资源，但是有的地区却依靠优秀的宣传，获得了成功。如近年来，陕西省随着《平凡的世界》《白鹿原》等一批优秀影视作品的播出，旅游产业得到了空前的发展，吸引了大量游客来到影视作品的拍摄地进行观光旅游。旅游产业是一种参与性很强的产业，在经过和文化创新产业融合后，凭借文化产业发展的独特性和广泛性，给旅游产品供给提供了更多元、更多样的选择。其实，市场融合型是在考虑到两个产业的发展特点后发展起来的，以此为导向发展起来的旅游产品，往往具有鲜明的特色，如油菜花节、草莓节、樱花节等。

第 4 章

郑州航空港经济综合实验区
南区水系总体方案设计

4.1　项目概况

郑州是河南省省会城市，中国八大古都之一，国家历史文化名城，中国中部地区重要的中心城市和国家重要的综合交通枢纽。郑州位于河南省中部偏北，黄河下游，区位优势显著。

郑州航空港经济综合实验区（简称港区）以航空港为核心区，两翼展开三大功能布局，确立"一核领三区、两廊系三心、两轴连三环"的城市空间结构。

项目位于郑州市东南片区的郑州航空港经济综合实验区，紧邻以新郑国际机场为核心的空港核心区，是航空经济综合实验区南部新城的主要组成部分。作为未来郑州都市区重要的发展区域，该片区为高端制造业集聚区，其用地规模 110 km²，范围为南水北调干渠、规划省道 S102、规划国道 G107、炎黄大道、京港澳高速围合区域。主要由产业基地、航空制造、共建园区、商业配套、文化休闲、生活居住等功能构成，具体见图 4.1-1。

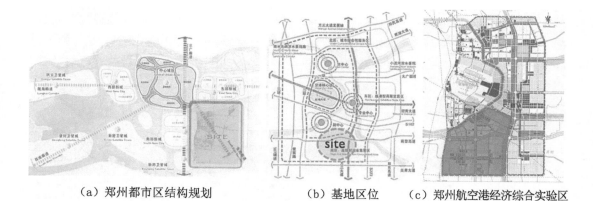

（a）郑州都市区结构规划　　　（b）基地区位　　（c）郑州航空港经济综合实验区
　　　　　　　　　　　　　　　　　　　　　　　　　总体规划（2014—2030 年）

图 4.1-1　项目区位

项目区包括 7 条现状河道、3 条新开挖河道和 2 座人工湖，河道长度约 69 772 m。规划任务是在既有的港区水系规划的基础上，进一步深化，规划区范围的总体水系方案设计，以保证后续水系的精准落地。

4.2 核心问题

4.2.1 关于水资源问题

　　郑州航空港经济综合实验区属于淮河流域的水资源匮乏区，部分河道现状照片见图 4.2-1。港区水资源紧张、水系、水源问题非常突出，在水系定位上，应尊重郑州北方城市缺水的特质，因地制宜，结合城市与景观规划，尽可能遵从港区河道季节性水流特征，减少大规模水景营造，以减少不必要的水资源用量和补水需求，确保水系的可实施性和水资源利用的合理性。应注重多种水资源的综合与合理利用，以确保水系的合理性、可实施性和经济性。

图 4.2-1　部分河道现状照片

4.2.2 关于水景观水文化问题

　　规划区内的河流基本上分布在广袤的农耕区内，河段的大部或全部为典型的乡村河流，河道沿岸种植着成行的速生防护林，外侧为农田，滨水空间是农业生态系统见图 4.2-2。河岸上步行系统与车行系统道路都不完善，几乎无近水交通系统，平时人迹也较为稀疏，河岸保留了大量速生林和农田，呈现祥和的田园风光。项目区河道断面多呈简单梯形，部分河道如高路河基本常年无基流，河道杂草丛生，有生态基础，但基本无水景观。

图 4.2-2　梅河干流（庙前刘村）黎明河（三石村）

4.3　总体构思及布局

4.3.1　设计愿景

设计应来自自然的人文水系，体现城市形象和活力的水系，充满多元景观体验的水系（见图 4.3-1）。

来自于自然的人文水系　　　　体现城市形象和活力的水系　　　　充满多元景观体验的水系

图 4.3-1　设计愿景

4.3.2　设计目标

设计目标包括构建生态可持续可实施的水系统，营造优美的人居自然环境，创造个性鲜明的城市意象（见图 4.3-2）。

构建生态可持续的水系统　　　　营造优美的人居自然环境　　　　创造个性鲜明的城市意象

图 4.3-2　设计目标

4.3.3　设计策略

4.3.3.1　构建生态可持续可实施的水系统

水系统的科学性与合理性：通过模拟与计算，确保合理的水系统规模与操作，并尽量应用符合生态的原理解决水系问题，以达到水系的可持续性。

环境与景观系统的整合性：把处理湿地及雨水收集系统等功能设施与景观、绿化系统完美结合。

人与自然的互动性：人为干预，借助自然力量形成低维护河流。

4.3.3.2　营造优美的人居自然环境

结构的系统性：为不同的人群服务，多层次，有机整合的开放空间。

功能的多样性：环境生态，城市休闲，邻里生活绿地等的多样整合。

景观的连续性：构建滨水廊道系统，为市民提供连续的生态体验。

4.3.3.3　创造个性鲜明的城市意象

分区的个性化：水、开放空间、建筑特色及景观元素共同界定区域特性。

节点的标识性：重要的节点及标志物将进一步强化分区的特性及城市的意象。

4.3.4　设计原则

（1）防洪安全第一的原则。堤岸工程的安全与否，直接关系到两岸人民生命财产的安全，是实施其他各项工作的基本保障，因此设计工作的首要保证是堤岸工程的安全。

（2）节约水资源与水体循环原则。河湖及水系连通工程的设计应有利于实现水体循环，应重点通过工程平面布置、河道比降、控制点河底高程等要素的设计，实现水体循环，在尽量减少水资源使用量的情况下，为保持良好的水环境创造条件。

（3）河湖堤岸生态化原则。堤岸尽量采用柔性堤岸，形成湿地景观相结合的河道和水体，增大水循环交流，一方面提高水环境的自然净化能力，另一方面可为旅游观光提供宽阔的视野，同时也为土地开发建设提供了较好条件。

（4）水利工程与生态景观相协调的原则。本工程位于郑州航空港经济综合实验区，对生态环境都有较高的要求，所以要在满足防洪安全的基础上，坚持生态优先，结合周边景观环境，根据规划功能区对本区域景观的要求，把本区域打造成水清、水净、水美的靓丽港区。

（5）人水和谐的原则。在满足防洪安全的前提下，提高周围居民休闲娱乐、亲水需求，实现水利工程与自然、人文的和谐。

4.3.5　总体布局

在本区域范围内，通过梅河干流、庙后唐沟、梅河支流、黎明河、蛰龙河、柳河、高路河、纬三河、双鹤湖水带9条河道以及莲鹤湖和翔鹤湖构建出"七纵四横双湖"的水系格局（见图4.3-3）：

七纵——柳河、梅河干流、庙后唐沟、梅河支流、高路河、黎明河、蛰龙河。

四横——双鹤湖水带、纬三河、如意河、梅河干流（高路河与梅河支流之间）。

双湖——莲鹤湖、翔鹤湖。

各河道长度见表4.3-1。

在本区域范围内，规划柳河仍基本按现状柳河河道走向，仍为区域排涝通道，未与其他河系连通。

图4.3-3　水系总体布局

表 4.3-1　河道长度汇总

序号	河道名称	长度 /m
1	梅河干流	11 472
2	梅河支流	6 180
3	庙后唐沟	4 735
4	高路河 1	2 355
5	高路河 2	3 164
6	高路河 3	1 223
7	高路河 4	2 198
8	双鹤湖水带 1	1 762
9	双鹤湖水带 2	2 123
10	双鹤湖水带 3	2 118
11	双鹤湖水带 4	1 834
12	柳河	2 877
13	纬三河	5 033
14	黎明河	8 698
15	蛰龙河	8 535
16	如意河	5 465
合计		69 772

　　梅河水系保留了现状梅河水系的河道走向，由于地块使用和路网的限制，规划水系对梅河、庙后唐沟和梅河支流的河线走向进行了调整，多数河段成为顺直河道。

　　高路河上游与梅河干流连通，结合地块使用和路网的限制对河线进行了裁弯取直，将高路河分成两股，中部新挖景观湖泊一座（莲鹤湖）。

　　黎明河、蛰龙河水系基本仍大致按原河线走向，由于地块使用和路网的限制对河线进行了裁弯取直，黎明河中部新挖景观湖泊一座（翔鹤湖）。

　　新修纬三河将蛰龙河连通；新修如意河将梅河支流、黎明河和蛰龙河上游连通；新修横向双鹤湖水带将梅河干流、黎明河和蛰龙河下游连通，新修横向河道增强了南区水系的连通性。其中双鹤湖水带、高路河、黎明河局部段落以及莲鹤湖、翔鹤湖共同构造出南区中央水系"双鹤展翅"的造型。

4.3.6 结构布局

结构布局为"链·恋·连"。

链：双鹤之链，由双鹤湖及横向连通水系组成的城市蓝宝石水链。

恋：三湾之恋，如意湾、莲鹤湾、翔鹤湾遥相呼应，传承城市古今文化。

连：八水之连，八条河流相互交织，贯穿全城，是连接城市与自然的纽带。分别为水浸花溪、水韵风尚、水谐邻里、水系园博、水意汀洲、水润祥鹤、水漾翠林、水沁莲鹤。结构布局图见图 4.3-4。

图 4.3-4　结构布局图

4.3.7 水系分类布局

按照"以供定需"的原则，确定水系的水资源需求量，综合分析总体规划定位及水体运行方式，按照尽量节约水资源的原则优化水系布局，分类营造不同类型的河道景观，依据水系补水方式及水系景观类型分为以下三类：景观蓄水型、公园溪流型、生态旱溪型。水系分类图见图 4.3-5。

4.3.7.1 景观蓄水型

莲鹤湖水系、翔鹤湖水系及其下游段、园博园水系所在区域主要是城市中商业设施比较集中的商业区、中心商务区和居住用地，规划为有景观水面的景观蓄水河道，结合购物、文娱、服务等配套设施，营造适合商务休闲的水景观。其中，莲鹤湖水系和翔鹤湖

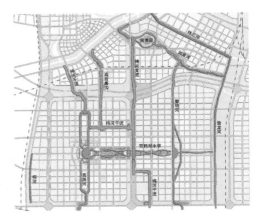

图 4.3-5　水系分类图

水系以体现新郑黄帝人文始祖文化、郑韩文化、民俗文化为主。轩辕黄帝是中华民族人文始祖，充分挖掘祖根文化，可以提取一些历史人文场景作为景观小品素材等；我国第一部诗歌总集《诗经》中的《邶风》《郑风》描绘了溱洧流域的邶国、郑国的民风民俗，采取现代手法描绘再现《诗经》意境；提取莲鹤方壶、青铜礼乐器、韩国兵器等形象元素，在强调新郑历史文化符号的基础上，充分运用现代造景手法，彰显出新郑与时俱进、现代时尚的城市形象。景观蓄水型河道见图 4.3-6~图 4.3-8。

4.3.7.2 公园溪流型

梅河（中兴大道上游段、桩号 MG4+000~MG7+500）、梅河（双鹤湖下游段）、庙后唐沟、黎明河（双鹤湖上游段）、蛰龙河（双鹤湖下游段）所在区域主要是人们生

活聚居的居住区或有景观水面的商务休闲型河道的下游，规划为有生态基流的公园溪流型河道。以休闲廊道、景观小品、体育设施为主，营造适合居民生活休憩的水景观。公园溪流型河道见图 4.3-9~图 4.3-11。

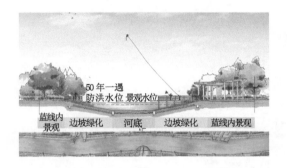

图 4.3-6　景观蓄水型河道典型平面图、断面图

图 4.3-7　景观蓄水型河道典型鸟瞰图

图 4.3-8　景观蓄水型河道典型效果图

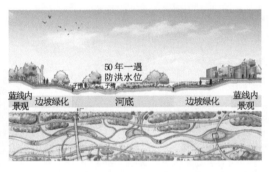

图 4.3-9　公园溪流型河道典型平面图、断面图

图 4.3-10　公园溪流型河道典型鸟瞰图

图 4.3-11　公园溪流型河道典型效果图

4.3.7.3　生态旱溪型

梅河支流（园博园下游段）、蛰龙河（双鹤湖上游段）、柳河两侧基本为工业用地，规划为无生态补水的生态旱溪型河道。以水系沿岸绿化为主，营造工业企业周围生态和环境的生态旱溪型水景观。生态旱溪型河道见图 4.3-12~图 4.3-14。

图 4.3-12 生态旱溪型河道典型平面图、断面图

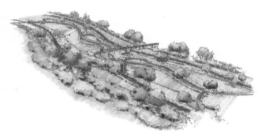

图 4.3-13 生态旱溪型河道典型鸟瞰图

4.4 水系主题

本着"一河一景"的原则，分区打造个性鲜明的滨水空间形象，丰富城市功能及空间体验的多样性。根据每条河的地理位置和周边用地性质，确定每条河流的景观主题、景观特征和功能，打造南区水系景观体系。

图 4.3-14 生态旱溪型河道典型效果图

4.4.1 柳河——水浸花溪

柳河紧邻京港澳高速公路防护绿带，并与之平行，东侧为工业用地，因此景观以地被花境为主，打造成野趣的、色彩艳丽的、充满收获喜悦的郊野空间（见图 4.4-1）。

特征：野趣、丰收、季相。

功能：踏青、自然认知、野炊、散步、休闲、运动。

梅河：水浸花溪
特征：野趣、丰收、季相
功能：踏青、自然认知、野炊、散步、休闲、运动

图 4.4-1 柳河设计主题意向图

4.4.2 高路河——水沁莲鹤

高路河是城市总体规划中双鹤构型的重要组成部分，周边用地性质以商业商务用地、居住用地为主，是南区重要的商业中心，因此高路河旨在打造成都市中心的、活跃的、具有新郑历史文化韵味的河流（见图 4.4-2）。

特征：都市、活跃、韵味。

功能：庆典、节日狂欢、公共艺术

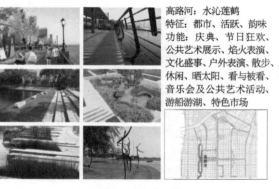

高路河：水沁莲鹤
特征：都市、活跃、韵味
功能：庆典、节日狂欢、公共艺术展示、焰火表演、文化盛事、户外表演、散步、休闲、晒太阳、看与被看、音乐会及公共艺术活动、游船游湖、特色市场

图 4.4-2 高路河设计主题意向图

展示、焰火表演、文化盛事、户外表演、散步、休闲、晒太阳、看与被看、音乐会及公共艺术活动、游船游湖、特色市场。

4.4.3　梅河——水韵风尚

梅河是贯穿郑州航空港经济综合实验区南区的最长最宽的河流，是最主要的行洪河道，穿城而过，两侧以居住用地、工业用地为主，主要产业为高新技术产业，因此这里是新区、新绿地、新社区、新产业、新商业，是年轻人的区域，是充满活力的区域，能带给人年轻的活力。因此，该河流设计是以时尚、健康、活力、科技为主题，吸引中青年人群活动的河流（见图 4.4-3）。

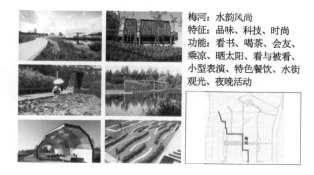

梅河：水韵风尚
特征：品味、科技、时尚
功能：看书、喝茶、会友、乘凉、晒太阳、看与被看、小型表演、特色餐饮、水街观光、夜晚活动

图 4.4-3　梅河设计主题意向图

庙后唐沟：水谐邻里
特征：生活、悠闲、舒适
功能：体育锻炼及健身、看书读报、棋牌、会友、晒太阳、放风筝、滑板及轮滑、骑自行车、露天电影、科普宣传、早市、夜市、书市、花卉、跳蚤市场、儿童游戏、自然观赏

图 4.4-4　庙后唐沟设计主题意向图

特征：品位、科技、时尚。

功能：看书、喝茶、会友、乘凉、晒太阳、看与被看、小型表演、特色餐饮、水街观光、夜晚活动。

4.4.4　庙后唐沟——水谐邻里

庙后唐沟两侧都为居住用地，滨水景观主要服务于周边居住社区。新郑八千年前出现了最古老的农业文明，开始了团结稳定、和平协作的生活，本条河流旨在将古老文明与现代文明结合，通过古今文明的对比，强调人类和平共处、协作劳动、团结友爱、快乐生活的场景。融合居住功能，为周边居住人群提供休闲健身、儿童游戏、社区活动等功能空间（见图 4.4-4）。

特征：生活、悠闲、舒适。

功能：体育锻炼及健身、看书读报、棋牌、会友、晒太阳、放风筝、滑板及轮滑、骑自行车、露天电影、科普宣传、早市、夜市、书市、花市、跳蚤市场、儿童游戏、自然观赏。

4.4.5　梅河支流——水系园博

梅河支流是连接园博园 A 区与 B 区的最主要河流，园博园是一个集园林展示、休闲度假、文化娱乐和教育生活于一体的主题公园，园博园 A 区与 B 区拥有精彩、丰富的景观，作为它们之间的连接段，我们将利用自然草坪、林地、花镜、湿地、微地形等大地景观，演奏一首舒缓、浪漫的曲子，犹如在听美妙动听的郑国音乐，使人心情舒畅、神采奕奕（见图 4.4-5）。

梅河支流：水系园博
特征：舒缓、浪漫、科普
功能：观赏、品味、学习、
畅想、散步、看与被看、
写生及摄影、看书读报、
棋牌、会友、晒太阳、放
风筝

图 4.4-5   梅河支流主题意向图

特征：舒缓、浪漫、科普。

功能：观赏、品位、学习、畅想、散步、看与被看、写生及摄影、看书读报、棋牌、会友、晒太阳、放风筝。

4.4.6   如意河——水意汀洲

如意河是连接梅河支流、黎明河和蛰龙河的连通河流，也是贯穿园博园的河流。滨水景观结合迂回的河岸，设置绿洲、湿地，通过道路与栈道的交错穿插，切割出层次丰富的绿色斑块，融入运动及休闲功能，进一步将其塑造为充满活力的地景花园。

特征：意境、运动、展示。

功能：度假休闲、散步、运动、戏水、看与被看、观赏、学习、畅想。

4.4.7   黎明河——水润祥鹤

黎明河是城市总体规划中双鹤构型的另一重要组成部分，周边用地性质以商业商务用地、居住用地为主，滨水景观旨在挖掘当地的民俗文化，通过富有浓郁地方特色的廊架和景墙营造独特的民俗文化氛围，定期在这里举行的民俗游行和庙会等活动为市民提供了一个感受和体验民俗文化的、优雅的空间（见图 4.4-6）。

特征：休闲、优雅、诗意。

功能：散步、运动、戏水、看与被看、购物、室外餐饮、公共艺术表演、户外展览、创意集市、写生及摄影、游船游湖。

黎明河：水润祥鹤
特征：休闲、优雅、诗意
功能：散步、运动、戏水、
看与被看、购物、室外餐饮、
公共艺术表演、户外展览、
创意集市、写生及摄影、
游船游湖

图 4.4-6   黎明河主题意向图

4.4.8 蛰龙河、纬三河——水漾翠林

蛰龙河紧邻国道 107 和郑万客运专线的防护绿带，并与之平行，西侧为工业用地，纬三河上承穿南水北调中线干渠倒虹吸，下接蛰龙河，东北侧主要为物流仓储用地，因此景观以绿化防护为主，打造成生态的、安静的、绿色的、具有一定防护功能的休闲空间（见图 4.4-7）。

蛰龙河：水漾翠林
特征：简约、绿意、季相
功能：踏青、自然认知、
科普教育、散步、休闲

图 4.4-7 蛰龙河主题意向图

特征：简约、绿意、季相。

功能：踏青、自然认知、科普教育、散步、休闲。

4.4.9 双鹤湖水带——水映舞鹤

双鹤湖水带是实验区产城融合发展的先导区，正处于发展起步阶段，设计以科技智慧为特色，在城市中构筑一个如梦似幻的文化与智慧交融的特色园林，将双鹤湖水带打造成一个完全不同于传统的崭新的园博会展区，一个完全融于城市的中央公园（见图 4.4-8）。

双鹤湖水系：水映舞鹤
特征：展示、活跃、大气
功能：度假休闲、乘船游览、
散步、慢跑、通勤、公共艺
术展示、文化盛事、运动、
休闲、晒太阳、看与被看、
写生及摄影

图 4.4-8 双鹤湖水带主题意向图

特征：展示，活跃、大气。

功能：度假休闲、乘船游览、散步、慢跑、通勤、公共艺术展示、文化盛事、运动、休闲、晒太阳、看与被看、写生及摄影。

4.5 实施效果

自郑州航空港经济综合实验区南区水系总体方案设计成果批复后，港区政府很快推进了下一步实施工作，相继对双鹤湖水带、高路河、梅河等主要河流水系进行了落地实施。

4.5.1 双鹤湖公园

郑州航空港经济综合实验区双鹤湖公园项目包括生态水系、绿化景观、市政工程等多项内容，主要包括：河湖工程、建筑物配套工程、水生态环境营造工程及景观工程等。

河湖工程包括河湖开挖、边坡防护等，其中，河道长度 2.12 km，蓝线宽 15～68 m，河道边坡格宾石笼、草皮、块石以及实木桩、种植池和自然石等多种形式进行生态护岸；建筑物配套工程主要包括新建 6 座拦蓄水建筑物和 19 座跨河市政桥梁、14 条市政道路；水生态生境营造工程包括水生植物种植和生物沟营造等；景观工程包括两岸绿化、景观游园主题展馆、景观服务建筑及其他配套服务等设施。双鹤湖水带实景图见图 4.5-1、图 4.5-2。

郑州航空港经济综合实验区南区园博园 B 区双鹤湖公园生态治理工程总投资为 248 094.52 万元。

图 4.5-1 景观蓄水型河道——双鹤湖水带实景图一

图 4.5-2 景观蓄水型河道——双鹤湖水带实景图二

4.5.2 梅河

梅河是贾鲁河水系双泊河

支流，发源于薛店镇大吴庄村西场李至大秦穿南水北调总干渠后拐向东南，向南于新庄出本次规划边界，再东南行至长葛市新砦村汇入双洎河。工程区河流道总长 19.42 km。本次工程区内除梅河主流，还有庙后唐沟（河线长度 7.64 km）、梅河支流（河线长度 9.06 km）两条主要支流。梅河流域自北向南呈一树状，上宽下窄，地形特点是两岗夹一洼，流域内多沙岗，水土流失严重，易阻塞河道造成内涝，河道未经过系统全面治理，现状防洪标准不足 10 年一遇。

设计范围起点为商登高速，终点为孙武路（原仓储二街），设计桩号范围为：MG1+420~MG9+482，治理河段长度约 8.06 km。

根据《郑州航空港经济综合实验区防洪及水系规划》，规划区梅河、丈八沟、河刘沟等主要河道防洪标准近期达到 50 年一遇，远期规划达到 100 年一遇。除涝标准均达到 5 年一遇，同时除涝满足机场的排水要求。综合分析，本项目梅河防洪标准为 100 年一遇。参照《堤防工程设计规范》（GB 50286—2013）规定，梅河干流河道、堤防工程等别为 Ⅰ 等，主要水工建筑物为 1 级，次要建筑物为 3 级。

梅河干流河道周边多为居住用地，河道景观主要服务于周边社区，可营造"小桥流水人家"式的滨水景观，为居民提供有亲和力的滨水休闲游憩场所。因此，将庙后唐沟和梅河支流定位为公园溪流型河道。公园溪流型河道非汛期营造小水面景观，汛期承担防洪排涝任务。

根据公园溪流型河道设计思路，结合防洪安全需求、水资源水量、景观水深及各河道蓝线宽度等因素考虑，河道断面形式拟定为：河底以上至一级马道以自然缓边坡的梯形断面为主，在其空间范围内可布设雨水收集设施，生态净化设施及景观小品等构筑物，两侧边坡坡比基本为 1∶3~1∶5，宽度变化范围为 15~40 m，为生态景观设计提供较好的发挥空间。梅河干流河底宽度为 40.0 m，在设计河底以下 0.7 m 处布置生态子槽，生态子槽水深 0.5 m，开口宽度及子槽数量由景观需求而定。非汛期河道在生态子槽内形成小水量的生态基流，除生态子槽以外，河道断面范围内的其他地方平时均无水，有利于游人活动。梅河实景图见图 4.5-3~ 图 4.5-5。

图 4.5-3　公园溪流型河道——梅河实景图一

图 4.5-4　公园溪流型河道——梅河实景图二

图 4.5-5　生态旱溪型河道——梅河实景图

第 5 章

郑州市贾鲁河生态修复工程

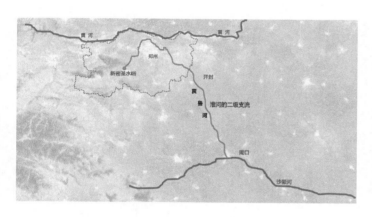

图 5.1-1　贾鲁河流域图

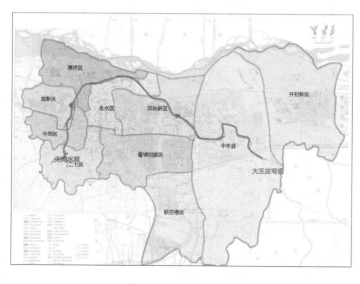

图 5.1-2　设计范围图

5.1　项目概况

贾鲁河发源于新密市山区圣水峪一带,由郑州市西南部蜿蜒而下,经尖岗水库、西流湖、郑州市区北部,向东经中牟至周口市入沙颍河,最终汇入淮河,是淮河的二级支流(见图 5.1-1)。全长 256 km,流域面积 5 896 km²。贾鲁河郑州境内河段长 137 km,自西向东,汇集了金水河、索须河、七里河、熊耳河等河流,是郑州市的主干河流。流经二七区、中原区、高新区、惠济区、金水区、郑东新区、中牟县 7 个行政区。

郑州市贾鲁河生态修复工程是对尖岗水库至中牟大王庄弯之间 60.37 km 两岸蓝、绿线间控制范围内区域进行生态绿化设计,单侧宽度 15~220 m,总面积 1 023.9 hm²(见图 5.1-2)。主要内容为生态绿化,配套建设公园、出入口广场、停车场、体育设施、驿站,以及智能化系统、海绵城市、景观照明、给排水系统、建筑小品等。

5.2 贾鲁河的前世今生

千年古河贾鲁河，历史源远流长（见图5.2-1），是郑州人民的母亲河，见证了两千年来这块土地上城市的发展变迁，记载了无数的故事……

5.2.1 起源于先秦，发展于汉魏

据考证，贾鲁河的前身即楚汉相争时的"鸿沟"。鸿沟是黄河流域最早的人工运河，乃战国七雄之一的魏国所凿。该水系以荥泽、圃田泽为天然水源，蜿蜒东流，一直延伸到颍水，最后汇入淮河。发源于古郑州的这条主干水道，连通诸水，交织成网，形成了最早沟通黄河和淮河两大河流的水路交通网，有力促进了沿岸各国的贸易往来和文化交流，为此后秦汉两代统一全国创造了条件。

两汉时期，中原大地的水运规模与技术有了很大提高。这时鸿沟先后改称为"荥阳漕渠""汴渠"，这条水路仍然是沟通黄河、淮河的骨干水道，为联系中原与东南地区漕运发挥着十分重要的作用。由于当时黄河发生剧烈变化，造成黄河、济水、汴渠水系乱流的局面，漕运航道淤塞严重。东汉永平十二年（69年），著名水利专家王景奉诏主持黄河与汴渠的治理工程，修复荥阳以下千余里黄河大堤，整治汴渠河道，新建济水引黄闸门。经过大规模治理，郑州至开封之间的航运得到了恢复与发展，形成800余年的黄河安流局面。

魏晋南北朝时期，黄河与汴渠得到了进一步的整治维护。特别是北魏迁都洛阳后，从今郑州至开封以南，加强了漕运的管理，为更大规模开发航运打下了基础。

5.2.2 兴盛于隋唐，剧变于两宋

隋代的建立，结束了中国长期分裂的局面。黄河中下游先后完成了广通渠、通济渠和永济渠等大型人工运河，形成了隋唐大运河水路交通网。其中的通济渠中段以今荥阳汜水为起点，引黄河水跨郑州向东至开封，与原汴渠上游合流，加以浚深和拓宽，开封以下则与汴渠分流，另开新渠，经商丘、永城、安徽泗县等地，注入淮河。通济渠历经隋、唐、五代、宋、金、元等朝代，通航长达720年。尤其是唐代，随着城市人口的增长与都城的日益繁华，漕运更成为从江南向京都输送粮食物资的大动脉。唐玄宗年间，针对河道泥沙淤塞、漕运行舟不通的症结，朝廷曾征发郑州、开封等地3万多人，疏浚郑州附近的板渚口旧河道，使郑州、开封、洛阳之间的漕运能力大为提高，创造了唐代漕运量的最高纪录。

北宋时期，朝廷为解决都城粮食和生活用水问题，先后开凿疏浚了汴河、惠民河、金水河和广济渠，并称"漕运四渠"，形成了新的水运交通网。其中的汴河，自今郑州荥阳东北的西汴口引黄河水东流，经郑州、中牟至开封分为两股。东南富庶地区的漕粮百货，均由该渠运往京师。在当时人心目中，汴河就是立国之本。

汴河河水含沙量日益增加，至熙宁年间，开封以东的汴河河底高出堤外地面4m多。

为解决汴河泥沙淤积，元丰三年（1080 年）朝廷投入大量人力物力，在巩县任村沙谷口至河阴县汴口之间开渠五十里，引伊水、洛水入汴河。后因水源不足，又恢复引黄河为水源，汴河依旧淤浅。

北宋末年，战祸频繁，汴河堤岸多处决坏，水流干涸，"漕运四渠"先后被埋废。"隋堤望远人烟少，汴水流干辙迹深"，这一诗句即为当时情景的真实写照。

5.2.3　中兴于元明，衰落于晚清

元代末年，黄河决口频繁，淹没河南、山东、安徽、江苏等地十多个州县，两岸百姓苦不堪言。至正十一年（1351 年），55 岁的贾鲁受命于危难之际，出任工部尚书、总治河防使，征发河南、山东 17 万民工与士兵，开始浩大的治河工程。他采取疏浚和堵塞并举的方法，修筑堤坝，首次采用沉船法最终堵住了决口，平息了多年的水患。在这次治理黄河过程中，贾鲁从今郑州新密开凿了一条新的引水河道，经郑州、中牟向南到开封，而后通过古运河入淮河，这就是今天贾鲁河的流向。为了纪念这位著名的治水专家，人们将这条运河称为"贾鲁河"。

明代弘治年间，黄河再次决口并淤塞贾鲁河。刘大夏奉命对黄河、贾鲁河故道进行治理疏浚，自中牟开长 35 km 新河，导水南行，由此，贾鲁河漕运迎来了北宋以后第二个繁荣高峰，其繁盛局面一直持续到清代中叶，这时的贾鲁河又有"运粮河"之称。

清道光、同治及光绪年间，黄河先后发生六次决口，洪水大溜屡经贾鲁河，河道严重淤塞，终致通航湮废，一度中兴的水运盛景繁华不再。咸丰五年（1855 年），黄河在兰考铜瓦厢决口改道，结束了南流局面。1938 年国民党政府为阻止日军西犯，扒开郑州花园口黄河大堤，导致黄河改道，滔滔黄河水顺贾鲁河南下，贾鲁河又遭受了一场生态劫难。

5.2.4　重生于涅槃，愿景于当下

斗转星移，岁月悠悠。新中国成立后，随着社会主义建设高潮的蓬勃发展，饱经沧桑的贾鲁河得到了持续治理开发。郑州境内的贾鲁河上游先后兴建了尖岗水库、常庄水库、金海水库，成为市民生活和工业用水的重要水源。由贾鲁河旧河道改造形成的西流湖，碧波荡漾，景色秀丽，是人们游览的好去处。曲折蜿蜒的河道，自西向东，环绕大半个郑州市区，被称为郑州市的"金腰带"。

然而，随着经济社会发展与人口的急剧增加，贾鲁河生态环境恶化日益凸显。河道内修建违章建筑、随意倾倒垃圾等现象蔓延，致使河道行洪断面缩窄，阻水严重。由于天然径流减少，河流环境流量不足，污水处理及排污配套管网建设滞后，大量污水直接排入河道与水库，导致水质污染严重。贾鲁河水系的生态恶化，严重制约了郑州市经济社会的健康发展。

河流是大地的血脉，是城市景观的灵魂风韵和文化载体。如今，郑州正在向建设国际化航空大都市迈进，作为郑州市的母亲河，贾鲁河的生态环境事关这座城市的对外形象和生态建设的成败。为此，郑州市决计以"城市河道治理六重奏"的规划理念为引领，打一场生态水系建设大决战。

　　随着贾鲁河综合整治工程的实施，这条古老的河流将迎来一场华丽蜕变。可以想到，那时的贾鲁河，水流清澈，波浪相拥；蜿蜒两岸，树木葱茏，胜迹点点。在这里，人们休憩健身，纵情游览。贾鲁河，将成为郑州市一道亮丽的风景线。

　　贾鲁河的前世今生见图 5.2-1。

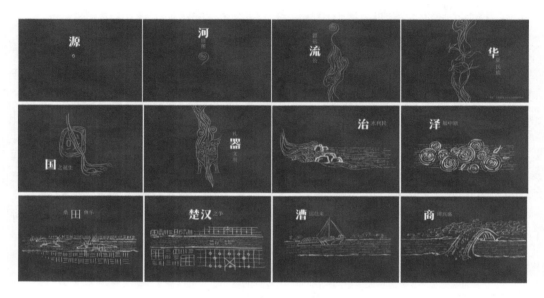

图 5.2-1　贾鲁河的前世今生

5.3　核心问题

5.3.1　贾鲁河悠久的历史如何彰显的问题

　　贾鲁河起源于先秦，历经汉魏、隋唐、两宋、元明清，历史久远漫长，随着河道的变迁，沿线留下众多的历史文化景点和传说，如二七区的常庙遗址、高新区插花奶奶庙传说，惠济区的鸿沟传说、冶铁传说、宋氏祠堂，金水区的两河交汇文化及治河文化，郑东新区的新城文化、大学文化，中牟的箜篌文化、三国传奇、潘安文化、黑陶文化等，犹如散落在贾鲁河畔的明珠，为贾鲁河奠定了千年古河的历史文化底蕴，但因缺乏梳理和交通游线上的组织，各个景点自成体系，犹如一盘散沙，无法转化旅游价值和文化价值。

　　如何结合贾鲁河沿线的景点和传说，强化贾鲁河的文化主题；如何梳理贾鲁河沿线的交通，形成旅游环线，提升旅游价值；如何策划旅游和赛事活动，激活贾鲁河沿岸的商业价值，是整个项目实施过程中的核心问题和建设重点。

5.3.2　沿河植物特色如何营造的问题

　　贾鲁河郑州境内河段长 137 km，跨越了上游的黄土高原小三峡地貌、中游的淤积平原及下游的沙土地，地质类型差别较大，适宜生长的植物类型也应有所差异，但因城市的扩展、土地的开垦利用以及人为种植的选择，使得贾鲁河沿线的现状种植特色并不明显。

如何结合贾鲁河沿线的不同地质类型，选择适宜的植物群落，打造有区域特色的植物主题园，形成"一湾碧水洗云天，百里绿廊展画卷；两岸层林秀贾鲁，满目青翠映商城"的绿化种植愿景，是项目实施过程中绿化种植的核心问题。

5.3.3　场地大量土方如何处理才能兼顾美观与安全的问题

贾鲁河因河道疏挖、清淤和土地征迁产生弃土和建筑垃圾 2 500 余万 m³，临时堆砌在河道两侧绿线场地范围内，外运需寻找大量弃土场并产生巨额费用，同时外运过程中会产生二次污染。经过反复论证和多次磋商，形成结合工程实际情况，基于现有地形和土方条件，就地堆山造岭的结论。

如何在保证景观效果的前提下，结合绿地内排水、海绵、打造山岭地形，消化掉2 500 余万 m³ 弃土，是整个项目实施过程中最大的难点。

5.4　总体构思

针对现状存在的核心问题，提出了坚持"生态为基、文化为魂、赛事引爆、旅游激活"的设计理念（见图 5.4-1），以生态为基础，融入海绵城市理念，打造可持续的、健康的河流，在这个基础上，充分挖掘地域文化，活化和复兴贾鲁河，并且注入国际化、全空间、全时间和全民参与的体育活动，策划不同时期的节庆旅游项目，实现全域旅游，将贾鲁河打造成郑州市新的城市名片。

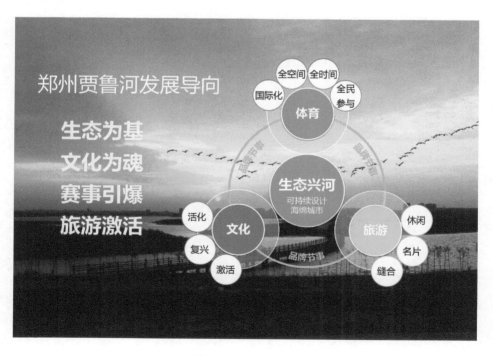

图 5.4-1　设计构思

　　其中，文化是一条河流的灵魂，文化能够让一条河流独具特色而成为一个城市的名片，因此设计构思以文化为切入点，充分挖掘贾鲁河和贾鲁河所在的这片中原大地上因水而生的历史文化，将贾鲁河定位为郑州市复兴中原文化的"新源地"，提出了"感怀源远古水，重绘贾鲁河图"的设计愿景（见图5.4-2）。这里的"贾鲁河图"字面意思是指百里风光画卷，暗指文化之源，也是为郑州市新塑造的一个新的文化品牌。

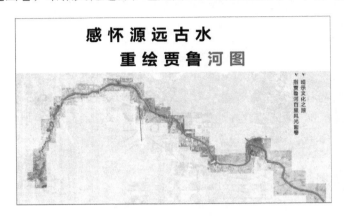

图 5.4-2　河图全卷

　　基于场地特征，全线以贾鲁河从古至今的历史发展轴线为景观序列，从上游到下游分为六个主题分区，分别为源、界、汇、兴、泽、盛（见图5.4—3）。六区景观各具特色，形成了百里河道旖旎画卷，共同描绘了贾鲁河图盛景。

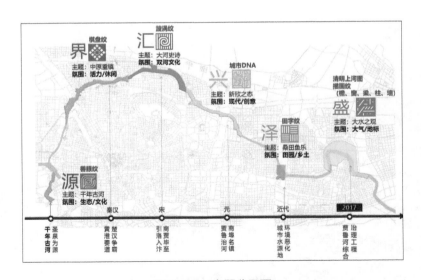

图 5.4-3　主题分区图

　　全线"贾鲁河图"的盛景主要包括两个方面，一方面是以贾鲁河的历史发展脉络为景观序列，形成的"一带六区十二园"的历史人文景观；另一方面是充分结合场地造山理水，形成的"六山六湖六岛九岭"的自然山水景观（见图5.4-4）。

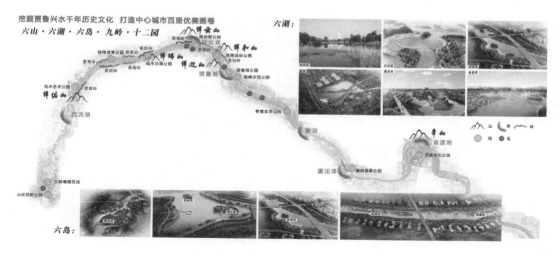

图 5.4-4　山水格局图

图 5.5-1　"源"主题分区

5.5　详细设计

5.5.1　源

　　"源"主题分区位于南四环至二七区边界，长约 2.3 km，面积约 74 hm²（见图 5.5-1）。现状为黄土高原沟壑地形，场地内有常庙城墙遗址，位于治理段落的最上游，以体现贾鲁河的河源文化和城市的源头文化为主，展现千年古河的韵味。图腾由商周青铜器兽眼纹提炼而来，主题颜色为绿色，体现自然生态的特征。主要有山林清泉公园和古城文化公园两大特色公园。

5.5.1.1　山林清泉公园

　　山林清泉公园位于南四环至航海西路之间，长约 0.9 km，面积约 31.2 hm²（见图 5.5-2）。现状为沟壑地形，位于河道最上游，以体现河源文化为主，打造山林郊野景观。河道右岸以观景休憩功能为主，设计一级驿站、滨水大剧场、山体眺望台等景观；河道左岸以山林探险功能为主，设置山地自行车、空中栈道等山林探险活动，使人们身心放松地融入贾鲁河源头特有的世外桃源景观中。

　　1. 梦泽花溪

　　绿色坡屋顶建筑一级驿站古城驿，犹如从大地慢慢生长出来，驿站门前是雨水花园，

图 5.5-2   山林清泉公园效果图

围绕雨水花园设计弧形看台形成围合空间，犹如泉眼，展现贾鲁河源远流长的水源文化，花园中间横穿波纹广场。通过植物和夜景灯光氛围的烘托，营造河流源头特有的世外桃源景观。

2. 古城驿

古城驿是"源"主题分区的一级驿站，位于南四环右岸主入口，采用从地面慢慢升起的绿色坡屋顶形式，与景观水体、广场等共同组成抽象的兽眼纹格局，犹如泉眼，体现河源文化。主要功能包括游客服务大厅、展厅、厕所、休息室、餐饮、购物、管理房、医务室等。

3. 悦动山林

左岸主要景点是悦动山林，基于现状土方因形就势堆山造岭，营造自然郊野景观，凝翠桥穿梭林中，给游人提供不一样的观景体验。一个个树屋将蜿蜒曲折的栈道链接，像是一个个调皮的音符在跳动，忘记了身边的烦扰，快乐的心情油然而生，穿梭林海、感受微风吹拂，公园的生态绿意盎然心间，心旷神怡。使身在此情此景的人们放松、自由。

4. 梅峰远眺

"梅峰远眺"位于"源"主题分区，总面积 6.7 hm²，以梅为主题，种植有朱砂品种群、绿萼品种群、宫粉品种群、美人梅品种群等品种。"梅"在中国传统文化中一直被赋予深厚文化意向，设计以梅花为特色的主题园，能够渲染出场地厚重的历史感及文化感，展现千年古河的韵味。

5. 听风台

从一级驿站古城驿沿着走廊来到河边，有一处观景平台，在这里可以赏梅听风，听风是一种感情的享受，也令身心愉悦，风声从耳边掠过，犹如大自然在叙述深情。

6. 古城文化 LOGO 墙

古城文化步道位于航海西路的主入口，以 LOGO 标识墙的形式，向人们传颂着"郑州古城"的历史信息，引导人们进入文化步道中来。

5.5.1.2   古城文化公园

古城文化公园位于航海西路和二七区边界之间，长约 1.4 km，面积约 42.8 hm²（见

图 5.5-3）。场地内左岸有东周时期的常庙城墙遗址，郑州是中国历史文化名城和中国八大古都之一，自五帝时代到春秋战国，郑州是轩辕黄帝、夏商王朝及先秦时期众多封国的建都立国之地。众多的都城遗址，是郑州历史文化的重要标志，为了进一步突出郑州古都的韵味，拓展设计了古城文化公园，结合阶梯式的地形，以古朴的锈板景墙，述说郑州从西山古城慢慢发展到隋文帝定都郑州的宏伟历史。

图 5.5-3　古城文化公园效果图

1. 古城文化景墙

古城文化景墙位于古城文化公园的核心，结合挡墙进行艺术创作，采用立体镂雕的形式，述说郑州从西山古城慢慢发展到隋文帝定都郑州的宏伟历史。

2. 婉耳溪流

基于郑州"7·20"冲沟现状，将此处改造为旱溪，一处磐石一处板岩，层层叠叠，雨时能形成涓涓溪流，随地势而入贾鲁河。

3. 水韵长廊

呼应"源"主题，在长廊两侧外挂镂空锈板，镂空图案采用不同形式的彩陶纹样进行装饰，一处长廊一处情，三处长廊似水韵环绕，蔓延曲折，镂空锈板的自然观感与长廊的结合，别是一般风味，把人们对自然的崇拜敬仰和对美好事物的追求向往之情体现得淋漓尽致。

4. 旷怡亭

心境开阔，精神愉快。出自宋范仲淹《岳阳楼记》："登斯楼也，则有心旷神怡，宠辱偕忘，把酒临风，其喜洋洋者矣。"

5.5.2　界

"界"主题分区位于科学大道至中州大道之间的河段，全长 12 km，面积约 222 hm²（见图 5.5-4）。场地内有插花奶奶庙，相传插花奶奶曾经救过刘邦，刘邦为了纪念她在此建了这个庙，而且这里的京广快速路是通往荥阳鸿沟文化遗址的最主要通道，因此景观设计以"界"为主题，体现贾鲁河汉代时期的鸿沟文化为主。文化图腾由中国象棋的棋盘纹路演化而来，主题颜色采用木头棋子的颜色。主要有花木艺术公园、山岭弈趣公园和乐活无限公园三大特色公园。

图 5.5-4　"界"主题分区

5.5.2.1　花木艺术公园

花木艺术公园位于翠竹街至京广快速路河道左岸，面积约 34 hm²，结合插花奶奶庙，设计以花为主题的花田景观，打造五彩花田、烂漫花海的精致花园景观（见图 5.5-5）。

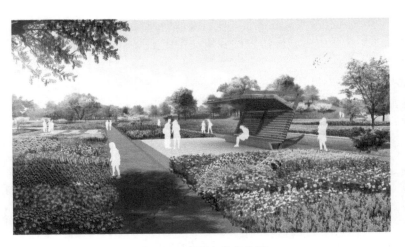

图 5.5-5　花木艺术公园

1. 祥佑山

祥佑山于科学大道至翠竹街左岸，占地面积约 12 hm²。基于现状的插花奶奶庙，命名"祥佑山"，来表达"福佑"万民之意。祥佑山"以峻为美"，主峰高 28 m，雄峻挺拔，峰体陡峭，山中栈道轻盈俏媚，临空穿云，行走其上，有平步青云之感，鸟瞰贾鲁，碧波荡漾。

2. 山林秘境

祥佑山上，沿着茂密的森林，布置林下步道，人们可以沿着步道感受山林秘境的氛围。

5.5.2.2　乐活无限公园

乐活无限公园位于京广快速路到文化路之间的河段，全长 3.8 km（见图 5.5-6）。呼应"界"的主题，以竞技类的球类运动场地为主，与花海结合，形成花园式运动场地，意指场地有界限，运动无极限，营造力争向上、活力动感的景观氛围，鼓励大家突破自我的界限，争取更美好的生活。

图 5.5-6　乐活无限公园

1. 黎明广场

广场整体设计布局突出红色文化，利用地形、构筑物、色彩、声音来表达主题氛围，营造一个庄严、肃穆且不失灵动的休憩空间。

2. 风雨律动

五个羽毛球场顺应地形依次排开，周边结合地形设置条形坐凳、带状绿化，为市民提供一处户外运动的好去处。

5.5.2.3　山岭弈趣公园

山岭弈趣公园位于索凌路到中州大道之间的河段，全长 4.8 km，面积约 76.9 hm²（见图 5.5-7）。结合现状大量土方，运用传统堆山造岭手法，营造山岭特色景观，借挡墙注入楚汉相争的文化和典故使游人在游弈之中，不自觉地融入历史的画卷中来。

图 5.5-7　山岭弈趣公园

1. 棋盘驿

棋盘驿是"界"主题分区的一级驿站，呼应"界"的主题，棋盘驿以简化的棋盘纹为建筑格局，五个小庭院嵌入其中，屋顶源于传统飞檐屋顶，立面源于传统建筑柱廊的形式，营造传统建筑的空间韵味，并运用界分区的图腾符号设计了特色镂空铝板景墙。主要功能包括游客服务大厅、展厅、厕所、休息室、餐饮、购物、管理房、医务室等。

2. 弈趣广场

弈趣广场位于文化路上游左岸棋盘驿南侧，广场呼应"界"分区主题，借广场铺装，融入象棋元素，棋盘图案以汉画像石的日月同辉图及楚文化的漆器纹样为背景，衬托楚汉文化的历史底蕴，与棋盘驿建筑相得益彰。

3. 轨道广场

轨道广场位于文化路下游贾鲁河右岸，基于现状索凌路铁路桥（属于原郑州枢纽北东环联络线，是郑州市在 20 世纪 60 年代修建的一条战备铁路，修建目的是将京广铁路和陇海铁路两大干线在城区外相连，确保在特殊条件下铁路畅通无阻），设计轨道广场，月季花廊跟随现场保留铁路线走势，呼应场地特征，保留人们对老铁路场地的记忆。

4. 吊桥之滨

吊桥位于文化路上游贾鲁河右岸，桥长 30 余 m，是连接两山之间的趣味通道，与贾鲁河下游郑州枢纽北东环联络线战备铁路遗址遥相呼应，形成历史与新生的一脉相承，桥下山谷中设置休闲广场，给周边的居民提供休闲、纳凉的场所。

5. 山岗乐园

山岗乐园位于贾鲁河右岸文化路和香山路之间的山岭上，通过色彩将场地分隔为大小不一的空间，根据不同年龄阶段的儿童活动特点设计不同的内容，沙坑是孩子们的欢乐天地，攀爬索、滑滑梯、平衡木等可以让孩子们开心游玩的同时锻炼他们的动手和平衡能力，在游戏中培养孩子们的探索精神。邻近堤顶路的起伏绿地中散落着高低不一的圆形树桩，也为孩子们提供了一处极佳的冒险探奇之所。

6. 楚风汉韵

"楚风汉韵"位于文化路下游左岸，结合山岭场地的特色，借挡墙融入了楚汉相争的文化和典故，突出"火焚纪信"的忠心，及张良运筹帷幄决胜千里之外的谋略，使游人在游弈之中，不自觉地融入历史的画卷中来。

7. 祥瑞山

祥瑞山位于花园路至中州大道的右岸，占地面积约 16 hm²。取天降祥瑞之意，命名"祥瑞山"，主峰 21 m，次峰 14 m，两侧配峰分别是 9 m、13 m，四峰形成错落有致的团带式布局。祥瑞山"以韵为美"，包括水韵、形韵和景韵。水岸柔美，山体迎合优美的水岸线，形成有韵律的凸凹关系，高低错落，营造柔美的山体形态，景观设计依附于山体形态，因地制宜地布置条石草阶、栈道、广场、山道等，形成线条流畅、有韵律的优美景观。

8. 睡棠园

睡棠园是贾鲁河 12 个植物主题园之一，位于花园路西侧南岸，面积约 4.0 hm²，植物种植以海棠为主包括八棱海棠、西府海棠、垂丝海棠、贴梗海棠、北美海棠、红宝石海棠等。

5.5.3 汇

"汇"主题分区位于中州大道至 107 辅道之间，全长 9.8 km，景观面积约 218 hm² (见图 5.5-8)。

此河段是索须河入贾鲁河的段落，也是距离黄河最近的地方，景观设计以体现贾鲁河大运河文化为主，展现大河史诗的魅力。文化图腾由双河交汇的旋涡纹提炼而来，主题颜色采用河水蓝。主要有祥云湖公园、铁路创汇公园、贾鲁湖公园三大特色公园。

5.5.3.1 祥云湖公园

祥云湖公园位于索须河与贾鲁河交汇处，占地面积约 53.7 hm² (见图 5.5-9)。在双河交汇的视线焦点处，设计了祥云山，登高望远，可以实现一山望三河的壮丽景象，左岸为与山呼应的景泰岭，基于贾鲁河笔直的河道，设计了水上活动中心，人们在这里可以举行赛艇、皮划艇等水上赛事，纪念漕运文化，并在主入口结合挡

图 5.5-8 "汇"主题分区

图 5.5-9 祥云湖公园

墙融入大运河文化，营造大河山水景观。

1. 长春园

长春园位于贾鲁河右岸迎宾东路至景泰路之间，面积约 9 hm²，是贾鲁河十二个植物主题园之一，名字取自《群芳谱》中"月季花，别名长春花，逐月一开，四时不绝"。月季是郑州市市花，园区 70 余种月季片植，春夏季节在祥云湖畔竞相盛开，形成芬芳震撼的花海景观效果。

2. 大河驿

大河驿是"汇"主题分区的一级驿站，呼应"汇"的主题，大河驿采用双河交汇的旋涡纹作为建筑格局，建筑中心为中庭花园，各功能房间围绕中庭花园布局，室内外

空间相互渗透，互为借景，融为一体。主要功能包括公共卫生间、租赁大厅、广播、医务、机房、监控室、餐饮等。

3. 汴河新柳

汴河新柳是贾鲁河十二个植物主题园之一，位于祥云湖，占地面积约 3.2 hm²，植物种植以旱柳、垂柳、金丝柳、馒头柳为主。

4. 悦云台

悦云台位于北四环与索须河交汇处东侧，临北四环设计了主入口广场，广场中靠近河道侧设计观景平台，站在悦云台上，可以纵览周边的湖光山色。

5. 运河盛景

在祥云山山脚广场，借挡土墙融入大运河文化，体现大运河通济渠郑州段（郑州北部的索须河与贾鲁河）沿岸的人文景观与自然景观，营造大河山水景观。

6. 云山望湖

"云山望湖"位于祥云山山顶，在此能够远眺黄河大桥，俯瞰祥云湖胜景，云雾缭绕，湖景若隐若现。

7. 祥云山

祥云山位于贾鲁河与索须河交汇处，占地面积 3.76 hm²。祥云山主峰高度 20 m，"祥云"自古为吉祥的预兆，起名祥云山，寓意贾鲁河祥迎彩瑞，给郑州带来了新的明天。祥云山"以秀为美"，包括水秀、山秀和木秀，湖光潋滟，亲水木栈道使得湖面更加秀美；山体轮廓凸凹有致，流畅柔美，清逸秀丽；山上植物随形就势，植被种类丰富而繁茂，呈现出"佳木秀而繁阴"的意境。

5.5.3.2 铁路创汇公园

铁路创汇公园位于景泰路至慧科环路之间，长约 2.2 km，面积约 95 hm²（见图 5.5-10）。场地内有石武高铁穿过，宋代贾鲁河沿岸因为漕运而繁荣，而当今的郑州因铁路再次腾飞。公园内设置两山、多节点，两山指结合石武高铁两侧设置的祥和山和祥迎山，多节点指结合祥和山、祥迎山山坳谷地设置的曲墙汇芳、林间旱溪、大河迎宾广场、丛林飞渡等多处休闲活动场地。

1. 祥和山

祥和山位于贾鲁河左岸景泰路至石武高铁之间，占地面积 25.5 hm²，山体主峰高达 32 m，是贾鲁河六山中最高的一座。起名"祥和山"，寓意吉祥和谐，其乐融融。山体以幽为美，结合蜿蜒的河道和山体形

图 5.5-10　铁路创汇公园

成多处谷地，形成或静、或趣多样化的山谷景观。

2. 曲墙汇芳

在幽静谷设计台地景观。5 级花园式台地勾勒出"几"字形空间轮廓，围合出一处独立的休闲场所。层次分明的台地花园里群芳争艳、下沉围合的休闲长廊下童声悠扬。"曲墙汇芳"是祥和山怀抱里的一处静谧休闲之所。

3. 桃溪谷

结合祥和山主峰与配峰相夹的沟壑山谷，设计自然蜿蜒的旱溪，旱季时是旱溪花境的景观，雨季时作为山谷汇水线，可有效疏导雨水径流，形成潺潺溪流的景观效果。两侧种植大量山桃、山樱桃、碧桃、紫叶李等，环形栈道穿梭其中，行走在桥上，可以尽情享受桃溪幽谷的浪漫氛围。

4. 祥迎山

祥迎山地处贾鲁河左岸石武高铁和慧科环路之间，占地面积 21.5 hm²。因紧邻石武高铁，起名"祥迎山"，寓意以欢迎的姿态迎接八方来宾。山体以花为美，在石武高铁侧山腰和山脚下栽植大量开花植物，形成大片花海，喜迎八方来客。

5. 大河驿

呼应"汇"的主题，大河驿采用双河交汇的旋涡纹作为建筑格局，建筑中心为中庭花园，各功能房间围绕中庭花园布局，室内外空间相互渗透，互为借景，融为一体。主要功能包括公共卫生间、租赁大厅、广播、医务、机房、监控室、餐饮等。

6. 大河迎宾

大河迎宾位于祥迎山山坳谷地的入口，先以大河驿喜迎八方来客，周边结合地形设置草阶为宾客驻足提供场地，广场和山坡之间以高低起伏的大地景观为特色，形成度假休闲的帐篷场地和攀爬空间。

7. 丛林飞渡

结合祥迎山主峰和山坳谷地设置高达 16 m 的滑草坡道、滑梯和沙坑，让游客在祥迎山中体验飞翔一般的感受。

5.5.3.3 贾鲁湖公园

贾鲁湖公园位于惠科环路至 107 辅道之间，基于贾鲁湖，以体现贾鲁文化为主，设置影之水韵、光之步道等景观文化节点，在光影之中再现贾鲁治水的浩大景象，为游人重绘一幅壮阔的贾鲁治水画卷（见图 5.5-11）。

1. 影之水韵

结合贾鲁湖左岸堤

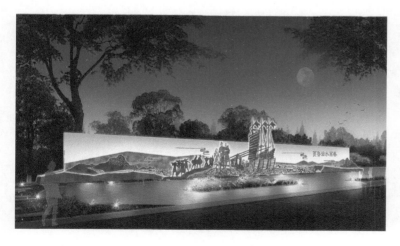

图 5.5-11 贾鲁湖公园

顶路设置高低错落的艺术景墙，将贾鲁治水景象以剪影形式层层叠叠落在起伏的景墙之上，并借以灯光照射，在光影之中再现贾鲁治水的浩大景象，为游人重绘一幅壮阔的贾鲁治水画卷。

2. 光之步道

节点位于贾鲁河左岸金城大道至 107 国道之间，设置 6 m 宽夜光跑道和 1.5 m 宽漫夜晚步道闪烁光芒，游人走在上面，犹如在星空中漫步，形成一条浪漫的游憩步道。

5.5.4 兴

"兴"主题分区西起于 107 国道，东临锦绣路，长度为 11 km，面积 169 hm²（见图 5.5-12）。两岸主要为新城区，周边龙子湖高校聚集，充满了朝气和活力，又位于贾鲁河下游，元朝时期因贾鲁治水带来了贾鲁河的再次兴盛，因此此段以"兴"为主题，展现贾鲁河和新城的欣欣之态。图腾由龙子湖及城市肌理抽象而来，形成城市 DNA，颜色采用代表热情和活力的橘黄色。主要特色公园有海绵示范公园和智慧生活公园。

5.5.4.1 海绵示范公园

海绵示范公园位于杨金路与鸿宝路之间，长约 10 km，面积约 11.5 hm²，结合金水科教园区定位，为了更好地让市民了解海绵城市的理念，利用原有鱼塘地形肌理，收集周边场地雨水资源，增加净化水生植物，多能效地利用水资源（见图 5.5-13）。在设计中为了多角度展示湿地，结合了空中廊道、亲水平台、亲水步道等多形式、多角度来感受海绵湿地、亲近自然，并配合解说系统，让市民深入体验海绵湿地的奥秘和意义。

图 5.5-12 "兴"主题分区

1. 竞渡

在龙子湖高校与河南大学之间的河段策划了龙舟赛道，通过赛事促进两岸交流，展现莘莘学子的蓬勃朝气。在赛道起点，紧邻明理路的位置设计"竞渡"雕塑，以龙舟赛为主题，龙腾乾坤，喻示民族腾飞，展现郑州高质量发展及人们为理想而拼搏奋斗的新风貌。

图 5.5-13 海绵示范公园

2. 书画苑

在靠近龙子湖高校园区的贾鲁河畔设置了书画苑,主要有画室、书屋、会议室、厕所、管理房等功能,可以开展书画展、学术交流等活动,传播华夏文明,彰显书画艺术的光彩。

3. 嗨酷乐园

嗨酷乐园是以滑板运动为主题的极限运动场,采用 U 池及人字脊等组合的形式,富于变化,为人们提供一处展现活力,释放自由的嗨酷乐园。

4. 阳光体育场

在智慧生活公园的西侧设计了标准的田径跑道和足球场上,人们可以在标准的田径跑道和足球场上,切磋技艺,肆意挥洒青春的汗水,沐浴阳光。

5. 兴城驿

兴城驿是"兴"主题分区的一级驿站,呼应"兴"的主题,采用极简的几何形态,充分融入新能源、新材料、新技术,与景观共同表达新城的欣欣之态。主要功能包括公共卫生间、书画室、租赁大厅、广播、医务、机房、监控室、餐饮等。

5.5.4.2　智慧生活公园

智慧生活公园位于郑信路以东、平安大道以北,长约 0.85 km,面积为 31.76 hm²(见图 5.5-14)。以科技、创意为导向,设计了夜光跑道、炫舞剧场、智慧创客长廊等内容,让人们在这里可以充分体验智慧生活的乐趣。

图 5.5-14　智慧生活公园

1. 创客长廊

创客长廊以迂回折线的形式,创造了一系列小型围合空间,为市民提供一处集会、讨论、交流的长廊空间。

2. 成蹊园

取自"桃李不言,下自成蹊",希望周边学子能够成为品德高尚、众人敬仰的人才。位于郑港高速东侧,设计面积约为 4.2 hm²,园内运用多种花色的碧桃、红叶碧桃、山桃、紫叶李，展现桃红柳绿、鸟语花香的宜人景观。

3. 折桂园

以桂花为主题，设计面积约 1.2 hm²，种植金桂、银桂、丹桂等，打造一个四季常绿、金秋飘香的富有精神文化寄托的植物景观。

4. 活力运动场

该区域设置有羽毛球场、篮球场、门球场等健身运动场地，使人们能够强身健体，肆意挥洒汗水。

图 5.5-15　"泽"主题分区

5.5.5　泽

"泽"主题分区位于圃田泽，历史上的圃田泽是天下九泽之一，是黄河和鸿沟水系之间的调蓄水库，明清时期圃田春草成为郑州八景之一，所以此区以泽为主题，以体现圃田泽明清时期桑田渔乐的空间意境为主（见图 5.5-15）。文化图腾由田字纹演化而来，主题颜色为草绿色。主要特色公园是圃田春草公园。

5.5.5.1　圃田春草公园

圃田春草公园位于万三公路以东，郑汴物流通道至陇海快速路之间，全长 1.4 km，占地面积约 18 hm²（见图 5.5-16）。此河段为七里河入贾鲁河河口处，生态基底良好，水面开阔，临河设置"大泽寻踪""列子御风"等节点，形成独具特色的大地景观，以尽可能地展现明清时期圃田春草的空间意境。

图 5.5-16　圃田春草公园

5.5.5.2　大泽寻踪

"大泽寻踪"位于万三公路主入口，以战国时期圃田泽的水系图为蓝本，在广场中心，以地雕形式体现，突出黄河、圃田泽、鸿沟的关系，向世人展现圃田泽悠久的历史渊源。

5.5.5.3　列子御风

"列子御风"以体现战国时期圃田泽道家名师列子文化为主，设计以"泽"LOGO图腾框架为基底，以列子著名的寓言故事为主题，图文并茂地展现列子生平，体现圃田泽深厚的历史。

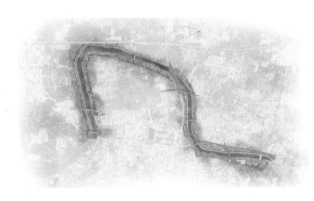

图 5.5-17　"盛"主题分区

5.5.6　盛

"盛"主题分区位于中牟县老城区的农科所桥至陇海铁路桥之间，长约 10 km，面积约 196 hm²，此段位于文创园，是郑汴一体化的综合服务中心，营造大水之观，描绘郑汴一体化的繁荣景象，寓意再治贾鲁，迎来了贾鲁河的再次鼎盛（见图 5.5-17）。文化图腾从古代反映社会繁荣的清明上河图中提炼檐、窗、梁、柱、墙这些描画纹，形成特色图腾，描绘郑汴一体化的繁荣景象，主题颜色为湖蓝色。主要包含全线十二主题园中的"湿地文化公园"及十二植物主题园的"云霞园"和"斑斓林"等。

5.5.6.1　湿地文化公园

湿地文化公园位于中牟县农科所桥至雁鸣大道之间，长约 6 km，面积约 107 hm²（见图 5.5-18）。基于中牟现状地势低洼的现状，设计以雨水花园、雨水湿地、缓坡地形为生态基底，充分利用雨水营造富于变化的大地景观，在此基础上，结合文创园的定位，充分融入中牟地域文化，包括笭箵、官渡、泥塑面塑等文化，体现当今生态文明治水的新思路，展现贾鲁河新的河图盛景。

图 5.5-18　湿地文化公园

5.5.6.2　七彩天地

七彩天地位于中牟县老城区贾鲁河上游左岸，彩色的塑胶地面，多样的活动设施，儿童沙坑及攀爬地形，给七彩天地带来丰富的体验感，周边的条石剧场可以提供林下空间休息，给活泼的童趣空间增加一丝安静。

5.5.6.3　箜篌文化长廊

箜篌文化长廊位于中牟县老城区贾鲁河上游左岸中部，《太平寰宇记》载，"箜篌城在（中牟）县东南20里，昔师延在此造箜篌，以悦灵公"。结合中牟新城文创园的定位，在农科所桥至规划中兴路段河道左岸设计箜篌文化广场，广场以"箜篌古音"雕塑为中心，抽象箜篌元素与廊架作为陪衬，重奏上古雅乐工坊的悠然乐章，为游客提供休息与观赏互动的体验。

5.5.6.4　七彩乐园

七彩乐园位于中牟县老城区贾鲁河上游左岸，彩色的塑胶地面，配合各种儿童游乐设施，保证儿童游玩的安全性。七彩的地面图案配合周边植物的季节交替，使七彩乐园始终保持着色彩斑斓。

5.5.6.5　太极广场

太极广场位于中牟县老城区贾鲁河上游农科所桥与贾鲁河交叉口东北角，景墙上以太极十八式为主要内容，太极十八式选自杨氏府内派太极拳，是一套适合全民习练的基础套路。

5.5.6.6　星梦乐园

星梦乐园位于中牟县老城区贾鲁河上游右岸，占地 5 000 m²，此处为下沉式亲子乐园，布置有跳格子、攀爬地形、健身器材等全龄化娱乐设施，周边有草阶和林荫空间，是一处亲子互动的好去处。

5.5.6.7　云霞园

云霞园是贾鲁河十二大植物主题园之一，位于"盛"主题分区，面积约 23 hm²，取樱花烂漫、如云似霞之意。种植以樱花为主，品种选择上从早樱、晚樱花期上的合理配置，到名贵樱花品种或适生性良好的选育品种如关山、江户彼岸、染井吉野等的精心布局，营造出物种丰富、花期较长、宜游宜赏的樱花园。

5.5.6.8　杉兰台

杉兰台位于中牟县老城区上游的右岸距农科所桥约 1.5 km 处，主要设计为架空平台，平台高于地面 5 m，平台上设置"盛"分区特色图腾廊架，北面为水杉林，南边为玉兰树，周围配有紫荆、月季、海棠等，可将春夏秋冬等四季色彩尽收眼底，是一处绝佳的观景平台。

5.5.6.9　云霞台

云霞台位于贾鲁河右岸，此处的贾鲁河正处于弯道转弯处，设计架空挑台，高于地面 7 m，向贾鲁河内挑出约 10 m，为市民提供一处纵览贾鲁河的大型观景平台，挑台上设置"盛"区特色图腾廊架、观景看台等，中间穿插樱花，人们可以登高远眺，俯瞰浪漫樱花花海。

5.5.6.10　沁芳舟

沁芳舟位于中兴路西侧，贾鲁河南岸，以钢结构和竹木铺装为主的架空平台，形似"舟"，故名：沁芳舟。周围植物以樱花为主，芬芳四溢，台阶与休闲看台相结合，使游客在攀登的过程中可以驻足休闲，平台顶部有宽窄不一的设置，犹如在林空中漫步。

5.5.6.11　波浪广场

由防腐木板组合形成多个波浪形平台，高低起伏，层次不一，给市民提供一处冲浪、感受运动的欢乐场所，让人们在活动中寻找乐趣，在乐趣中挥洒青春。

5.5.6.12　七星连珠湿地

七星连珠湿地位于中兴路以东至雁鸣大道之间的贾鲁河右岸，设计有七个大型雨水花园，面积共约 36 600 m²，湿地中穿插设计有木栈道及"盛"分区特色景观河，为市民提供一处体验雨水变化过程，享受大自然景观的好去处。

5.5.6.13　盛景驿

盛景驿是"盛"主题分区的一级驿站，位于雁鸣大道与贾鲁河交叉口西南角，以"盛"的文化图腾为雏形，通过传统构件的分解与重组，以现代手法体现传统建筑意象，营造清明上河图中的繁荣景象。主要功能包括驿站租赁中心、游客服务大厅、展厅、咖啡吧、休息室、餐饮、医务室等。

5.5.6.14　斑斓林

斑斓林位于"盛"主题分区，面积约为 21 hm²，斑斓林取色彩斑斓之意，种植以色叶林为主。色叶林主题园以银杏、金叶复叶槭、红叶加拿大紫荆、五角枫、元宝枫、黄栌、乌桕、鸡爪槭、红枫、茶条槭、黄连木等色叶类植物为主，渲染出层林尽染、色彩缤纷的色叶林带，为贾鲁河景观序列画上完美句号。

5.5.6.15　运动乐园

运动乐园设置篮球场、五人制足球场、羽毛球场各一座，为周边群众提供一处游乐、健身的好去处。

5.5.6.16　民俗文化长廊

泥塑、面塑被列为郑州市非物质文化遗产之一，民俗文化长廊采用泥塑、面塑的艺术手法，展示中原的民俗文化。

5.5.6.17　蝴蝶广场

蝴蝶广场位于庆丰路与城东路交叉口处，整体平面造型如一只振翅欲飞、栩栩如生的蝴蝶，结合广场铺装、绿化分隔，种植色彩鲜艳、层次分明的植物花卉，给蝴蝶广场披上"彩衣"，提升场地活力。

5.5.6.18　童梦天地

童梦天地整体采用明快、鲜亮的颜色，柔软、安全的材料，设置儿童攀爬区、游乐区等，为儿童提供一个安全、有趣的活动空间。

5.6　文化专题及实施效果

为实现建设文化河的目标，形成文化专题。在分析场地现状的基础上，充分挖掘贾鲁河自身文化，提炼河流品牌故事，并且根据品牌故事进行品牌形象设计，包括品牌名字和品牌 LOGO 等。围绕品牌故事和形象，在景观节点、植物、建筑、小品构筑物、标识系统、室外家具、灯光照明等各方面，展开详细的景观空间设计，形成特有的品牌空间，并结合各种特色空间，策划这条河流特有的文化活动。最后，在官方网站、公众微信号、客服中心、旅游产品、导览系统等方面以统一的口径和视觉形象对外宣传，加强品牌效应，真正让文化成为一条河流的品牌，打造名副其实的文化河。最终，让贾鲁河成为展示郑州历史文化的一个重要平台，一张宣传郑州城市形象特有的名片。

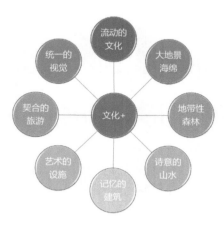

图5.6-1   "文化＋"

河流，承载着城市的记忆与文明，河流之上，城市散发着独特的灵性与魅力。贾鲁河生态绿化工程，创新性地将一条河流文化与城市发展有机结合，让文化流动起来，将贾鲁河不再定位为单纯的滨河公园，而是这个城市的文化品牌，探索了一种以水文化为切入点的滨水空间开发模式，以文化为灵魂，因地制宜地融入海绵、植物、山水、建筑、艺术、旅游、宣传等多领域创新设计理念，探索"文化＋"的跨界融合模式，形成聚合效应，营造浸入式的滨水文化景观（见图5.6-1）。

5.6.1   流动的文化

区别于以往河道景观项目"填鸭式"的文化定位方式，体现一个城市方方面面的文化，充分挖掘贾鲁河悠久的历史文化和贾鲁河两岸场地的特征，提出了"感怀源远古水，重绘贾鲁河图"的设计愿景，以贾鲁河从古至今的历史发展脉络为景观序列，形成的源、界、汇、兴、泽、盛六个主题分区与场地特征有机契合，让贾鲁河文化在河道两岸自然绽放与成长（见图5.6-2）。

每个分区的文化体现形式也摒弃了传统的雕塑、浮雕景墙等直白、点式的营造手法，以浸入式的文化景观营造手法来体现贾鲁河的文化。比如，"源"位于河道的最上游，设计时尽可能保护二七区黄土沟壑地貌，以林地修复、栖息地重建、建筑垃圾再利用为主，重建生态友好的特色栖息地，最小干预地设计一些林中木栈道、观鸟的树屋、瞭望塔等构筑物，让游人像森林的客人一样，在其中静静地体会河流源头世外桃源的意境。除景观空间体现文化内涵外，在植物配置、建筑形式、特色景石、铺装纹理等各大园林造景要素的细节设计上，都呼应分区文化主题，强化文化氛围。

图 5.6-2   流动的文化

5.6.2　大地景海绵

结合分区特色，因地制宜地设计大地景海绵，与景观地形融为一体，让海绵设施犹如大地生长出来一般（见图5.6-3）。地形复杂的山岭区域沿山谷布置自然蜿蜒的旱溪，旱溪转输山体的雨水至山脚的雨水花园；视线开阔的平坦区域，结合微地形高低起伏的韵律，在低处设置大雨水花园，大雨水花园与微地形相得益彰，形成景观骨架的重要组成部分，同时实现绿地海绵功能的最大化。

图 5.6-3　大地景海绵

5.6.3　地带性森林

贾鲁河生态廊道是郑州市主干性生态廊道，是体现郑州植物乡土文化特色的重要载体，设计将其定位为郑州市特色的地带性乡土森林，分别从"一带、六区、十二园"三个层次，体现郑州地域文化特色（见图5.6-4）。通过对郑州市天然植物群落的深入分析研究，选择了20种典型乡土植物群落作为重点复育群落，形成沿线统一的地带性

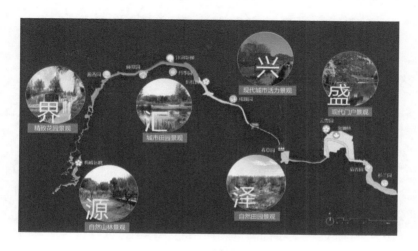

图 5.6-4　一带六区十二园

乡土森林带；在此基础上，根据分区文化定位，形成六个特色鲜明的植物分区和十二个文化各异的植物主题园。

5.6.4　诗意的山水

本着生态的原则，将河道疏挖的 2 500 多万土方变废为宝，因地制宜地堆山造岭，形成"六湖六岛六山九岭"的山水格局（见图 5.6-5）。山水的命名，融入文化内涵，山以"祥"命名，岭以"景"命名，岛以"明"命名，合在一起就是"祥和景明"，寓意贾鲁河两岸的山岭，在蓝天白云下，与水共同形成明媚的风景。每座山与所在景观分区立意相符，各具特色，祥佑山以峻为美，祥瑞山以韵为美，祥云山以秀为美，祥和山以幽为美，祥迎山以花为美。

图 5.6-5　诗意山水

5.6.5　艺术的设施

创新性地提出了一套服务设施艺术化的构建体系，根据贾鲁河"水"的品牌故事，提出构建"贾鲁河图"文化品牌的目标，并对"贾鲁河图"进行了视觉形象设计，总的河图图腾是由水的象形字演变而来，六个主题分区的河图图腾是由分区的文化内涵演变而来，比如，"汇"分区图腾是体现双河交汇的旋涡纹（见图 5.6-6）。分区图腾广泛应用到亭廊构筑物、铺装、分区标识系统、灯具、栏杆、树箅子等硬景的细节设计中，以突出分区文化特色；总的河图图腾用于二级驿站、三级驿站、小独立公厕、主入口全域导览、一级园路庭院灯、垃圾桶等全线通用的设计中，以保证沿线景观的统一性。通过服务设施艺术化，让贾鲁河文化活起来。

图 5.6-6　艺术设施

5.6.6　记忆的建筑

　　沿线所有服务建筑传承郑州商都文脉，通过提炼商都建筑柱廊的竖向线条和屋顶特征，再现华夏文明底蕴。最重要的建筑一级驿站根据分区主题进行了特异化的设计，展现不同区域的文化风貌，让建筑唤起人们对历史的记忆（见图 5.6-7、图 5.6-8）。古城驿采用从地面慢慢升起的绿色坡屋顶形式，与景观水体、广场等共同组成抽象的兽眼纹格局，犹如泉眼，体现河源文化。棋盘驿，以简化的棋盘纹为建筑格局，五个小庭院嵌入其中，外立面采用飞檐屋顶、传统柱廊、界河图图腾特色镂空铝板装饰，体现汉代文化。大河驿，采用双河交汇的旋涡纹作为建筑格局，与景观融为一体。兴城驿，采用极简的几何形态，充分融入新能源、新材料、新技术，与景观共同表达新城的欣欣之态。盛景驿，通过传统构件的分解与重组，以现代手法体现传统建筑意象，营造清明上河图中的繁荣景象。

图 5.6-7　记忆中的建筑

图 5.6-8　实景照片

5.6.7　契合的旅游

　　将"贾鲁河图"塑造成郑州市继黄河、嵩山、黄帝、商都之后的第五大文化旅游品牌，根据贾鲁河各段的景观特色和文化主题，基于重要的景观节点，策划了一批与景观空间氛围一致的文化旅游项目，通过这些文化旅游项目活化文化景观空间，并按照旅游的标准设计停车场、标识系统、餐饮购物、户外电子大屏幕、高清视频监控系统等服务设施，最终实现贾鲁河滨水区域全域旅游的目标（见图 5.6-9）。

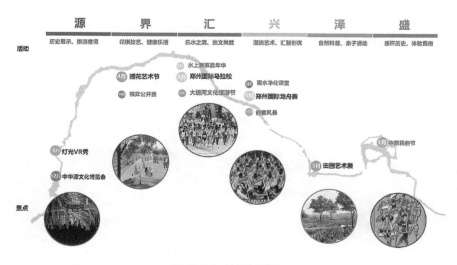

图 5.6-9　旅游策划

5.6.8　统一的视觉

不再将贾鲁河定位为单纯的滨河公园，而是这个城市的文化品牌，在官方网站、微信公众号、客服中心、旅游产品、导览系统等方面以统一的口径和视觉形象对外宣传，建立起品牌效应，增加与公众的互动（见图 5.6-10）。

图 5.6-10　文化品牌设计

5.7　植物专题及实施效果

5.7.1　植被总体布局

沿线植被规划形成"一带、六区、十二园"的结构布局（见图 5.7-1）。

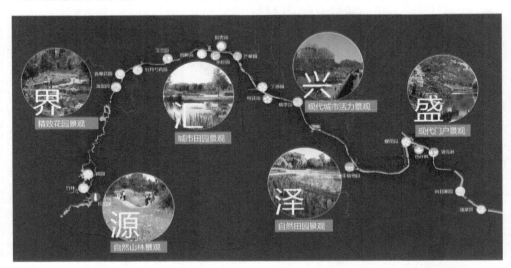

图 5.7-1　植被总体布局图

"一带"：沿贾鲁河两岸的带状绿地将成为穿城而过的一条生态绿廊。

"六区"：对应六个景观主题分区，形成与之相对应的植被景观定位。

"源"——自然山林景观。

"界"——精致花园景观。

"汇"——城市田园景观。

"兴"——现代城市活力景观。

"泽"——自然田园景观。

"盛"——现代门户景观。

"十二园"：根据各主题分区不同景观定位、植被定位及区位条件，布置相应特色植物种植主题园。各主题植物园以某种或某类植物为基调树种，通过艺术配置手法，形成大块面、大气势的特色植栽氛围，在贾鲁河沿线 90 km 不同时节都可以观赏到特色植物景观。

5.7.2　主题园植物设计

根据贾鲁河两岸绿地现状，结合郑州市社会经济发展状况，以科学发展为统领，以生态性为基准，提升贾鲁河两岸景观品位，植物设计依据生态性、文化性、协调性、乡土性等原则，依据六大特色分区，共设置 12 个主题植物园（见图 5.7-2）。

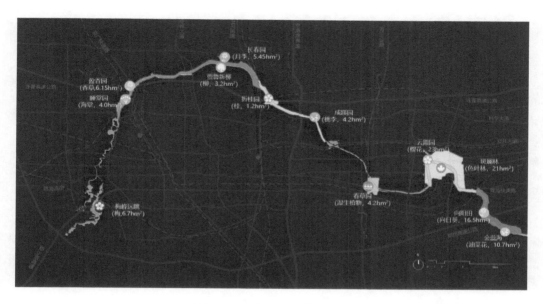

图 5.7-2　主题园位置分布图

5.7.2.1　梅峰远眺

　　复原郑州老八景,植物种植以梅为主题,定名"梅峰远眺";总面积 6.7 hm²,位于"源"主题分区。该分区场地内有常庙古城墙遗址,且场地沟壑林立,是工程范围的起点,也是河流及文化源头的象征。"梅"在中国传统文化中一直被赋予深厚文化意向,设计以梅花为特色的主题园,能够渲染出场地厚重的历史感及文化感,展现千年古河的韵味。梅花多开放于冬季春初,品种众多,梅以韵胜,以格高。同时梅园搭配其他特色植物及常绿乔木,丰富主题园季相景观。种植形式采用自然式种植,并结合景观微地形、景观眺望台等,再现古郑州"梅峰远眺"的景观意境。

5.7.2.2　盈香园

　　取香韵盈园之意,植物种植以香草为主,面积约 6.15 hm²,位于"界"主题分区。该分区以体现汉代文化为主,汉代时期,开始形成大规模游园活动的习俗。汉代插花奶奶的美好传说流传至今,传说中国插花文化也自"插花奶奶"而始。因此,以花木文化为指导,设计芳香植物,打造五彩花田、烂漫花海的精致花园景观,突出分区景观特色。香草园以桂花、丁香、牡丹、玫瑰、穗花婆婆纳、香茅等香花、香草类植物为主,并结合其他特色乔木丰富植被空间。

5.7.2.3　睡棠园

　　源于"只恐夜深花睡去,故烧高烛照红妆",睡棠园位于花园路西侧南岸,植物种植以海棠为主,面积约 4.0 hm²,位于"界"主题分区。此区域地势起伏不平,曲径通幽,海棠树木高低错落,枝条摇曳,花朵飞舞,别是一番风情。园内主要设计六种海棠品种,包括八棱海棠、西府海棠、垂丝海棠、贴梗海棠、北美海棠、红宝石海棠,种植上相互结合衔接延长花期,在早春的粉色世界里,经历过梅花、桃花、李花相继竞艳后,海棠花如期而至,在一枝独秀的花海中盛放。

5.7.2.4　长春园

取自《群芳谱》中"月季花一名长春花"。"逐月一开，四时不绝"。董嗣杲有诗云"相看谁有长春艳，莫道花无百日红"。植物种植以月季为主，面积约 9 hm²，位于"汇"主题分区。"汇"区域引入了国际赛艇、马拉松赛事等体育项目，是展示郑州城市形象的重要窗口。月季是郑州市市花，品种多样、花期较长、生命力顽强。通过月季园的设计向游人展示一个生机活力、蓬勃发展的郑州新形象。主题园内栽植各种月季类、蔷薇类植物，搭配金森女贞、红叶石楠、南天竹、金焰绣线菊、金丝桃，以及宿根福禄考、德国鸢尾等观赏性极强的灌木地被类植物，或种于园路两畔，或种于花台之中，或孤植以赏其隽丽，或片植成浪漫花海。

5.7.2.5　贾鲁新柳

复原郑州老八景的汴河新柳，植物种植以柳树为主。柳树是春天的使者，它的冬眠时间最短，在三九严寒别的树还在贪睡时，它就开始孕穗，别的树发芽时，它已经绿满枝头，别的树吐绿时它早已绿树成荫了。柳树虽然没有白杨那样高耸入云，没有樟树那样高贵，但它那种朴实无华的品德和无私奉献的精神，永远值得人们赞誉。

5.7.2.6　成蹊园

取自"桃李不言，下自成蹊"，希望周边学子能够成为品德高尚、众人敬仰的人才；植物种植以桃李为主，该区域位于郑港大道与京港澳高速间，属于"兴"主题分区。该区周边多所高校林立，学子们在此孜孜不倦地学习、进步，在此处设计"桃李园"寓意寄托期许。

5.7.2.7　折桂园

古时金榜题名被称为蟾宫折桂，故定名"折桂园"，寓意学子们十年寒窗，一朝高中，犹如丹桂一枝、昆山片玉；植物种植以桂花为主，位于杨金路与鸿宝路间 40+900 右岸，属于"兴"主题分区。

5.7.2.8　春草园

复原郑州老八景，定名"圃田春草"；植物种植以湿生植物为主，面积约为 4.2 hm²，位于"泽"主题分区。其中湿生植物类约 0.9 hm²、高草组合约 0.8 hm²，主要位于旱溪及周边位置，合理配置湿生、水生、高草类等植物，结合景观形成蜿蜒自然的植物观赏空间线、开合有致的滨水空间，使游人置身其中感受自然生态之美。湿生植物主要品种以千屈菜、水生美人蕉、芦竹、黄菖蒲等水生植物为主，高草组合主要品种有大花金鸡菊、细叶芒、白茅、美丽月见草、柳叶马鞭草等品种的自然组合。

5.7.2.9　斑斓林

取群叶色彩斑斓之意，种植以色叶林为主，面积约为 21 hm²，位于"盛"主题分区。该区域以展望贾鲁河未来全盛时代文化为主，是景观序列的高潮。植物种植格局以生态、大气、门户型景观效果为主。色叶林主题园以银杏、金叶水杉、金叶复叶槭、红叶加拿大紫荆、五角枫、元宝枫、黄栌、乌桕、鸡爪槭、红枫、茶条槭、黄连木等色叶类植物为主，种植方式以自然组团式种植为主，搭配常绿地被，渲染出层林尽染、色彩缤纷的色叶林带，为贾鲁河景观序列画上完美句号。

5.7.2.10　云霞园

取樱花烂漫、如云似霞之意；种植以樱花为主，位于"盛"主题分区，面积约23 hm²，品种选择上从早樱、晚樱花期上的合理配置，到名贵樱花品种或适生性良好的选育品种如关山、江户彼岸、染井吉野等的精心布局，营造出物种丰富、花期较长、宜游宜赏的樱花园景观。樱花早在两千多年前的秦汉时期已在宫苑中栽植，唐代时期普遍栽植于私家花园与民舍田间，并随处可见绚烂绽放的樱花（见图5.7-3）。

图 5.7-3　云霞园实景照片

图 5.7-4　金蕊海照片

5.7.2.11　向阳田

取向阳花开，葵满花田之意。种植以向日葵为主，位于中牟延长段，该区域红线范围外的用地较多为农田，结合地区特色设计观赏性强的向日葵园，恢复原有的大地景观模式，点植春季赏花大乔巨紫荆，面积约为16.5 hm²。向日葵7~9月开花，花期长，一片片金灿灿的向日葵花海，闪着耀眼的光芒在田间绽放，不仅展示中牟农业朝气蓬勃的发展现状，而且能够结合休闲娱乐活动营造郊野田园景观。

5.7.2.12　金蕊海

取向"满眼黄金地，正是菜花时"之意；种植以油菜花为主，位于陇海铁路桥下游延长段，设计面积约为20.3 hm²，"河有万湾多碧水，田无一垛不黄花"，结合现状自然田间肌理，三月至四月份，整齐如垛的花田里，每到油菜花开的季节，广袤的田野春意盎然，流光溢彩，一派生态田园景致。三月的中牟县，满眼黄金地，正是菜花时，为游客奉上一条生态之旅、休闲之旅（见图5.7-4）。

5.8　山岭专题及实施效果

为满足贾鲁河综合治理工程河道百年一遇的防洪标准，河道进行了清淤和扩挖，产生土方量2 500余万方。因环境管控严格，土方无法外运，就近在绿线范围内消化土方，结合现实情况，提出贾鲁河六山九岭的山水格局设计思路（见图5.8-1）。为了使山岭的造型更具美感、排水更加顺畅、构筑物的布局更加合理、打造不同特色的植物空间，让整个山岭设计符合落到实处，提出了山岭设计专题。

新堆砌山岭与中牟的牟山共同组成了六山九岭的山体格局，并且实现了场地内土方平衡。

山体：山体以"祥"命名，意指祥云瑞气，天佑贾鲁和顺安泰。

岭：九岭以"景"命名，取自《岳阳楼记》中春和景明（至若春和景明，波澜不惊，上下天光，一碧万顷）。寓意贾鲁河两岸的山岭、在蓝天白云下，与水共同形成艳丽的风景。

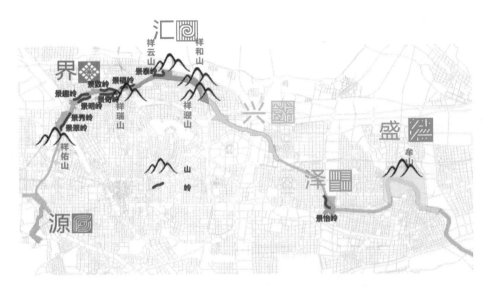

图 5.8-1　六山九岭布局图

5.8.1　六山

5.8.1.1　祥佑山

祥佑山位于科学大道至翠竹街左岸，占地面积约 12 hm²（见图 5.8-2）。基于现状的插花奶奶庙，命名"祥佑山"，来表达"福佑"万民之意。祥佑山"以峻为美"，主峰高 28 m，雄峻挺拔，峰体陡峭，山中栈道轻盈俏媚，临空穿云，行走其上，有平步青云之感，鸟瞰贾鲁，碧波荡漾。祥佑山上，沿着茂密的森林，布置林下步道，人们可以沿着步道感受山林秘境的氛围（见图 5.8-3）。

5.8.1.2　祥瑞山

祥瑞山位于花园路至中州大道的右岸，占地面积约 16 hm²（见图 5.8-4）。取天降祥瑞之意，命名"祥

图 5.8-2　祥佑山效果图

图 5.8-3　祥佑山实景照片

瑞山"，主峰 21 m，次峰 14 m，两侧配峰分别是 9 m、13 m，四峰形成错落有致的团带式布局。祥瑞山"以韵为美"，包括水韵、形韵和景韵。水岸柔美，山体迎合优美的水岸线，形成有韵律的凸凹关系，高低错落，营造柔美的山体形态，景观设计依附于山体形态，因地制宜地布置条石草阶、栈道、广场、山道等，形成线条流畅、有韵律的优美景观（见图 5.8-5）。

图 5.8-4　祥瑞山效果图

图 5.8-5　祥瑞山实景照片

5.8.1.3　祥云山

祥云山位于贾鲁河与索须河交汇处，占地面积 3.76 hm²（见图 5.8-6）。祥云山主峰高度 20 m，"祥云"自古为吉祥的预兆，起名祥云山，寓意贾鲁河祥迎彩瑞，给郑州带来了新的明天。祥云山"以秀为美"，包括水秀、山秀和木秀，湖光潋滟，亲水木栈道使得湖面更加秀美；山体轮廓凸凹有致，流畅柔美，清逸秀丽；山上植物随形就势，植被种类丰富而繁茂，呈现出"佳木秀而繁阴"的意境（见图 5.8-7）。

图 5.8-6　祥云山效果图

山脊作为分水岭，山谷作为汇水线。山的凹凸收放与山脊山谷呼应，成为视线通廊和自然汇水通道。山谷区域结合山脚的雨水花园设计成旱溪的效果。

图 5.8-7　祥云山实景照片

5.8.1.4　祥和山

祥和山位于贾鲁河左岸景泰路至石武高铁之间，占地面积 25.5 hm²，山体主峰高达 32 m，是贾鲁河六山中最高的一座（见图 5.8-8）。起名"祥和山"，寓意吉祥和谐，其乐融融。山体以幽为美，结合蜿蜒的河道和山体形成多处谷地，形成或静、或趣的多样化山谷景观（见图 5.8-9）。

图 5.8-8 祥和山效果图

图 5.8-9 祥和山实景照片

5.8.1.5 祥迎山

祥迎山地处贾鲁河左岸石武高铁和慧科环路之间，占地面积 21.5 hm² （见图 5.8-10）。因紧邻石武高铁，起名"祥迎山"，寓意以欢迎的姿态迎接八方来宾。山体以花为美，在石武高铁侧山腰和山脚下栽植大量开花植物，形成大片花海，喜迎八方来客。

图 5.8-10   祥迎山

5.8.1.6   牟山

六山之一为牟山，在此不做赘述。

5.8.2   九岭

岭，在这个项目里实际就是较高的景观地形，功能还是场地的地形骨架、丰富景观空间，同时消纳场地内土方。沿线一共设置九处，故称九岭，分别为景翠岭、景秀岭、景明岭、景趣岭、景奇岭、景致岭、景福岭、景泰岭、景怡岭（见图 5.8-11 和图 5.8-12）。

（1）保证重要的视线通廊和主要的无障碍通道。

（2）控制 D/H 大部分大于 4，局部陡峭一些，但不能小于 2.5。

（3）临城市道路侧以入口广场和绿化为主，临河侧以休憩、游乐空间为主。

（a）

图 5.8-11   九岭效果图及断面图

木质座椅　树桩阵　木墩　塑胶地垫　　　　沙坑　不锈钢滑梯

（b）

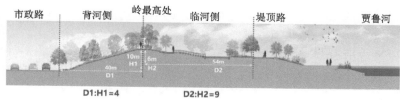

续图 5.8-11

（a）

（b）

图 5.8-12　山岭实景照片

5.8.3   郑州"7·20"洪水对贾鲁河山岭的影响

5.8.3.1   郑州"7·20"洪水情况

2021 年"7·20"特大暴雨侵袭郑州，降雨持续 5 d，郑州市连续两天出现大暴雨到特大暴雨。因持续强降雨，上游来水凶猛，贾鲁河上游常庄水库、尖岗水库水位持续上升，超警戒线紧急泄洪，市内积水严重，紧急向贾鲁河大量排水，贾鲁河多处漫堤，洪水淹没多处绿地。

5.8.3.2   贾鲁河两岸绿地灾后情况

贾鲁河两岸城市道路积水严重，积水深度近 2 m，道路雨水来不及通过雨水管网而排入河道，道路积水漫过绿地，长时间强降雨导致积水无法及时排出，对贾鲁河两岸绿地产生了不同程度的影响。其中，高新区、惠济区、金水区和郑东新区河段因消化土方进行了六山九岭的设计，山岭工程施工完成仅 3 年左右，受"7·20"特大暴雨冲刷，局部出现一些水土流失和硬质铺装场地不均匀沉降等现象，没有出现山岭安全问题，实践证明，贾鲁河的山岭设计经受住了"7·20"特大暴雨的检验，山岭的设计理念及实施是成功的。

第 6 章

平顶山市湛河
治理工程

6.1 项目概况

湛河位于平顶山市，平顶山市位于河南省中南部，西靠伏牛山，东接黄淮平原，是河南省下属的一个地级市，中国煤炭工业城市。因市区建在"山顶平坦如削"的平顶山下而得名。平顶山市春秋时为应国，应国以鹰为图腾，古典汉语"应""鹰"通假，因此平顶山市别名鹰城。

湛河古称湛水，属于沙河水系。湛河发源于平顶山市西郊的马跑泉，从源头起自西北向东南经徐洼、井营、小高庄，东西向横穿平顶山市区后，转向东南进入叶县，于叶县张庄汇入沙河。干流全长 40.2 km，流域面积 218.57 km²（不含北湛河和汝河），河道比降 0.84‰。湛河上游俗称乌江河，湛河沿岸现有许多排洪支沟及污水口。流域内地势西高东低，北以龙山、擂鼓山、落凫山、平顶山等与北汝河为界，南以北渡山、凤凰山、九里山、沙河北堤与沙河为界（见图 6.1-1）。流域内植被较差，地面自然坡度变化大，尤其是市区北部地势较陡，地面比降一般为 0.5% ～ 2%，南部地势平缓，一般为 0.1% ～ 1%。

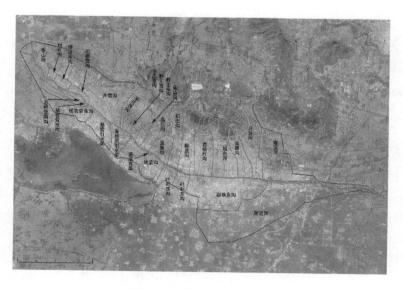

图 6.1-1 湛河流域水系图

湛河主河道自西向东穿越市区，排入沙河，干流全长约 40.20 km。乌江河口位于湛河主河道的中间部位（桩号 K20+331.45~K21+785.61），是乌江河、湛河和温集沟三水交汇处。乌江河湛河口位置示意图见图 6.1-2 所示。

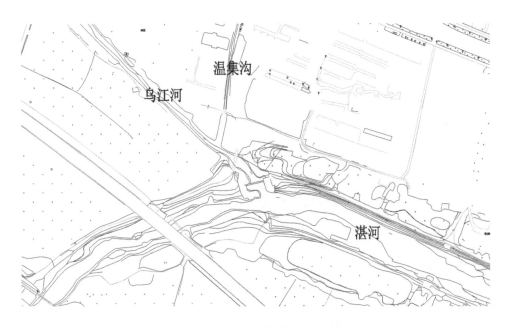

图 6.1-2   乌江河湛河口位置示意图

6.2   水文

6.2.1   气象

本流域地处亚热带向暖温带过渡地带，属大陆性季风气候区，夏季多东南风，冬季多西北风，最大风速 23.7 m/s，多年平均降水量 750 mm，7 ~ 9 月降水占全年降水量的 67.8%。多年平均气温 14.7 ℃，多年平均蒸发量 1 400 mm，多年平均无霜期 226 d。

6.2.2   水文基本资料

流域内无流量观测资料，本次对设计断面的设计洪水计算，采用 1984 年河南省水利勘测设计院编制的《河南省中小流域设计暴雨洪水图集》（简称《84 图集》）、2005 年河南省水文水资源局编制的《河南省暴雨统计参图集》（简称《05 图集》）及 1973 年河南省水利厅编制的《河南省水利工程水文计算常用图》（简称《73 图集》）。

湛河流域北部属山丘区，西南部属平原地带，考虑到山丘区与平原区产、汇流特性有较大差别，本次分别计算流域内山丘区及平原区设计洪峰流量，工程断面设计流量采用两区洪水过程叠加求得。乌江河口段 50 年一遇洪水流量为 548 m³/s。

6.3 设计目标

乌江河口段长约 2.2 km，位于乌江河、湛河和白龟山引水渠交汇处，是新老城区的交接处，是平顶山市湛河治理工程的重点整治段落。提高该段河道防洪标准达到 50 年一遇，同时采用低影响开发雨水系统滨水绿地和河道生态驳岸相结合的方式进行生态河道治理，恢复河道生态系统，营造"水－生物－人"相融相生的水陆缓冲带。

项目构建生态绿化水陆缓冲带面积 34 m²，水域面积 8.5 m²。

6.4 设计思路

6.4.1 总体布置

按照安全性、公共性、生态性、系统性、特色性原则，从水域保护、水生态保护、水质保护和滨水空间控制等方面确定该段河道的生态治理布置内容（见图 6.4-1）。根据河道地形地貌及功能需求，结合平顶山市城市规划划定滨河绿带范围和河道治理分段、分区。按照 50 年一遇洪水确定防洪断面，按百年一遇洪水漫滩宽度确定水陆缓冲带宽度进行河道堤岸后退距离，在确定范围内进行生态河道重建、植被绿化、设定生物群落多样性目标、增加必要的透水铺装等。

图 6.4-1 总平面图

6.4.2 岸线设计

基于水动力数值模拟（见图 6.4-2），以构建量化指标的方法，准确模拟现状河道水动力特征，为优化护岸形式、改善植物生境和优化空间布局提供参数及技术支撑，最终实现指导生态护坡设计。

流速
6.160
5.133
4.107
3.080
2.054
1.027
0.000

图 6.4-2　水动力数值模拟结果

同时，结合上游北部乐活型社区绿化、下游湿地自然生态绿化、南部白龟山引水渠围合的户外浴场及大水面阶梯广场的功能需求，在河道驳岸中选用五种岸线形式：人工硬质岸线、湿地岸线、石滩岸线、生态护坡岸线和泥沙岸线（见图 6.4-3、图 6.4-4）。

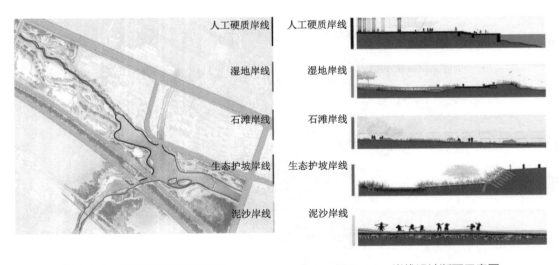

图 6.4-3　岸线设计平面示意图　　　　图 6.4-4　岸线设计断面示意图

6.5　实施效果

项目有效地提高了该段河道的行洪能力，使其达到 50 年一遇防洪标准；通过绿化缓冲带的建设，有效地提高了该段河道抗侵蚀性、去除污染能力，河道自净能力，并提高了地下水的补充率，营造了稳定的河流生态系统。乌江河口实景鸟瞰图和乌江河口生态工法岸线实景图见图 6.5-1 和图 6.5-2。

图 6.5-1　乌江河口实景鸟瞰图

图 6.5-2　乌江河口生态工法岸线实景图

第 7 章

许昌市饮马河
综合治理工程

7.1　项目概况

7.1.1　地理位置

饮马河位于许昌市中心城区东部，起于清潩河关庄闸引水处，止于省道S220，全长近8.6 km。许昌市位于河南省中部，许昌地处中华中东部腹地，九州之中，十省通衢。北临万里黄河，西依伏牛山脉、中岳嵩山，东、南接黄淮海大平原，介于东经112°42′~114°14′，北纬34°16′~34°58′。许昌市连续多年获得"中国优秀旅游城市""国家园林城市""国家森林城市""国家卫生城市"等荣誉称号。

7.1.2　流域概况

许昌市河流属淮河流域沙颍河水系，流域面积大于1 000 km²的河流有5条，分别是北汝河、颍河、双洎河、清潩河、清流河，流域面积大于100 km²的河流有康沟河、清泥河、小泥河等19条。

许昌市水资源总量多年平均 9.35亿m³，多年平均径流深 97 mm，地表水空间分布西部大于东部，山区大于平原，年平均变差系数为 0.8。全市多年平均入境水量为11.83亿m³，其中北汝河7.84亿m³，颍河1.38亿m³，双洎河1.78亿m³，清潩河0.1亿m³，其他为0.73亿m³。这些径流除北汝河、颍河、双洎河径流可以利用外，其他河道因径流时程分配不均，污染严重、拦蓄能力差，开发利用困难。

饮马河综合治理工程从清潩河关庄闸引水处至省道S220，治理长度 8.577 km，饮马河上段为古河道，常年无水，下段现状为农田、已规划场区和道路等，场地平整。

许昌市饮马河综合治理工程治理河段均为景观河道，没有防洪和排涝任务。

7.1.3　水文气象

许昌市属北温带大陆性季风气候，热量资源丰富，气候温和，光照充足，无霜期长。全市四季气候特征：春季干旱多风沙，夏季炎热多降水，秋季凉爽日照长，冬季寒冷少雨雪。全年平均气温在14.3~14.6 ℃，年极端最高气温为44 ℃，年极端最低气温为−17.5 ℃，夏季多偏南风，冬季多偏北风，常年主导风向为西北风，多年平均风速为2.8~3.2 m/s，多年平均最大风速为18~22 m/s。多年平均日照时数2 033.9 h；多年水面蒸发量为986.9 mm（E601），蒸发量年际变化不大；全年无霜期214 d。

根据许昌市气象站多年资料统计，多年平均降水量为683.9 mm，降水量年内分配不均，汛期降水量占全年降水量的65%以上；降水年际变化幅度较大，最枯年为1966年，年降水量只有462.8 mm，最丰年为1964年，年降水量为1 157 mm，最丰年与最枯年降水量相差694.2 mm，倍比为2.5。

7.1.4 地质条件

许昌市在大地构造上处于中朝准地台的南部，区域地质构造单元上属于中朝准地台之华北坳陷的通许凸起，断裂构造发育，主体构造走向为北西西—北东向，其次为北北东向。晚第三纪以后由南北差异运动转为整体下降，沉积了较厚的上第三系和第四系地层。工程区位于通许凸起三级构造的西南部。根据2001年发布的1∶400万《中国地震动参数区划图》（GB 18306—2015），该区的地震动峰值加速度为0.10g（相应的地震基本烈度为Ⅶ度），地震动反应谱特征周期为0.35 s。

（1）饮马河综合治理工程主要位于许昌市中心城区东部，属冲积地貌单元区，地形平坦开阔，交通便利，施工地质条件良好。

（2）工程区在勘察深度范围内（最大钻探深度50.0 m）地层为第四系人工堆积层、第四系全新统冲积层和上、中更新统冲积层，岩性主要为粉质壤土、粉质黏土。

（3）工程区未见不良地质现象，场区无断层通过，地质构造简单。

（4）勘察期间地下水位65.8 ～ 76.3 m。地下水水化学类型主要为$HCO_3 \cdot Cl-Ca \cdot Mg$型水，河水水化学类型主要为$HCO_3 \cdot Cl-Ca \cdot (K+Na)$型。工程区地下水对混凝土无腐蚀性，对钢结构具有弱腐蚀性；工程区地表水对混凝土无腐蚀性，对钢结构具有弱腐蚀性。建议施工期间复核地下水位。

（5）河道治理工程存在的主要工程地质问题为边坡稳定、河道渗漏、渗透稳定、土的冻胀性等问题；桥梁工程主要存在沉降变形问题；箱涵工程主要存在地震液化、基础及岸坡冲刷稳定问题、沉降变形及不均匀沉降问题、基坑开挖边坡稳定问题。

7.1.5 工程任务与规模

7.1.5.1 工程任务

本次饮马河综合治理工程的开发任务为：结合城市总体规划和水生态文明城市建设试点实施方案的要求，通过工程措施形成河道主槽、浅滩、湿地等多种形态的水面，将河流构建成一条生态文化景观廊道，保护与修复水生态系统，维持饮马河的健康生命，建设水生态文明，提高城市品位，实现美丽、生态、宜居的许昌梦。

7.1.5.2 主要工程规模

许昌市饮马河综合治理工程治理河段全长8.577 km。工程设计内容包括饮马河河道开挖工程、河道蓄水建筑物工程、景观工程等五部分。

河道开挖工程从清潩河上游关庄分水闸至省道S220，河道总长8.577 km，拓挖工程共挖方103.22万 m³，填方10.84万 m³。工程完成后形成水面29.17万 m²，河槽蓄水49.07万 m³。

河道蓄水建筑物工程包括饮马河新建 8 座溢流堰维持景观常水位。

景观工程范围北起清潩河关庄分水闸至省道 S220，治理长度 8.577 km，景观设计红线横向宽度80 ~ 300 m，面积约119.3 hm²。其中绿化面积约64.79 hm²，景观道路约7.08 hm²（自行车道约3.56 hm²，碎石铺路约1.53 hm²，花岗岩铺路约0.17 hm²，木栈道约1.82 hm²），铺装面积约7.28 hm²。共设计大中型景观节点 12 个，服务用房 3 个，公共卫生间 3 个，自行车租赁点 10 个，景观盒 22 个，景观塔 3 个。

7.2 核心问题

7.2.1 如何科学划定生态保护控制线

饮马河治理前上游段为村庄农田，河道较窄，平均开口宽度约 10 m，部分河道不足 5 m，两岸农田侵占河道严重，局部河道范围内种植有农业作物，其余河道内存在乱石、杂草、树干等障碍物，河流排涝能力不足。饮马河治理前下游段为城市段，开口宽度 20~50 m 不等，河道绿线界限不明确，局部存在占压河道情况。总体而言，饮马河治理前缺少保障河流生态健康稳定的基本宽度以及明确的边界范围，河道蓝线、绿线区域与城乡发展边界模糊，河道空间被挤压侵占现象严重（见图 7.2-1）。在饮马河生态治理过程中划定生态保护控制线是整个工程项目的核心问题与重中之重，生态保护控制线的科学划定关系到河流廊道的基本宽度保障，生态本底的恢复，同时是整个工程项目高质量可持续的重要基础。

图 7.2-1 饮马河治理前河道被侵占

7.2.2　如何恢复河流生态功能

饮马河是许昌城市区城市发展的重要河流型生态廊道，治理前的饮马河，上游为古河道，常年无水，黄土裸露、生态环境破碎程度较高，部分河道受雨水冲刷及农耕影响，河流形态破损程度高，岸坡损毁严重（见图7.2-2）。下游河流形态单一，水体浑浊、水质较差，景观与生态功能基本丧失。对饮马河生态保护与修复是恢复河流生态功能的重要举措，同时是践行

图 7.2-2　饮马河治理前河道生态破碎化高

生态文明建设的重要措施，河流生态环境的治理与改善，关系到河流廊道的整体性、连续性与多样性的营造，更有利于城乡雨水的综合管理与多层级植物群落的构建。

7.2.3　如何激发滨水活力服务社会

饮马河的城市区位优势十分突出，主要贯穿新区副中心，是连接新区主中心区和新区副中心区的重要水廊道。因此，在设计中应充分考虑河道所在区位，综合考虑其功能定位，使河道承载相应的交通、休闲、文化教育、城市形象等城市服务功能，带动河道周边城乡发展，激发城市滨水活力。

7.3　总体思路

7.3.1　设计目标

工程核心目标是划定生态保护控制线、恢复饮马河完整的生态系统，将其建设成为生态型河流湿地的典型示范区。挖掘饮马河作为城市生态廊道的重要价值，在优化许昌市整体景观格局中发挥积极作用，成为"与城市共呼吸"的生态之河。在此基础上，充分发挥饮马河的自然系统服务，使其具有生态恢复、文化展示、休闲游憩及激活周边地块的多种功能。

保障宽度：保障河流的蓝线绿线基本宽度，丰富河流形态与要素，发挥河流生态廊道的生态效益。

生态恢复：恢复河流自然生境，提高物种的多样性，建立集河流湿地保护、环境科普教育于一体的生态廊道。

综合服务：通过生态型河流景观，展示水文明城市魅力，传承生态文明理念，建立集展示、传播、参与于一体的文化长廊。充分利用河流自然系统服务，服务广大市民，建立集健身、康体、娱乐于一体的休闲型游憩绿廊。利用城市生态廊道带动周边发展，

提升城市活力，建立集城市功能、市民生活于一体的活力长廊。

7.3.2　设计原则

（1）协调性原则。城市河流是城市重要的基础设施，应与城市总体规划和城市控制性详细规划紧密结合，并融入城市规划建设之中。

（2）统一性原则。城市河流是城市生态系统的经络，应与水生生态系统、滨水绿地和城市绿地一起，构成覆盖城市的生态绿化体系。

（3）安全性原则。保证亲水安全，除按照景观娱乐规范要求限定亲水景观水体水深外，还要考虑亲水水质的安全，避免不清洁的水体造成疾病传播。

（4）观赏性原则。治理河段规划以连续性、亲水性为主导，在局部河段内实现通航，构成丰富的亲水景观环境；将河流构建成一条生态走廊，辅以景观小品点缀其间，从而构建覆盖城市的生态绿化体系。

（5）生态性原则。形成丰富变化的景观微环境，创造多类型的微湿地，建立多样性的湿生植物群落和动物栖息环境，赋予环境以生命。

（6）文化性原则。城市河流不仅是一种自然景观，更蕴含着丰富的文化内涵，它是自然要素也是一种文化遗产。城市河流景观建设应在于提升城市河流的文化价值，促进水文化的继承和发展。

7.3.3　设计方法

7.3.3.1　水生态系统构建方法

1. 绿线宽度确定

首先是绿线—生态汇水廊道控制设计方法，根据景观生态学中一级、二级、三级廊道的划定原则，结合国内外廊道宽度的相关研究，确定饮马河的河流生态廊道为一级廊道，其总体宽度控制在100~200 m。一级廊道的工程建设将有利于构建鸟类栖息地；适宜形成乔木群落的建设；是保护生物物种多样性适合的宽度。在此基础上遵循建成区，对于已无法拆迁的，遵循规划绿线；规划已批复用地用途的，遵循规划绿线；有规划但地块尚未落实的，以综合考虑的原则，形成项目最终的绿线宽度及红线范围（见图7.3-1）。

2. 蓝线宽度确定

综合分析常水位及雨水位的河流形态，根据水位的变化规律，对原有河道进行开挖及梳理，保留部分地势较高区域，形成条带状的生态岛屿；河道开挖采用梯级开挖方式构建深水区及浅水区。河流两岸的滩地区域结合现状低洼处开挖形成雨水花园，可以滞蓄径流雨水。整体蓝线宽度不一，保持在30~50 m不等的宽度距离，总体蓝线形态蜿蜒度高、断面形式丰富多样，利于水体生态稳定、栖息地的形成，便于河道物质流能量流的交换。

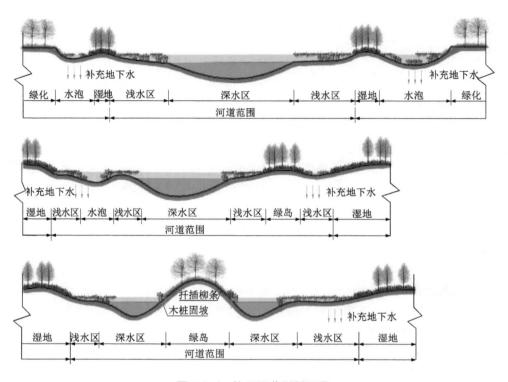

图 7.3-1 饮马河典型断面图

3. 雨水管理及水质保障

饮马河构建优美自然的岸线,能提供排洪纳洪、雨水滞蓄、气候调节等功能,形成雨时吸水,旱时贮水,兼顾旱、涝问题的弹性河道景观系统。雨洪管理系统雨水滞蓄区由滨河道路的生态草沟系统、雨水花园和人工湿地三级结构构成,雨洪系统起到补水和水质净化的作用(见图 7.3-2)。

图 7.3-2 饮马河雨水管理断面图

河道绿线范围内由外及内分布设计有砂砾滩过滤区、植物床净化区、湿地净化区及抛石过滤区。砂砾滩过滤区紧邻工程边缘设置,城市污水经过砾石带,将漂浮物过滤;植物床净化区将污水中不易被植物吸收的有机组织体,通过土壤的过滤被滞留在土壤中,经微生物分解和植物吸收,从而除去水体中的化学污染;湿地净化区以种植沉水植物为主,还可以吸收大量的无机氮、磷等营养物质,供其生长发育,通过植物收割得以去除;抛石过滤区通过多层砾石，再次进行过滤，滤去各种湿地生物材料，输出净水（见图 7.3-3）。

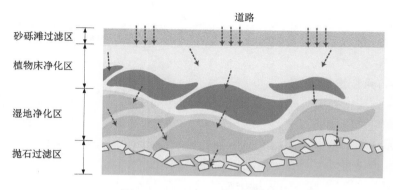

图 7.3-3　饮马河水质保障平面布置图

4. 溢流堰

为更好地解决水位高差变化，非排涝段壅水建筑物采用溢流堰的形式。溢流堰一方面起到截水建景，形成景观水面的作用；另一方面也通过落差跌水，使水体充分溶解空气中的氧气，从而使含氧量提高，水的活性增强。

溢流堰的做法依据景观场地环境和观景视线分为两类：单级跌水堰形式和多级跌水堰形式。单级跌水堰的高差基本为 1.5~2 m 的高差，采用垂直方向的角度为 20° 的跌落形式，基础选用碎石垫层的做法，防渗用 500 mm 黏土碾压，满足防护的功能需要，表面材质用格宾石笼，填充碎石粒径为 200~300 mm，石笼的宽深尺寸为 1 000 mm×1 000 mm，满足长期水流的冲击和浸泡。多级跌水堰的总体高度为 1.5~2 m 的高差，采用逐级地降低高差，每层的高差控制在 200~300 mm，材质选用格宾石笼的做法，防渗用 500 mm 的黏土分层碾压，两层跌落之间的间距大于 5 m，中间以种植土填充，种植湿生植物，形成花田的景观效果（见图 7.3-4）。

图 7.3-4　饮马河溢流堰效果图

5. 生态护岸

景观设计在满足水利工程要求的基础上，采用生态护岸，控制河岸边坡坡度，并利用植物设计提高河岸的生态性与景观效果。

在保证游人安全的前提下，弱化岸线，解除硬质河岸对河水的束缚，使水体与绿地相互交融。护岸采用自然生态型，缓坡入水，以湿地植物（根据不同地段的用地条件确定湿地的宽度）丰富水际景观层次，同时起到保护岸坡的作用。在城市段，以亲水平台、卵石河滩、景石（可供人停留休息）等设计元素对岸线进行整体改造，丰富和美化岸线景观，提供亲水场地。

7.3.3.2　慢行系统设计方法

在慢行系统规划中饮马河—学院河城市绿道为生态休闲绿道。该线为南北走向，沿魏文路、学院路两侧的河道及绿地布置，途经新区主中心、鹿鸣湖公园、东湖游园和许扶运河公园，为串联城市南北的另一条主要绿色交通廊道，绿道沿线主要开展休闲、娱乐、会议、户外运动、健身等活动。

通过游憩网络的建设，将场地中的生态景观、文化遗产和游憩资源串联起来，形成独特的城市慢行系统。同时将人文要素与服务功能相结合，建立以滨水为纽带的城市开放空间系统。河道两侧设置 3 m 连续自行车道，采用暗红色透水混凝土材料，结合慢跑道，穿梭于林间河边，构建区域宜人的康体健身游憩路径，结合服务半径设置自行车服务驿站。

7.3.3.3　公共服务空间设计方法

提高场地可达性，设置三级开放空间节点，一级服务半径 1 500 m，二级服务半径 750 m，三级服务半径 375 m。城市廊道交会处是重要的战略点，可以作为开放空间节点。

河流沿岸共有 1 处一级开放空间节点，即湿地文化体验园，位于河流最北端，以体现郊野风光为主。二级开放空间节点有 3 处，分别为三国文化体验园、城市展示窗、动感体验园，三级开放空间节点共有 4 处。

突出文化要素融合特色，注重全新参与体验。将地域文化要素巧妙地融入场地设计，注重人的使用性和参与性，使"文化设计"真正摆脱城市中只可远观、不可近玩的装饰品角色，从而引领一种全新的生活方式。整条河流形成郊野遗韵段和活力体验段 2 个主题分区。其中活力新韵段位于市区，更注重景观休闲空间的营造，而郊野遗韵段更注重自然游憩空间的营造。

7.3.3.4　绿化空间设计方法

结合河流形态、场地生境条件以及景观需求，模拟地带性植物群落结构和组成成分开展植物配置，由外向内依次形成生态林带、滨水景观林带和河流湿地植被带等植物群落类型，从而修复河流湿地生态系统，突出滨水空间的植物景观特色，营造类型丰富的滨水休闲空间，充分发挥河流廊道的多种生态服务功能。

生态林带。该区位于场地最外侧，自行车道与城市道路之间，植物群落上层以密林为主，下层种植耐阴地被，形成河流廊道的边界，阻隔交通带来的噪声、废气等对场地的不良影响，同时作为河流廊道的背景林，在景观节点、入口广场等处形成通透的景观视廊。

滨水景观林带。该区位于生态林内侧，自行车道与人行道之间，以疏林草地为主，上层散植观赏价值高的乔木，下层地被主要为缀花草坪和野花组合。该区将植被种植与活动场地相结合，形成开阔的景观视野，同时营造大量的休闲活动空间，创造更多的观水和亲水机会，满足市民休闲游憩需求。

河流湿地植被带。依据河流形态和水生植物适应水深能力开展植物种植，以芦苇、水葱、香蒲等净水能力突出、少人工养护的乡土湿生和水生植物为主，构建稳定、可持续的湿地植被群落，丰富物种多样性，营造鸟类、鱼类等多种类型生物的栖息地。每段以一两种植物为主，局部点缀黄菖蒲、再力花、荷花、睡莲等观花植物。

7.4　生态河道治理方案

7.4.1　总体方案

根据许昌市总体规划，饮马河在许昌市整体景观结构中具有重要地位。其中水系规划以水道相通、河湖相连为目标，重视水系治理与保护，水资源循环利用，努力打造一个河畅、湖清、水净、岸绿、景美的生态文明城市。规划构建"三横、五纵、十湖、三环碧水绕莲城"的景观水系框架。"五纵"之一即为饮马河—学院河。

在许昌主城区"绿廊、水网、城区"的总体格局中，许昌市主城区的绿色生态空间系统以周边农田为绿色背景，以学院河、石梁河等沿河景观为绿廊，以永兴路、永昌路、天宝路等防护绿带为绿色通道，串联芙蓉湖公园等市级公园及其他区级公园，形成点（街头绿地等）、线（生态廊道、沿河景观）、面（公园绿地、生态湿地、外围生态休闲区）结合、层次丰富的绿网系统。饮马河—学院河绿廊衔接多条生态廊道，串联主要绿地节点，是重要的景观元素。

饮马河模拟河流的自然形态，曲折蜿蜒，并采用生态驳岸，使水循环过程保持完整。利用沙洲、浅滩创造丰富的生境，合理种植水生、湿生植物，为生物创造适宜的栖息地。在保证河流健康的基础上，使河流成为具有休憩、运动、观鸟等多种功能的生态廊道。在景观视线优美的位置，设置观景平台，平台采用木质，以硬朗的几何造型为主，与柔美的河流景观产生视觉的张力。在河流两岸设置多样的运动场地，满足人们日常的运动需求。通过连续的慢行系统将景观节点串联，形成连续的游憩网络。根据工程区域特点分为郊野遗韵段与活力新韵段（见图 7.4-1）。

图 7.4-1　饮马河总体方案效果图

7.4.2　分区方案

7.4.2.1　郊野遗韵段

分区位于饮马河与清潩河连接处至永宁街范围的古河道部分。

本工程河道景观以湿地自然文化和体验郊野遗韵为主题，向游人展现许昌郊野新风貌。设计湿地文化体验园、郊野遗韵体验园两处景观节点。

湿地文化体验园以展示湿地净化功能、满足水体自净而设置。将现状陡坎进行梯台化处理，尽量就地实现土方平衡，减少对现状水体的扰动，在梯台地形上种植不同类型的植物，完善景观效果，打通生态界面，增加场地绿量。设计以生态为基地，减少人为干预局部设计有木栈道、亲水平台、景观塔、花岛、树岛、滨水花田等景观服务设施（见图 7.4-2）。

图 7.4-2　饮马河湿地文化体验园效果图

郊野遗韵体验园结合西侧周边商业用地性质综合考虑，建议西侧商业用地设置餐饮、艺术馆、休闲中心等业态。河道西侧临近商业用地一侧景观通过梯台设计消化高差，把水引入生活休闲区，拉近游人与水的距离。河道东侧结合台层种植湿生植物，一方面形成花台景观，一方面解决竖向高差问题（见图 7.4-3）。

图 7.4-3　饮马河郊野遗韵体验园效果图

7.4.2.2　活力新韵段

活力新韵段位于永宁路以南至省道 S220，以创新文化、科普运动休闲游为主题，设置休憩、运动、观鸟等设施，满足游人科普、运动、休闲的需求。设计城市展示窗和动感体验园两个景观节点（见图 7.4-4）。

图 7.4-4　饮马河城市展示窗效果图

城市展示窗位于魏文路和魏武大道交叉口处，利用大地景观展示生态文明示范区"莲城"的独特魅力。设计亲水平台、景观塔、风车、滨水花田、树岛等景观场所。

动感体验位于周庄街以南昌盛路以北。利用滨水绿化空间与运动主题结合，为市民增添滨水运动空间，体现城市活力。滨水运动空间的塑造，为人们提供休闲健身的有氧场所，增加城市河流的社会服务功能。此段通过实现通船，为人们体现水中游的体验空间，丰富人们的游览感受（见图 7.4-5）。

图 7.4-5　饮马河动感体验园效果图

7.5　实施效果

许昌市饮马河综合治理工程强调生态化的设计建设理念，将城市绿地、公共空间、生态绿廊有机结合，打造新的生态城市形象，创造城市品牌。利用本次治理工程的建设契机，将有助于改善区域的生态环境质量，提高整个许昌市的城市品位。从外部形态上讲，综合治理后的饮马河蓝绿线宽度稳定，自然的岸线、生态的河心岛以及形式多样的湿地泡空间丰富，不仅为河流提供排洪纳洪、雨水滞蓄、气候调节等功能，而且增加河流氧气含量，减少有害金属、有毒物质的排放，为河流生态系统提供良好的水安全保障；从内部结构上讲，饮马河通过清水型水生态系统构建，为各种生物提供自然栖息地，从而丰富动、植、微生物群落，使生态系统结构完整、多样，使其具有完善的自我调节、自我修复功能；从社会服务上讲，丰富景观元素，通过景观塔、景观盒、滨水木栈道、人工湿地、透水功能的慢行系统等，构建完善的社会服务、科普教育文化展示功能，满足周边居民与使用者的多种活动需求；从协调城市发展角度上讲，通过营造良好的自然环境，完善周边产业发展，带动河流景观旅游、生态环境、土地增值和社会经济效益的提升，同时带动城市形象与居民生活品质的提升（见图7.5-1～图7.5-3）。

图 7.5-1　饮马河郊野段治理后效果

图 7.5-2　饮马河城市段治理后效果

　　治理工程主要由水面和景观绿地构成，水体面积为 38.00 hm²，景观绿化面积中森林和草地面积都按照 30.85 hm² 计算。本次工程的水体生态环境效益为 154.57 万元，森林生态环境效益为 59.65 万元，草地生态环境效益为 19.76 万元，合计为 233.98 万元。具有较好的经济效益、生态环境效益与社会效益。

图 7.5-3　饮马河特色节点治理后效果

第 8 章

西安市泾河
滩面治理工程

8.1　项目概况

泾河，是黄河第一大支流渭河的第一大支流。发源于宁夏，于西安市高陵区陈家滩注入渭河。泾河是西安泾河新城的母亲河，在泾河新城内全长 17.5 km，承载着泾河新城丰厚的历史、人文与生态底蕴。开展泾河滩面治理及生态修复工程，是泾河新城落实生态文明战略建设、构建公园城市、绿色生态新城的重要举措，对于提升城市文化品质，加强城市宜居环境，促进泾河新城高速度、高标准发展具有重要意义。

项目建设范围为防洪堤以内主河槽两侧滩地、防洪堤堤身生态绿化及背河侧 30 m 护堤地，建设内容包含滩面整治、清淤、水面工程、湿地修复、水系连通、水生态修复、绿化景观、栈道及项目综合配套工程等（见图 8.1-1）。总用地面积约 1 129 万 m²。其中，项目一期实施范围为茶马大桥（西扩 300 m）—崇文大桥（右岸东扩 300 m），建设面积约 522 万 m²。

图 8.1-1　工程范围图

8.2　核心问题

8.2.1　滩面生态退化严重

区域内的生态景观斑块破碎化程度较高，林地、河流、滩地、坑塘等分布散乱，且同类斑块间的距离较远，意味着区域内的栖息地破碎化程度高，且由于各斑块间穿插了过多的耕地，导致本就分布散乱的栖息地，在相互传递物质、信息、能量时，更易遭到阻碍，最终影响到生物多样性的发展，从而导致滩面生态退化严重。

8.2.2 受人为干扰强度大

现状滩面的利用度较低，存在建筑垃圾堆弃、植被退化、雨污水排放等无序的开发和破坏活动，造成生态布局杂乱，制约着滩面生态价值的提升。

8.2.3 滩面生态系统弹性不足

现状治理段断面结构为主槽—滩面—堤防，主槽为主要过洪通道，滩面形成洪泛区，堤防将洪水与城市隔开。由于洪水集中、历时相对较短、下渗较快，区域内滞留洪水的空间不足，导致滩面生境多以陆生生境为主，植被层次单一，难以形成多样化的生境，从而促进物种的多样化。

8.2.4 与城市生态功能融合度较差

泾河自西向东穿新城而过，现状滩面形态单一、空间粗放、岸线杂乱，传统的堤防工程形式将城市与河流分割，造成城市生态空间在一定程度上的割裂。

8.3 总体构思

8.3.1 设计目标

（1）重现河流自然空间特性。
（2）维护河流自然景观风貌。
（3）提高河流自我调节能力。
（4）营造城市与自然互动融合。

8.3.2 设计理念

8.3.2.1 还地于河理念

将河堤内的洪泛区土地保留，为河流提供更多行洪空间，增加河流的蓄滞洪能力，具有一定的弹性和空间。还地于河可以在保证安全的前提下，兼顾生态和河道空间品质。将自然景观、生态系统、空间品质作为整体纳入设计任务，创造自然与农耕、水与人共存的空间成果。

8.3.2.2 近自然河流治理理念

以理解和尊重自然的态度对待河流的各要素，使其达到接近自然状态的一种综合治理模式。建立健康河流生态系统；维持原有滩面地貌形态和机构；形成天然的植物群落，建立植物自然恢复模式；水脉、绿脉、人脉完美结合，形成人与自然和谐共处和协调发展的关系。

8.3.2.3　恢复河流生态系统自组织能力理念

"自组织"是在不受外界特殊干扰的状态下，通过生态系统内部组织结构相互作用而形成的有序演化过程。

本河段滩面生态修复，通过生态工程设计手法，达到生态系统利用自组织功能的自我设计与管理来进行生态系统的重建与修复的效果。利用自组织原理，本次采取的工程策略均为"引导性"设计，辅助生态系统完成自我修复、水资源、植物资源的重新配置等自我设计。

8.3.2.4　多自然型河流营建理念

营建具有生态特性、接近自然的多自然型河流，融合水利学、生态学、美学等学科重要原理，从物质、生命、意识三个层次，运用相应的设计手法和技术，恢复河道自然形态、改善水体水质、修复生态系统、保护生物栖息地、建成环境优美的，体现人、河和谐的自然河流（见图 8.3-1）。

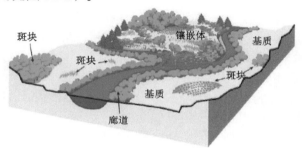

图 8.3-1　河道形态示意图

8.3.3　设计策略

8.3.3.1　基于土地利用适宜性的滩地功能划分

分析泾河滩地土地资源情况，根据上水概率条件和现状地形条件，对滩内现状土地利用情况做出评价。以科学合理的规划设计方法，对滩内土地进行功能区划分和利用。建立人、地之间的和谐关系。

8.3.3.2　提高河道的形态异质性

通过生态设计，形成纵向形态复杂蜿蜒，横向形式丰富，河床与水陆交汇带结构具有透水、透气性等的生态泾河。为泾河滩面创造开放的环境条件和多样的流域空间形态，有效地改善河流物质环境结构。

利用现有滩面地形及层次变化，合理设计滩面及水系的形态，保证泾河上游与下游滩面间的连续性与横向连通性，在具备用地条件和不影响防洪安全的前提下，局部拓宽河道。

采用生态工程手段，建设生态驳岸、浅滩、深潭、生态沟渠、下沉式绿地、生态水面等不同的滩面环境空间，从而提高泾河的空间异质性，在物质层面增强河流的生态特性。

8.3.3.3　建立泾河滩面示范性生境结构

河流生境是动植物生存的载体，生境保护对河流生物多样性的保护具有重要意义，生境保护和恢复规划设计，能够对不同等级和类型的生境做出相应的保护和规划措施。生境示意图见图 8.3-2。

图 8.3-2   生境示意图

维持泾河流域整体生态背景的完整性，保护农田生境、林地生境、坡地生境等现有生境资源。重点保护生境中水生、湿生生态系统物种的多样性和群落的稳定性。

分析滩面及堤顶典型生境植被组成，对物种数量、群落的合理构成做出规划设计方案，建立群落结构丰富、稳定的乡土生境。

8.3.3.4   建设生态服务设施

在堤顶、堤外 30 m 的绿地及高滩区域，在用地条件许可的前提下，设置泾河滩地主要出入口、慢行系统、公共厕所、自行车租赁点、管理用房、鸟类观测站、园区信息导览系统等，为滩面生态科普、自然探索、文化游赏、郊野休闲等活动提供基础性服务。

8.4   总体布局

8.4.1   洪水淹没分区

以洪水淹没范围为依据，将滩面划分为"三带"，即河滩岸坡带、河滩缓冲带和河滩陆生带，从而根据河道自然水文过程，营造不同的生态类型，具体分区面积见表 8.4-1。

表 8.4-1   洪水淹没分区

分区	河滩岸坡带	河滩缓冲带	河滩陆生带	合计
面积 /hm²	425.56	294.90	262.77	983.23

8.4.1.1   河滩岸坡带

造床流量是河道整治的重要指标之一，能够反映出洪水对于河床形态塑造的关键作用。按照平滩水位法确定的造床流量为 1 900 m³/s，推算出各断面中水水位。中水水位以下滩面为河滩岸坡带。

河滩岸坡带是河道主要过洪通道，是水陆交错带的重要区域，具有安全防护、生态等综合功能。岸坡区域应在满足安全防护功能的前提下，给洪水以空间，塑造自然蜿蜒的河道形态，形成干湿交替的滨河生境。

8.4.1.2　河滩缓冲带

河道 5 年一遇水位下区域，是陆地生态系统与水生生态系统的过渡带，是陆生物种的重要栖息地。应最大限度地利用滩面上的低洼地、坑塘等滞留洪水，洪水过程之后在滩面上形成深浅不一的生态水面，改变以往由于洪水过程历时较短、滩面调蓄能力不足导致的生态系统弹性不足的困局，从而提升物种的多样性，进而体现生态功能、防护功能、社会功能及经济功能等进行体现。

8.4.1.3　河滩陆生带

河道五年一遇水位以上区域，洪水上滩概率降低，通过效法自然的方式，充分利用现状和规划的多种水源，基于场地内的地形和环境形成不同的植物群落，营造多样化生境，可合理布置生态服务设施。

8.4.2　滩面功能分区

根据治理段不同滩面与主河槽、堤防的相对位置关系，将治理段划分为 7 个滩面。结合新城城市定位、泾河自身生态景观格局特点，将 7 个滩面划分为田园休闲区、滨河野趣区、都市亲水区、自然探索区，突出不同区域的生态服务功能。

各滩面范围、功能分区、水系面积等基本情况见表 8.4-2。

表 8.4-2　滩区基本情况

序号	名称	范围	水系面积 /hm²	分区定位
1	修石渡滩	北至规划防洪大堤坡脚外 30 m，南至泾河河道，东至先锋大街向南延伸的泾河规划路东侧 250 m 处，西至泾河新城行政边界	4.15	田园休闲区
2	花池渡滩	北至防洪大堤坡脚外 30 m 处，南至泾河河道，东至茶马大道，西至秦龙大道向南的延伸段跨泾河规划路	6.39	滨河野趣区
3	唐李村滩	北至防洪大堤坡脚外 30 m 处，南至泾河河道，在泾河天然河湾内，被茶马大道一分为二	3.43	都市亲水区
4	雁河湾滩	北至泾河河道，南至泾河湾路，东至泾河湾大桥，西至茶马大道	6.06	都市亲水区
5	彭家村滩	北至防洪大堤坡脚外 30 m，南至泾河河道，东至正阳大道，西至院士谷东部水系入泾河口处	19.39	都市亲水区自然探索区
6	冉家村滩	西起泾河湾便桥，东至下游末端铁路桥，包括南岸及部分北岸河道滩地及堤防外 30 m 范围	2.04	自然探索区

8.5 滩面生态修复设计

滩面设计以生态修复为主,重点是在不侵占过洪断面、保障防洪安全的前提下,梳理现状滩面的地形构架,形成水系、雨水花园、生态沟渠、河滩岛屿等多种类型的滩面形态,完善和重塑泾河的生态格局,提高泾河的生态服务功能。

8.5.1 滩面形态塑造

8.5.1.1 设计原则

通过分析滩面现状和历史演变状况,根据现状存在的主要问题,结合生态保护和新城经济社会发展和区域开发需求、河道治理规定等,确定滩面形态塑造的基本格局。具体应遵循以下原则:

(1)严格执行河道管理的有关要求,防止侵占河道过洪断面,保障防洪安全。

(2)充分尊重河道水系的自然形态和自然生态特征,保护和恢复河道纵向的蜿蜒性和断面的多样性,防止河道的渠化和园林化。

(3)突出因地制宜,新增水系充分结合滩面现状低洼地、坑塘布局,充分发挥滩面的"海绵"功能,提高滩面蓄滞洪水和水资源调配能力,以形成多样化的生境。

(4)提高水陆连通度。选择透水的自然材料进行边坡防护,实现近自然化的滩面生态修复。选择石材、植物等天然材料辅助重塑滩面生境。通过生境营造和低干扰的管理方式来引导水陆连通,实现生态系统的恢复和重建。

8.5.1.2 滩面形态布局

为丰富滩面形态,布置生态沟渠、生态水面、雨水花园、生态岛等。

1. 生态沟渠

生态沟渠共分为三类:

(1)利用现状沟坑,整理形成沟渠。

(2)耕地上开挖生态沟。宽度设计为1~1.5 m,深度为1 m左右。

(3)非耕地上开挖生态沟。依据引水流量和生态沟起、末端高程具体设计生态沟规模和形态。

生态沟渠主要布置修石渡滩、花池渡滩、大堡子滩的中水位以下(低滩)区域。生态沟渠增加了低滩的水面面积,同时,一定程度上提高了河道的行洪能力,丰富湿生生境。

2. 生态水面

利用滩面现状凹地、洼地,形成水面。在用地条件允许的滩面,开挖形成生态水面。修石渡滩、花池渡滩、雁河湾滩、彭家村滩、冉家村滩均设置生态水面。

3. 雨水花园

在海绵城市建设理念的指导下,在中滩、高滩设置下沉式绿地。中小雨水条件下,雨水花园可承接雨水,增大雨水下渗、减小地表径流。旱季少雨时,雨水花园呈现下凹式绿地的状态,观赏性较好。

4. 生态岛

生态岛设计分为两类，一类为现状岛整理，一类为开挖水系形成的岛。生态岛将成为水面中的半干旱半湿润环境。

8.5.1.3　平面形态设计

1. 设计原则

水系的平面形态应采用自然优美的形态，增加蜿蜒度，提高岸线的多样性，同时充分考虑包括局部弯道、深潭、浅滩、河心岛、洲滩等地貌单元的大小与数量，增加生态水面基本地貌单元的丰富度，营造多样化的生境。

2. 修石渡滩

修石渡滩整合现状鱼塘与水系形成一大一小两个水面，初期引用测渗水。大小生态水面间设计旱溪连通，并且大水面预留旱溪与外部相连，后期连接泾沐渠引水。修石渡滩地下水位深，开挖较深，水面开口线至水面形成 1:7 缓坡，坡度平缓，形成亲水空间并制造浅水草本生境。此外，生态水面处于中滩，5 年一遇水位线以下，根据泾河洪水变化水体将形成不同景观。

3. 花池渡滩

花池渡滩引水采用外部污水处理厂水源，五年一遇水位以下，处于中滩。花池渡滩现状坑地鱼塘较多，将现状鱼塘洼地相连并整合，形成设计生态水面。

4. 唐李村滩

该滩地因非法挖沙遗留大量沙坑及自然坑塘，现状地形丰富。现状植被情况良好，有自然斑块林地分布，生境条件较好。茶马大道将滩面一分为二，两侧各有城市雨水口一个。设计在高中滩区域结合地形设置台地雨水花园，净化城市雨水的同时，形成季节性生态花园式景观。在低滩则通过串联现状沙坑、凹地，形成生态水链，旱时利用滩面侧渗水保持水面效果，雨时则通过旱溪与上面雨水花园连通。

5. 雁河湾滩

雁河湾滩对岸正对崇文湖生态滩面，南部紧邻乐华城，滩区未来服务强度较高。该滩腹地较宽，河道侧渗水量较大，为提升泾河河流品牌，体现都市亲水功能，在该滩面规划生态水面，并通过自然蜿蜒生态沟渠与泾河河道连通。

6. 彭家村滩

彭家村滩水系总长约 3.5 km，根据高中低滩分区治理原则，利用院士谷东部水系（远期）泾河河道内提水（近期）以及南干渠（改线）两处退水引入滩面，进而形成以西延高速为分界、东西两部分风格迥异的滩面水系及地形地貌。同时这两部分滩面也分属于都市亲水区（西）与自然探索区（东）。西滩水系自院士谷东部水系（远期）、取用泾河水（近期）引入滩面，通过滩面低洼地串联形成的仿自然水系重力自流，并逐级形成：近自然溪流—游荡形水道—滩面水网这一系列的滩面水体形态，丰富了滩面的景观结构与生态系统结构。多元化的地形 + 水网的组合模式增加了滩地生境的丰度，这使得滩面生态系统更为稳固，并能向泾河主河道提供更为丰富的生态产品。

东西两部分水体统一汇入南部的水道进而东流，在正阳大桥西侧的旧河口处汇入主河道，并在此处形成滩面的最后一处生态滩地。形成近自然溪流—游荡形水道—滩面水网—生态滩面。

7. 冉家村滩

泾河南岸"延西高速"与"崇文大桥"交界处现有"第三污水处理厂"经处理后的中水直接排入泾河主河道。根据整体项目设计理念，现将处理后中水通过管道引出，一处引向"延西高速"与"崇文大桥"相交的北侧滩地形成网状水系，另外一处穿过"崇文大桥"向东引向现存"狼沟退水渠"，同时对"狼沟退水渠"进行扩挖改造，水系外引形成两处生态水面并最终汇入泾河河道。冉家村滩地水系设计方案充分利用"第三污水处理厂"处理水源引入滩地，进行自循环生态净化，在提高水资源利用率的同时形成更为丰富的水系环境创造稳定的生物群落。

8.5.1.4 生态水面设计

1. 设计原则

水域底部形态在考虑地形条件约束和进出口条件的影响时，应该尽量以流线型的圆、椭圆或接近圆或椭圆的形状为主，一是保证水体的整体流向平顺，有利水体交换；二是减少水流之间的干扰顶托，降低入河营养物质不均匀沉淀的机会。

水面底部形态（水深功能分区）综合考虑种植、亲水、自净、土方平衡、越冬结冰等方面的要求，要有深有浅、深浅结合，一般分为深水区、浅水区、过渡区三部分。

（1）深水区。保证水系建成后，自身生态系统的建立，具备较好的自净能力。

（2）浅水区。考虑到亲水功能需要及安全需要，此部分水深要略浅，方便游人与水的自然接触。

（3）过渡区。浅水区与深水区之间的衔接为过渡区域。

水系水深是人为确定的，没有绝对的标准。从理想的角度（水生态）看，水深越深，水体越大，水系的调蓄功能越强；但从投资的角度看，在满足各项功能需求的前提下，水深尽量采用较小值，以减少工程开挖量，降低工程投资。因此，水深的确定需要结合地形条件、地质条件综合考虑功能要求、生态修复、挖填平衡等因素。

2. 分滩区设计

（1）修石渡滩。修石渡滩水面面积共 38 777 m²。滩地水面初期引用测渗水，后期引用泾沐渠水源。水体平均下挖 5 m，平均水深 1.5 m，开口线至水面线边坡为 1:7，营造浅水草本生境，面积为 34 223 m²，水面线至生态水面底部坡度为 1:3。

（2）花池渡滩。花池渡滩引用外部污水处理厂水源，水面面积共 17 607.8 m²。生态水面平均下挖 3 m，水深 2 m，开口线至底部为变坡处理，开口线至水面线边坡为 1:7，水面线至底部边坡处理为 1:3。

（3）雁河湾滩。滩面中水水位 372.99~373.50 m，5 年一遇水位 374.29~375.79 m，地下水位 368 m 左右，水面面积 34 346 m²。为降低周期洪水对水面的侵扰，将滩面水面边坡开挖线保持到中水水位 373.5 m 以上。水面水源采用滩面侧渗水，常水位 368 m，水面底部高程设计为 366.5 m，保证水面自净化能力，并在水面入河口处，局部抬高河床底部标高至 370 m，以满足 370 m 以上水位洪峰对水面水源进行周期性补给与滞留。水面边坡平均为 1:6，局部亲水区域及水面浅滩区为 1:8，保证游人亲水安全及滩面效果需求。

（4）彭家村滩。彭家村滩的西滩面在中水位至 5 年一遇水位中部形成了 38 420 m² 的水面，在东滩面形成了 14 278 m² 的水面。水面周边利用生态岛进行围合，西滩水面高程 370.5 m，底高程 368 m，东滩水面高程 371 m，底高程 368.5 m。总体水深 2.5 m，以满足具有净化水质的沉水植物生长的需求。同时，在处理汛期后的淤积方面，较大水面也便于集中清淤。

（5）冉家村滩。根据现状土地利用规划，滩地内存在较大面积的农用耕地，设计方案充分考虑用地分布，避开耕地范围的同时保证水系贯通。其中"延西高速"与"崇文大桥"交界三角地处网状水系通过管道引入后以伞状"灌溉水系"形式分布，设计水面宽度 1.5 m，深度 1 m，以自然沟渠的形式流入农田，并最终汇入泾河河道。

"狼沟退水渠"部分同样利用管道引入"第三污水处理厂"处理再生水，保证沟渠长流水，同时通过放缓沟渠两侧边坡形成自然的驳岸形态。在延西高速以北通过外引水系形成两个面积分别约 4 000 m² 生态水面，水最终汇入"狼沟退水渠"并流入泾河河道。该处水系设计水深约 1.5 m，底高程 365.00 m，水面高程 366.5 m。

在底部设置生态子槽，保证生态滩地的水面需求。在设计底高程以下 1.5 m 处布置生态子槽，开口宽度和平面形态由生态需求而定。非汛期在生态水面生态子槽内形成小水量的生态基流，汛期生态水面面积随着来水量增大而扩大。

8.5.1.5　生态驳岸设计

传统驳岸形式有浆砌石挡墙、混凝土重力式岸墙或预制混凝土砌块护岸等，其重点关注于河道、沟渠边坡的抗冲、防渗等功能，忽视了其生态功能，阻断了水陆之间的生态流交换，导致水质容易恶化，也使水生动物失去了良好的生存、栖息场所。为修复生态环境，保护生物多样性延续，减少工程措施对自然环境的伤害，本工程滩区生态水面岸坡采用生态驳岸的形式。

生态驳岸有很多形式，其共同特征是具有"可渗透性"特点。

泾河滩区生态驳岸设计原则和理念：以生态环境修复功能为出发点，达到以人为本、服务于人的目的。维护水体生态平衡，构建水陆动植物共生的生态系统。

工程区处于泾河河漫滩和泾河一级阶地上，分布地层为第四系全新统松散冲洪积堆积物，地层岩性结构为人工堆积层、壤土、砾卵石，底部为中更新统的黄褐色壤土。

泾河滩区结合现状低洼地带、鱼塘和已有沙坑等，开挖修整形成生态水面。岸坡均采用 1:6~1:7 的缓坡形式，达到较好的生态效果。

1. 驳岸断面形式的比选

1）复式断面

复式断面的形式是断面中间增加一个二级平台或多级平台，其适应于空间相对较大的段落，两级或多级平台丰富了绿化与景观的层次，增强了动植物多样性，使生态水面变化性增多，立体感更强。

2）梯形断面

梯形断面是指根据水面形态，采用单一的缓坡，从现状滩面开挖至底高程。该断面形式简单，但不美观，缺少"人水和谐"的生态环境，不利于形成动植物多样性。

本次设计拟推荐采用复式断面。利用复式断面将缓坡、底部子槽及多级平台有效结合，平台宽度5~10 m，形成水面空间异质性和多样化水力条件，营造鱼类有效栖息地。

2. 生态水面防护形式的选择

泾河滩区水面不承担防洪排涝任务，其断面大部分不进行防护，考虑断面中间的平台位于常水位以下 0.3 m，位于水位变动区，平台坡脚处存在水流冲刷，在平台首端采用格宾石笼防冲槽进行防护。

3. 生态驳岸的选择

根据本工程特点，生态驳岸采用以下形式。

1）草坡驳岸

主要通过人工播撒种子或是把好的草坪直接铺设形成。在坡表面的黏土层上种植草皮进行保护，植草之间相互交叠，形成一个类似屋顶瓦片形式的结构，从而在坡面水流通过时候可以保护土颗粒不随水流流失。适用于坡度较缓并无抗冲要求的岸段。各滩草坡驳岸统计见表 8.5-1。

表 8.5-1   各滩草坡驳岸统计

滩区名称	修石渡滩	花池渡滩	唐李村滩	雁河湾滩	彭家村滩	冉家村滩
草坡驳岸(岸线周长 /m)	4 834	3 216	2 102	4 834	6 254	1 055

2）灌木驳岸

在水岸驳岸边栽植低矮灌木，并利用其根系来加固土壤，增加土壤抗侵蚀的强度，减少河流对岸的冲刷，同时也能有效地减少坡面的水土流失。适用于地势较高的岸段。

3）块石驳岸

利用天然石材堆砌而成的结构，石材之间的空隙可以作为水生动物的巢穴、繁衍的场所等，有利于水体及水陆交接带的生物多样性发展。该驳岸结构一般适用于坡度比为 1：3~1：5 的缓流水体。通过在天然石材上种植绿色藤蔓植物，不但可以营造山地的地貌特征，还能改观石材自身颜色的单一性，丰富整体景观的色彩。适用于局部有抗冲要求并且打造生境要求的岸段。

4）防冲驳岸

彭家村滩水系水流方向自西北流向东南，滩面地势北高南低，高差达 6 m 左右。局部水流流速较大，需考虑散抛石防冲。

5）栈道平台驳岸

栈道平台驳岸布置在水体与园路交会处或具有亲水功能的悬挑结构处。栈道上部采用防腐木板进行铺装，下部采用直立的钢筋混凝土结构。

8.5.1.6　雨水花园设计

1. 唐李村滩

台地雨水花园区总体上分为 3 级，共有 16 个地景式下沉坑塘成鱼鳞状罗布于滩面之上，水流自上而下分级跌流而下。每个下沉坑塘平均深为 1.5 m，边坡 1∶10 左右。植物由外到内进行圈层分类设计，分为旱生、半湿生、湿生、水生 4 大类。局部点缀景石、抛石、卵石等，提升效果的同时，为动物提供适宜生境。

2. 彭家村滩

彭家村滩在滩面中共形成了 33 869 m² 的两处雨水花园，雨水花园平均坡比 1∶7，底部为碎石填料。雨水花园设置在 364 m 水位之上，平均深度在 1.5~2 m，以丰富高滩滩区的生境类型。雨水花园利用滩面现状的坑塘进行串联而形成，塘与塘之间利用溢流管相互连通，利用高差进行雨水的逐级净化与排空。周期性的积水也创造了独特的半干旱半湿润的动植物生境。

8.5.1.7　生态沟渠设计

1. 修石渡滩

修石渡滩根据现状地形及水系洼地局部疏通相连，在滩地边缘形成生态沟渠。共形成 3 处生态沟渠，生态沟渠长度共 3 316 m，平均坡比为 1∶7 缓坡处理，缓坡种植草本植物，形成浅水草本生境。

2. 大堡子滩

大堡子滩共有一处生态沟渠，利用生态沟渠增加行洪能力，此外，在大堡子滩内，仅利用生态沟渠作为亲水景观，共 1 113.3 m，平均坡比为 1∶7 缓坡，河底高程为 368.5 m，水面高差约 1.5 m。

3. 唐李村滩

为承接上部滩面汇水，在茶马大道两侧泾河侧开挖自然生态沟渠，减小汇水对岸线直接冲击的同时，丰富滩面水面形态。生态沟渠总长约 976 m，平均坡比 1∶8，沟底至水面高差 0.5~1 m。沟底填充河滩石底质，并种植多年生草本植被。

4. 冉家村滩

冉家村滩下游河湾顶冲段河势变化较大，该处规划修建磨盘坝 4 座，控岛工程完成后水流会对北侧滩地形成更强的冲击，因此考虑到滩地稳定性以及河间带生态环境塑造，在北侧滩地开挖约 15 m 宽生态沟渠，将主河槽水流引入沟渠，缓解顶冲段水流冲击力并为北侧滩地创造更为丰富的河间带环境。沟渠设计水面高程 365.10 m，总长度约 180 m。

8.5.1.8　生态岛设计

1. 生态岛设计

（1）修石渡滩。修石渡滩仅在较小水面设计生态岛，面积共 1 892.7 m²，平均水面上高度为 1.5 m，生态岛缓坡部分平均坡比为 1∶8，陡坡平均坡比为 1∶3。部分生态岛上设置观景平台。

（2）花池渡滩。花池渡滩生态岛数量较少，生态水面中设计生态岛优化水面形态。生态岛面积共 303 m²，平均水面上高度为 2 m，生态岛平均坡度处理为 1∶6。

（3）唐李村滩。低滩生态水链区域，与下洼深水区相对应，通过微地形塑造形成生态岛群。生态岛边坡为1:8以上，个别生态岛上设计栈道及停驻点，营造绝佳观景点。

（4）彭家村滩。彭家村滩富有特色的游荡形水网形成了98 014 m²的生态岛，生态岛平均坡比1:6，最缓边坡比1:12，岛屿坡顶距离水面的平均高差不超过1 m。缓坡入水的水岸形态最大程度上延长了坡面径流的长度，更有助于稳定边坡，拦截入河污染物，同时也使得半干旱半湿润植物品种的生境面积最大化。

（5）冉家村滩。根据"狼沟退水渠"外引水系形成的两处水面中心设计3处生态岛屿，岛屿呈椭圆形形态布置，长度为20～30 m，宽度为8～15 m，设计顶部高程368.00 m，总占地面积约586 m²，采用生态边坡防护，岛屿植物以水生草本花卉为主。

2. 防护设计

泾河滩地的生态岛边坡较陡，基本上为1:3。边坡防护形式比选如下。

1）格宾护垫防护

由格宾网构成的薄箱体内装块石组成，常用于岸坡防护和河床护底等防冲刷工程，集柔韧性、透水性、环境亲和性、耐久性、施工便捷性、经济性、抗冲性等诸多优点于一身，厚度为0.23 m的格宾护垫即可承受3.6 m/s的水流流速，其承受极限流速可达5.5 m/s，正越来越多地用于城市河道整治工程中。

2）生态连锁块护坡

生态连锁块护坡是一种预制混凝土柔性护坡，耐冲刷，整体性好，而且能适应不均匀沉降的变化，消浪作用较普通混凝土护坡好，视觉效果也较好。生态连锁块护坡可做成开孔式，可在孔中填碎石或种草。

3）绿化混凝土护坡

绿化混凝土护坡的基本结构为：内为无砂混凝土、外为普通混凝土复合结构。也可以按照设计形状确定。外保护层为C20混凝土，梯形断面。内生长基为无砂混凝土。其护砌及播种性能均较好，可使安全护砌与环境绿化有机结合起来，再造由水与草共同构成的水环境。

4）三维植被网植草护坡

三维植被网植草护坡是一种类似于丝瓜瓤状的植草土工网垫，加以尼龙丝制成。其孔隙中可填加土料和草种。植草根系深入土中，植物、网垫、根系与土合为一体，形成牢固密贴于坡面的表皮。有如下优点：固土性能优良、消能作用明显、网络加筋突出、保温功能良好的特点，可有效地防止水流冲刷破坏。

5）木材格网墙防护

河道边坡或河床基础土壤为软弱土壤时，可在边坡或河床上打设木桩以提升承载力，减小沉陷量，增加强度。木桩之水平间距可采用60 cm，或依实际情况改变桩长、桩径及间距。

6）自然块石防护

对于水位较低河段，采用块石护岸。即在坡脚处堆放块石，堆放边缘弯曲而自然。之后，在块石上面撒一层种植土，促进水生植被的生长。该类型的防护优点在于河岸的稳固性较高，景观较为自然，施工设计容易等优点。

通过对以上各种防护形式的分析比较，并根据生态岛的特点及周边环境、人文景观、生态恢复等要求，针对其承担的生态修复任务，初步选定三维植草网护坡作为防护形式。

8.5.2　生态构建与生境修复

泾河目前仍保留着自然的河流风貌，但长久以来，河流的水文地貌特征仍然发生了显著的变化，河流生境遭到一定程度的破坏，物种也随之减少。为了维持生物物种的多样性以及河流的可持续性，在遵循自然规律的基础上，从水质、生物、生态等多角度构建河流的生态功能，通过河岸带恢复、植被重建、生态滩面修建、弯曲河谷重建以及深潭、浅滩生境的重建等措施，恢复原生河流生态系统，构建持续稳定健康的生境。

8.5.2.1　现状生境条件及评价

泾河的原生生态系统在城市发展与扩张的进程中受人类活动影响严重，修复泾河的生态系统应选择有可能恢复原来生态系统的次生生境，结合都市活动的条件，进行自然恢复或模拟原来生态系统的组成和结构进行更新组建。

1. 现状土壤条件

泾河流域大的地貌单元属沉积盆地，次级地貌单元为泾河堆积阶地。泾河两岸发育有一、二、三、四级阶地，由于新构造运动，不断受到河流断陷盆地的影响和河流间歇性下切，形成了由黄土覆盖的多级阶地。泾河两岸地形平坦开阔，地形高差较小，第四系松散堆积物分布普遍，无不良地质现象发生。工程区处于河漫滩和泾河一级阶地上，主要岩性由上、中、下三层组成：其中漫滩上部岩性为壤土夹粉细砂、中粗砂薄层；中部为砂砾石层；下部为黄褐色壤土，局部段分布有粉土。

2. 现状水质条件

泾河为本工程区的主要地表水，水系南岸多，北岸少，呈不对称树枝状，河流水量受季节影响明显，枯水期为 3 月及 7~8 月，工程区地下水均属第四系孔隙潜水，含水层为冲积砂砾石、砂层和黄土状壤土、砂壤土。潜水的主要补给来源为大气降水，其次为丰水期河水入渗补给。两岸地下水补给河水，地表水与地下水水力联系较为密切。一般地下水位埋深漫滩为 2.10~7.50 m，一级阶地为 0.5~16.50 m。

3. 现状植被条件

泾河现状植被属暖温带落叶阔叶林带关中盆地人工植被区，主要以河漫滩草甸为主，辅之以人工栽培植被和人工绿化植被，由于长期人为活动，山区主要为灌丛草原及灌木草原，仅有团状或稀疏散生的乔木植被，多以人工营造的刺槐、油松、侧柏为主；另有少量天然次生的辽东栎、杜梨、山杏、山桃等，呈散生状分布，灌木主要有黄刺玫、连翘、麻叶绣球、紫丁香、虎榛子、马蹄子、酸枣、胡枝子等；草本植物主要有白草、黄菅草、羊胡子草、铁杆蒿以及多种禾本科、菊科杂草。

泾河滩地植被有大量的原生植被，根据现状情况，分为灌丛植被型、草丛植被型、沼泽植被型和水生植被型等 4 种植被型。

（1）灌丛植被型。群落结构一般为两层，即灌木层和草本层，群落高度多在 2 m 以下，建群种多为落叶阔叶灌木，主要有酸枣灌丛、荆条灌丛、白刺花灌丛和杠柳灌丛等。

（2）草丛植被型。以多年生草本植物为主，常见的群落类型有一年蓬群落、狗尾草群落、狗尾草＋大狗尾草群落、蒿类群落、草木樨群落、葎草群落、野大豆群落、苍耳群落、尾穗苋群落、鹅观草群落等。

（3）沼泽植被型。处于水陆生境过渡区,群落植物种类兼具水生植被和陆生植被（尤其是湿生植物）的种类。主要有拂子茅群落、狗牙根群落、酸模叶蓼群落、鳢肠群落、薄荷群落、马唐群落、荻群落、问荆群落等。

（4）水生植被型。丛沿岸浅水至中心深水方向,依次为挺水植物带、浮水植物带和沉水植物带。常见的水生植物群落有莲群落、香蒲群落、芦苇群落、莎草＋扁杆荆三棱群落、浮萍群落、欧菱群落、喜旱莲子草群落、眼子菜群落、菹草群落、穗状狐尾藻群落、狸藻群落。

8.5.2.2　生境设计原则

1. 保护优先

随着河流生境退化对生态环境造成的破坏影响日益明显和突出,充分掌握河流和滩地的现状生境条件、水质和生物资源信息,系统性对现状生境进行调查和评价,优先保护现状的优势物种和群落结构,对河流滩地生态修复、生物多样性保护和流域可持续管理至关重要。

2. 科学修复

在对现状进行调查和评价的基础上,结合各类型生境特征,确定相对应的指标体系,运用科学有效的生态修复及构建方法,制定对应的修复策略,进行适宜本地区的有针对性的修复。

3. 合理利用

对现状物种类型、群落结构进行合理利用,深化和完善河流生境质量评价体系,为河流生境管理、生态修复及流域水资源和土地规划的合理开发利用和保护提供依据,在此基础上,分别控制其地域范围,设施内容和使用强度,达到有效保护,合理利用的目的,在满足生境完整性的基础上,适当增加人类活动,增加科普教育功能,实现人与自然和谐共处。

4. 持续发展

经过合理的生境修复及生物多样性系统的构建,保持持久、稳定、健康的生境关系是泾河可持续发展的根本,通过增强生境系统的稳定性以及结构的复杂性等措施,增强生境的抗风险能力,实现泾河生态系统的持续稳定发展。

8.5.2.3　生境设计目标

1. 构建区域生态安全格局

通过干扰排除以及空间格局规划和管理,保护和恢复生物多样性,维持生态系统结构、功能和过程的完整性,强调区域尺度的生物多样性保护、退化生态系统恢复及其空间合理配置、生态系统健康的维持、经过生态格局的优化,实现对区域生态环境问题的有效控制和持续改善,以期构建泾河的区域生态安全格局。

2. 丰富河流生物多样性

通过生境的合理设计,遵循自然恢复原则,丰富河流生物多样性,维护区域生态平衡,完善生态功能。

3. 恢复原生生物物种

泾河在长久发展以来，随着河流生态环境遭受一定程度的破坏，本土原生生物物种急剧减少。通过科学合理的生境修复手段，再现昔日泾河的原生态风貌，丰富原生生物物种和珍稀物种资源，对泾河的可持续发展具有至关重要的作用。

8.5.2.4　生境总体设计

1. 生境类型

根据泾河防洪要求及现状情况，将现状堤顶路以外部分定义位堤外景观区，堤顶路和 5 年一遇洪水位之间定义位高滩区，并将堤外景观区和高滩区归为旱生生境类型；5 年一遇洪水位至中水位之间定义位中滩区，结合其现状生境条件，将其归为半干半湿生境；中水位以下区域为低滩区，归为湿生生境。

2. 生境总体设计

根据旱生生境、半干半湿生境和湿生生境，结合现状具体条件，对每个生境类型进行具体细分（见图 8.5-1），以对每个场地类型实施具有针对性的生态修复策略。

图 8.5-1　生境类型细分

1）旱生生境

位于 5 年一遇洪水位以上，包括堤外部分城市景观区域和滩地内地势较高的区域。选用观赏特性良好的陕西地区本土树种，根据造景及空间使用特点，营造乔灌草层次丰富、四季色彩变化的植物景观，注重速生树种与慢生树种、常绿树与落叶树的搭配比例，营造良好的植物群落自然迭代（见图 8.5-2）。代表树种：元宝枫、栾树、柿树、楸树、山杏、石榴、木槿、海棠、丁香、珍珠梅、金银木、锦带花、牡丹、芍药、萱草、玉簪、麦冬等。

设置辅助鸟巢、鸟类投喂装置、虫蝶投喂装置；采用本地自然土，培育适生土壤微生物群落；不使用杀虫剂，通过自然益虫—鸟类平衡病虫害。

塑造坡地、小洞穴等生物栖息隐蔽的微地形；放置枯木、石碓、藤条等适合昆虫、菌类繁殖的自然材料；选取能吸引消费者的果实类、香蜜类植物；平衡乔灌草层次比例、针叶阔叶比例、新老树龄比例。

灌木 草本 水草生境

代表生林间栖息生物：
松鼠、刺猬、野兔；
啄木鸟、燕雀、大山雀；
蚂蚁、天牛、象甲、夜蛾、蜘蛛、菌类

图 8.5-2　旱生生境类型系统构建

（1）城市化生境。城市化生境主要指堤外部分区域，以满足市民游览需要及构成堤顶优美的植物景观为目标，物种选择以考虑美学因素为主，结合植物的季相、色彩等的变化，优先选用乡土物种，在满足美观的同时，考虑生态功能，同时，少选或不选造型类、绿篱类等物种，减少人为的干扰和管护成本，兼顾经济性。典型群落搭配如下所示：

a. 银杏／丛生朴树＋常夏石竹／草坪。主要为堤顶主入口或广场的植物群落搭配类型，以观赏性较强的植物作为主景，结合地被植物形成开敞通透的视觉景观效果。

b. 白蜡＋高干石楠＋连翘／迎春＋鸢尾／红花酢浆草。在堤顶外侧绿带内打造"乔＋灌＋草"搭配的复合群落结构类型，同时，常绿落叶搭配，以开花灌木作为观赏主景，形成既能满足游览需要，又具有较高生态价值的群落类型。

c. 雪松＋樱花／海棠＋草坪。以开花小乔木樱花或海棠为主景，以雪松常绿植物作为背景，打造堤顶观赏林带，片植形式形成樱花林、海棠林等，打造泾河优美的景观花带。

（2）坡地林生境。场地内具有丰富的高差变化，局部还有一部分台塬区域，通过坡地林生境的营造，一方面需要形成坡地特有的景观特色；另一方面需要实现固土护坡等的功能目的，为坡地动植物形成良好的栖息环境。典型群落搭配如下所示：

a. 刺槐＋紫穗槐。刺槐和紫穗槐具有较好的固土护坡功能，二者搭配种植，能形成景观效果良好的坡地景观林。

b. 黄栌／红栌／蜡梅＋迎春／小叶扶芳藤／麦冬。黄栌、红栌以及蜡梅等均能较好地在坡地生长，开花期，能形成良好的坡地景观效果。另外，黄栌、红栌作为色叶植物兼具秋季景观效果，蜡梅能使坡地冬季具有较好的观赏效果，地被的选择同样满足开花、色叶及固土的需求。

（3）平地林生境。选择适宜平地生长的观赏植物，如水杉、银杏等色叶类植物，樱花、海棠等开花小乔类以及果树作为主景植物，地被植物选择耐阴地被，与主景树季季节错开，拉长观赏期。另外，林下空间和植物为小型哺乳动物、昆虫等提供了丰富的活动空间和食物来源，为特定类型的动物如松鼠、刺猬、野兔、啄木鸟、燕雀、蚂蚁、菌类等提供栖息环境。平地林生境典型群落搭配如下所示：

　　a. 水杉 / 银杏 + 二月兰 / 麦冬。

　　b. 樱花林 / 海棠林 + 小叶扶芳藤 / 玉簪。

　　c. 柿树 / 山楂 / 山桃 + 小叶扶芳藤 / 麦冬。

（4）农田生境。主要选用易于养护的观赏型作物品种，季节性轮作，打造综合观赏型农田生境。另外，适当引入适应本土环境的蜜源植物、食源植物，吸引食草昆虫、鸟类等，以自然调控的方式抑制农田病虫害，避免杀虫剂、化学肥料等的使用，采取绿色防控措施，丰富生物多样性。

充分利用农田边缘的绿地、边沟、林地、池塘及休耕地等非生产用地，作为修复动植物生境的缓冲带，营造草丛、灌丛、疏林地、密林等满足各类农田生态链动植物、微生物完整生活史的生境。

除此之外，在田间步道的一侧，农田边界增加生态沟渠，收集净化来自农田灌溉的废水及地表径流，同时增加农田生境湿润度，提供干湿变化的生态环境。

（5）花田生境。花田生境与农田生境类似，需要一定的人工干预加以维护，选用多季轮作品种进行栽植，同时考虑招蜂引蝶植物，打造浪漫自然的花田景象，同时为少量两栖动物、爬行动物、鸟类及哺乳动物提供栖息场所。推荐群落搭配类型如下：

　　a. 早春——梨 + 山杏 + 山桃；油菜花 + 小麦。

　　b. 春夏——波斯菊 + 虞美人 + 美女樱。

　　c. 夏——月季类 + 混播多年生草花（波斯菊 + 月见草 + 常夏石竹 + 蜀葵）。

　　d. 秋——千日红 + 狼尾草 + 小麦 + 野牛草 + 野菊花。

　　e. 冬——红瑞木 + 狼尾草 + 甘蓝。

2）半干半湿生境

半干半湿生境是陆域与水域之间的过渡地带，是多种生境交汇的区域，同时也为鸟类提供了丰富的栖息环境，增加了河岸景观的异质性和生物多样性。考虑到防洪要求，尽量少用或不用乔木，以灌木、草本为主要栽种模式，普遍采用能够滞尘、调节气候、保持水土、净化水质，并且自身能够耐瘠薄，耐寒耐旱，耐水湿，再生能力强、管护方便且观赏期长的植物类型，通过合理的组合搭配，营造出层次结构合理的自然河岸带，以期减少人工成本，注重生态价值的发挥。

（1）河岸灌木生境。河岸灌木生境位于地势稍高区域，上水概率略低，植物选择以可耐短暂水淹的植物群落为主，作为整个河岸带的上层种植空间。河岸灌木生境能够吸引鹭类等前来栖息。代表植物有：柽柳、紫穗槐、醉鱼草、黄刺玫、绣线菊、迎春、千屈菜、鸢尾、苜蓿、二月兰、红花酢浆草、蛇床等。推荐群落搭配类型如下：

　　a. 柽柳 + 紫穗槐 + 醉鱼草。

　　b. 木槿 + 迎春 + 鸢尾。

（2）浅水灌木生境。河流不仅具有单一的陆地和水体，而且具有两者相互作用的湿生浅水区，不仅具有连续性，并且能为生物提供充足水源，是难得的具有建立较完整生态系统潜力的区域，利用其特性建立自然的景观生态系统，营造层次丰富的栖息地，形成生物界的混合社区。以低管理需求的野生地被、草本灌木、灌木组团为主。推荐群落搭配类型如下：

a. 红蓼 + 香蒲。

b. 迎春 + 芦苇 + 千屈菜 + 蛇床。

（3）浅水草本生境。构建层次丰富的水陆过渡带植物体系，发挥其食物供给、水质净化、栖息地等功效。浅水水草植物茂盛，是两栖类动物的最爱。植物群落主要由禾本科、莎草科、蓼科、菊科等组成。推荐群落搭配类型如下：

a. 荻 + 狗牙根群落。

b. 芦苇 + 稗 / 艾蒿 / 小飞蓬群落。

（4）荒溪型生境。荒溪型生境由于河岸的季节性冲刷，河滩原始状态遭受一定程度的破坏，造成砾石密集，土壤较为贫瘠，在模拟现状草本群落为主的基础上，综合考虑现状优势种，重点选择耐贫瘠的物种搭配群落，推荐群落搭配类型如下：

a. 苜蓿 + 酢浆草 + 狗牙根群落。

b. 丛枝蓼 + 艾蒿群落。

c. 白茅 + 马鞭草群落。

3）湿生生境

现状湿生植被群落主要有芦苇群落（Phragmites australis）、菖蒲群落（Acorus calamus）、眼子菜群落（Potamogeton distinctus）和浮萍（Lemna minor）、紫萍群落（Spirodela polyrrhiza）。

湿生生境在模拟现状自然植物群落的基础上，以耐水湿、适应高低水位变化、适宜西安地区的适生水生植物、湿生植物、喜湿植物群落为主，引入乡土湿生、浮水、挺水、沉水植物等，建立多样化生态系统，构建具有地方特色的生态群落。为保证行洪安全，除保留部分现状乔木外，不设置阻水植物及高干乔木。考虑水土冲刷及土壤盐碱，选用耐盐碱、韧性强的植物。代表植物：挺水植物的选择可参考以下品种：芦苇、水葱、黄菖蒲、香蒲、黑三棱、莲、茭白、慈姑、泽泻、水芹等；浮水植物可参考：浮萍、荇菜、欧菱、水鳖、槐叶萍、红睡莲、白睡莲等；沉水植物可参考：黑藻、苦草、金鱼藻、狐尾藻等。

（1）浅水水草生境。具有丰富的水生植物，可以吸引鱼类及软体动物，从而吸引大量浅水禽类栖居。该生境主要由草本植物和挺水植物组成，草本植物以耐水湿的狼尾草、射干等组成，芦苇、酸模叶蓼、菰等是构成挺水植物群落的主要物种。推荐群落搭配类型如下：

a. 芦苇 / 芦竹 + 千屈菜 / 香蒲 + 水生鸢尾。

b. 狼尾草 + 射干 + 水葱 + 雨久花。

（2）浅水水草沼泽生境。浅水水草沼泽由于长期受积水浸泡，土壤剖面上部为腐泥沼泽土或泥炭沼泽土，下部为潜育层。有机质含量高，持水性强，透水性弱，干燥时体积收缩。经排水疏干，土壤通气良好，有机物得以分解，土壤肥力较好。主要由莎草科、禾本科及藓类等植物组成。浅水水草沼泽是纤维植物、药用植物、蜜源植物的天然宝库，同时是各种鸟类、鱼类栖息、繁殖和育肥的良好场所。推荐群落搭配类型如下：

　　a. 碱蛇床 + 芦苇 + 香蒲。

　　b. 芦苇 + 旱伞草 + 慈姑 + 芦竹。

　　c. 芦苇 + 水烛。

　　（3）深水水草沼泽生境。沉水植物和浮水植物是此生境的主要类型，其中，水鳖科的黑藻、眼子菜科的马来眼子菜和金鱼藻科的金鱼藻等是构成沉水植物的优势种。菱科植物野菱、四角菱，睡莲科的芡实、浮萍、萍蓬草等是构成浮叶植物群落的主要物种。推荐群落搭配类型如下：

　　a. 萍蓬草 + 眼子菜。

　　b. 菱 + 金鱼藻 + 黑藻 + 菹草。

3. 种植总体设计

1）种植总体控制

　　通过对不同生境条件的种植比例等进行控制，以满足防洪安全、生境条件、美学需要等不同层次的要求，从指标控制、形态要求等方面整体把控区域效果。

　　尤其是乔灌木的种植，对于堤顶以上区域，可种植防护林带及景观林，满足生态防护要求和美学需求；5 年一遇洪水位线及堤顶路之间部分，搭配坡地或平地地形，成组团式块状种植乔灌木；5 年一遇洪水位线至中水位线之间部分，考虑行洪安全，以草本植物为主，乔灌木以耐水湿植物为主，呈散点式布置；中水位线至河道部分，不种植乔灌木，以草本和湿生植物为主（见图 8.5-3）。

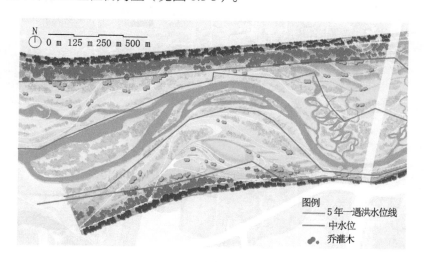

图 8.5-3　乔灌木位置意象图

　　（1）旱生生境。位于 5 年一遇洪水位以上，包括堤外部分城市景观区域和堤外至5 年一遇洪水位之间滩地内地势较高的区域。

　　a. 堤外部分。堤外部分基本位于百年一遇洪水位线之上，在满足基本的生态防护要求的基础上，重点考虑人的需求，常绿落叶合理搭配，速生树与慢生树结合，乔灌草组合，充分考虑季相变化和秋色叶树种的使用。常绿落叶比为3∶7；乔灌草比例为6∶2∶2。

b. 堤外至5年一遇洪水位之间部分。该区域可适当种植乔木，多为坡地和缓坡地，以灌木和草本为主。乔灌草比例为3∶4∶3。

（2）半干半湿生境。该区域主要位于5年一遇洪水位线与中水位线之间部分，大部分时间受水淹，为半干半湿环境，植物选择以既耐水湿又耐旱的两栖类植物为主，少量种植部分耐瘠薄、耐水湿的植物。乔灌草比例为1∶4∶5。

（3）湿生生境。为中水位线以下部分，常年受水淹，以湿生植物为主，包括水生植物（挺水植物、浮水植物和沉水植物）以及耐水湿的草本植物等，此区域不种植乔木。灌草湿生比例为2∶4∶4。

2）特色花海

结合现状，为彰显泾河特色及市民游赏需求，结合不同的花卉观赏期规划了9处主题花海园，分别为夏日葵园、云霞粉黛、流金溢彩、芳草萋萋、马兰梦蝶、暗香玫瑰、幽谷格桑、蒲影荡漾及紫田春意（见图8.5-4）。其中：

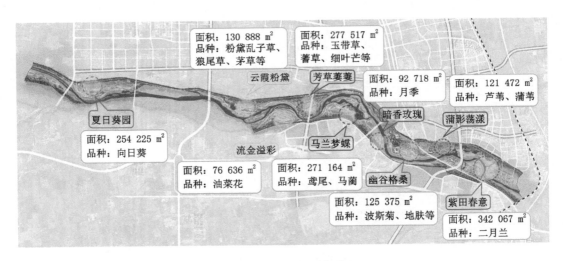

图8.5-4 花海平面布置图

（1）夏日葵园，以向日葵为主，打造夏季花卉观赏点。

（2）云霞粉黛，以粉黛乱子草、狼尾草、茅草等为主，打造秋季浪漫网红草。

（3）流金溢彩，以油菜花为主，结合现状农园，打造春季特色观赏点。

（4）芳草萋萋，以玉带草、薹草、细叶芒等为主，结合周边雨水花园打造水主题花海。

（5）马兰梦蝶，以鸢尾、马蔺等为主，结合坡地景观打造浪漫与蝶共舞的花海主题景观。

（6）暗香玫瑰，以月季为主，花期长，打造浪漫月季主题园。

（7）幽谷格桑，以波斯菊、地肤等为主，结合谷地景观，打造自然野趣的谷地花海景观。

（8）蒲影荡漾，以芦苇、蒲苇为主，结合滩地景观，打造蒲苇婆娑的野趣。

（9）紫田春意，以二月兰为主，打造春季林下花卉观赏地。

3）植物品种

结合生境营造需要、防洪要求、滩地现状条件、现有植物类型以及景观美学需要、季相变化等多方面因素，综合考虑筛选出本土以及具有地方特色的植物。结合植物四季生长规律，优选适生性植物品种，以植物自身的特性与自然界的气候轮替结合，科学选择植物物种，实现城市中大自然的初始面貌：冬去春来，夏隐秋至。

具体品种如下：

（1）基调树种：国槐、白皮松、银杏、独干石楠。

（2）骨干树种：雪松、油松、枇杷、大叶女贞、垂柳、胡桃、枫杨、白蜡、银杏、臭椿、榆树、苦楝、刺槐、丝棉木、三角枫、栾树、柿树、紫叶李、樱花、碧桃、柽柳等。

（3）特色树种：杜仲、连香树、杜梨、山拐枣、石榴、陕甘花楸、陕西荚蒾等。

（4）一般树种：枇杷、火炬树、海棠、丁香、木槿、紫薇、连翘、荚蒾、山茱萸、迎春、蚊母树、枸骨、南天竹、八角金盘、扶芳藤、刚竹等。

（5）滩地植物：迎春、马蔺、波斯菊、狼尾草、红茅草、细叶芒、红蓼、水蓼、艾蒿、青蒿、画眉草、狗尾草、莎草、马唐、灯心草、繁缕、薄荷、藜、铁苋菜、千叶蓍、香茅、射干、二月兰、油菜花等。

（6）湿生植物：芦苇、芦竹、千屈菜、香蒲、旱伞草、再力花、芡实、茭白、慈姑、水葱等。

8.5.2.5 动物生境构建

1. 食物链构建

食物链以生物种群为单位，联系着群落中的不同物种，反应着河流廊道中的食物路径，更关系到河流生态系统中的能量和营养物质流动。食物链至少需要六个物种来完成由生产者至消费者至分解者的循环过程。

食物链中的物种丰富性影响着生态系统的稳定性，而生态系统的健康发展也促进着生物多样性的提高，设计利用多样化的生态栖息地，吸引多样的生物，完善食物链结构，修复、加强泾河生态系统。

2. 构建策略

（1）在区域生态系统层面完善生态格局连通性，协助物种迁徙活动。

（2）选取适合场地综合环境条件的目标物种，加以保护、引种，完善其食物链。

（3）修复或再造目标生物的生境，通过提供基本活动斑块、连通廊道、划定保护区域、人工筑巢等措施加以实现。

（4）减小生境干扰，适当引入良好的人与自然互动。

3. 物种类型

为形成良好的生境条件，结合现状生境类型，动物以小型哺乳动物、两栖爬行类、鸟类、鱼类、底栖生物、浮游生物等组成。

1）小型哺乳动物

小型哺乳动物包括刺猬（Erinaceus europaeus，食虫目猬科）、马铁菊头蝠（Rhinolophus ferrumequinum，翼手目菊头蝠科）、白腹管鼻蝠（Anourosorex squamipes，翼手目蝙蝠科）、草兔（Lepus capenis，兔形目兔科）、长尾仓鼠（Cricetulus longicaudatus，啮齿目鼠科）、大仓鼠（Allocricetus triton，啮齿目鼠科）、中华鼢鼠（Myospalax fontanieri，啮齿目鼠科）、小家鼠（Mus musculus，啮齿目鼠科）及大林姬鼠（Apodemus speciosus，啮齿目鼠科）等。

2）鸟类

在生境岛上通过工程手段，构建缓陡程度不一的边坡，深浅各异的洼地、平地、断层等，形成多样化的微生境，并按照由内而外的次序，种植垂柳以及芦苇、菖蒲等乡土湿地植物，为鸟类提供栖息生境。

包括小䴙䴘（Podiceps ruficollis，䴙䴘目䴙䴘科，留鸟）、鸬鹚（Phalacrocorax carbo，鹈形目鸬鹚科，旅鸟）、苍鹭（Ardea cinerea，鹳形目鹭科，留鸟，陕西省地方重点保护鸟类）、夜鹭（Nycticorax nycticorax，鹳形目鹭科，夏候鸟，陕西省地方重点保护鸟类）、赤麻鸭（Tadorna ferruginea，雁形目鸭科，冬候鸟）、绿头鸭（Anas platyrhynchos，雁形目鸭科，冬候鸟）、豆雁（Anser fabalis，雁形目鸭科，旅鸟）、绿翅鸭（Anas crecca，雁形目鸭科，冬候鸟），罗纹鸭（Anas falcata，雁形目鸭科，冬候鸟）、普通秋沙鸭（Mergus merganser，雁形目鸭科，冬候鸟）、鸳鸯（Aix galericulata，雁形目鸭科，冬候鸟，国家二级重点保护鸟类）、白胸苦恶鸟（Amaurornis phoenicurus，鹤形目秧鸡科，夏候鸟，陕西省地方重点保护鸟类）等。

3）鱼类

鱼类包括鲫（Carassius auratus，鲤形目鲤科）、鲤（Cyprinus carpio，鲤形目鲤科）、棒花鮈（Gobio rivuloides，鲤形目鲤科）、鳘条（Hemiculter leuciscuus，鲤形目鲤科）、马口鱼（Opsariichthys bidens，鲤形目鲤科）、拉氏鱥（Phoxinus lagowskii，鲤形目鲤科）、麦穗鱼（Pseudorasbora parva，鲤形目鲤科）、开封半鳘（Hemiculterella kaifenensis，鲤形目鲤科）、泥鳅（Misgurnus anguillicaudatus，鲤形目鳅科）、斯氏高原鳅（Triplophysa stoliczkae，鲤形目鳅科）、鲶鱼（Silurus asotus，鲇形目鲇科）、波氏栉鰕虎（Ctenogobius cliffordpopei，鲇形目鰕虎鱼科）等。

4）底栖生物

底栖动物是一个庞杂的生态类群，常见的底栖动物有水蚯蚓、摇蚊幼虫、螺、蚌、河蚬、虾、蟹和水蛭等。

5）浮游生物

浮游生物包括原生动物、轮虫、枝角虫和桡足类等四类动物中在河流浮游生活的种类，其中以原生动物的种类为最多。浮游动物在河流营养系类中有的是一级消费者，有的是二级消费者。

6）两栖类

两栖类包括中华大蟾蜍（Bufo gargarizans，无尾目蟾蜍科）、花背蟾蜍（Bufo raddei，无尾目蟾蜍科）、中国林蛙（Rana chensinensis，无尾目蛙科，陕西省地方重点保护动物）、黑斑侧褶蛙（Pelophylax nigromaculatus，无尾目蛙科，陕西省地方重点保护动物）、北方狭口蛙（Kaloula borealis，无尾目姬蛙科）。

7）爬行类

爬行类包括中华鳖（Trionyx sinensis，龟鳖目鳖科，陕西省地方重点保护动物）、乌龟（Chinemys reevesii，龟鳖目龟科）、无蹼壁虎（Gekko swinhonis，有鳞目壁虎科）、耳疣壁虎（Gekko auriverrucosus，有鳞目壁虎科）、丽斑麻蜥（Eremias argus，有鳞目蜥蜴科）、山地麻蜥（Eremias brenchleyi，有鳞目蜥蜴科）、密点麻蜥（Eremias multiocellata、有鳞目蜥蜴科）、北草蜥（Takydromus eptentrionalis，有鳞目蜥蜴科）、黄脊游蛇（Coluber spinalis，蛇目游蛇科）、赤链蛇（Dinodon rufozonatum，蛇目游蛇科）、赤峰锦蛇（Elaphe anomala，蛇目游蛇科，陕西省地方重点保护动物）、王锦蛇（Elaphe carinata，蛇目游蛇科，陕西省地方重点保护动物）、白条锦蛇（Elaphe dione，蛇目游蛇科，陕西省地方重点保护动物）、红点锦蛇（Elaphe rufodorsata，蛇目游蛇科）、短尾蝮（Gloydius brevicaudus，蛇目蝰科，陕西省地方重点保护动物）、中介蝮（Gloydius intermediu，蛇目蝰科）等。

4. 生境设计

结合防洪规划，根据河流的不同淹没线划定河流沿岸生境的水湿条件，不同的水湿条件决定不同的生境类型和适宜栖居的物种类型。基于场地的地形、地理位置和环境，结合不同的植物群落选择构筑适于不同生物的栖息环境。

1）旱生生境

旱生环境的坡地及林地能够为哺乳类、昆虫、攀禽、猛禽等动物提供栖息的场所。通过人为营造动物所需要的栖息地环境，吸引对应的动植物前来栖息生活。该生境以复合种植的林地结构为主，包括密林、疏林及观赏林等类型，为陆栖类两栖类动物（如中华大蟾蜍、中国林蛙等）、住宅类爬行动物（如壁虎类）、灌丛石隙类爬行动物（如麻蜥类）、陆禽（如鸡形目雉科、鹤形目鸨科、鸽形目鸠鸽科等）、猛禽（如隼形目、鸮形目等）、攀禽（如鹃形目杜鹃科、夜鹰目夜鹰科、佛法僧目翠鸟科、佛法僧科、戴胜目和䴕形目）、鸣禽（如雀形目等）以及哺乳动物（如食虫目猬科、兔形目、食肉目鼬科、啮齿目鼠科、翼手目等）提供生活场所。

一方面，设置辅助鸟巢，鸟类、虫蝶等投喂装置；采用本地自然土，培育适生土壤微生物群落；不使用杀虫剂，通过自然益虫 – 鸟类平衡病虫害。另一方面，塑造坡地、小型洞穴等适宜生物栖息荫蔽的微地形，并放置枯木、石堆、藤条等适合昆虫、菌类繁殖的自然材料；同时，选取能吸引消费者的果实类、香蜜类植物，如蛇莓、醉鱼木、胡枝子、苹果、海棠、刺槐等，供林间栖息生物如松鼠、刺猬、野兔、啄木鸟、燕雀、大山雀、蚂蚁、天牛、象甲、夜蛾、蜘蛛等采食。

2）半干半湿生境

该生境内除现存树木以外仅种植草本及低矮灌木，植物种类选择既耐水淹又耐干旱的物种，种植不宜过密，防止阻挡泄洪，营造草丛、灌草丛等生态结构，通过不同水深、不同淹没时长设计，场地湿度和植物种类会产生相应变化，进而为不同需求的生物提供合适的生存环境，为陆栖类两栖动物（如中华大蟾蜍、中国林蛙等）、住宅类爬行动物（如壁虎类）、涉禽（如鹳形目鹭科、鹤形目秧鸡科、鹤科、鸻形目鸻科、鹬科、反嘴鹬科等）、陆禽（如鸡形目雉科、鹤形目鸨科、鸽形目鸠鸽科等）、猛禽（如隼形目、鸮形目等）以及穴居型哺乳动物（如食虫目猬科、兔形目、食肉目鼬科、啮齿目鼠科等）提供生活场所。同时，物种的丰富会带来食物链的丰富，捕食者的到来更进一步完善生态结构，恢复泾河生物多样性。

3）湿生生境

该生境内除现存树木以外仅种植水生植物及草本植物，草本植物种类选择耐水湿物种，营造河流、水体、河边滩涂、沼泽等多种生态结构，主要为两栖类（如中国林蛙、黑斑侧褶蛙等）、水栖型爬行类（如乌龟、中华鳖等）、林栖傍水型爬行类（如游蛇科、眼镜蛇科、蝰蛇科等蛇类）、游禽（如鹏䴙目、鹈形目、雁形目鸭科和鸻形目鸥科等）、涉禽（如鹳形目鹭科、鹤形目秧鸡科、鹤科、鸻形目鸻科等）以及鱼类提供栖息场所。

另外，场地还设计有一定量的生态坑塘，与河道连通，坑塘内水位不再人为控制，随主流的水位变化而变化。汛期坑塘内的水位升高，主流当中的营养物质进入坑塘，成为坑塘内水生动物的食物，同时鱼类游到坑塘产卵或寻找避难所。在洪水回落后的旱季，水流归槽带走腐殖质，鱼类回归主流，完成洲滩洄游的生活史过程。坑塘内的动、植物可以依靠洪水挟带的营养物质和水生植物的分解物维持生存。在具有高度连通性的河流坑塘地内，物种多样性可以达到较高水平。

参考文献

[1] 耿步健,葛琰芸.习近平关于生命共同体重要论述的逻辑理路、内涵及意义［J］.河海大学学报(哲学社会科学版),2019,21(5):22-27.

[2] 宋庆辉,杨志峰.对我国城市河流综合管理的思考［J］.水科学进展,2002,13(3):377-382.

[3] 董哲仁.道法自然的启示［N］.水生态文明论坛,2014(19).

[4] 董哲仁,孙东亚,等.生态水利工程原理与技术［M］.北京:中国水利水电出版社,2007.

[5] 金云峰,项淑萍.原型激活历史——风景园林中的历史性空间设计［J］.中国园林,2012(2):53-57.

[6] 唐剑.浅谈现代城市滨水景观设计的一些理念［J］.中国园林,2002(4):33-38.

[7] 郑度,葛全胜,张雪芹,等.中国区划工作的回顾与展望［J］.地理研究,2005(3):330-344.

[8] 金贵.国土空间综合功能分区研究［D］.武汉:中国地质大学,2014.

[9] 石刚平.关于编制河道蓝线的几点思考［J］.上海水务,2002(2):13-14.

[10] 徐贵泉,陈长太.上海市河道蓝线编制技术细则探讨［J］.水利规划与设计,2011(01):5-7.

[11] 袁媛,戴慎志,王磊.对城市规划控制原则和控制体系的再思考——以珠海市南水镇新镇区控制性详细规划为例［J］.规划师,2003(3):30-34.

[12] 徐健,郑文裕,池浩.哈尔滨市规划控制线(五线)管理应用研究［C］//城乡治理与规划改革——2014中国城市规划年会论文集,2014.

[13] 杨玲.基于空间管制的"多规合一"控制线系统初探——关于县(市)域城乡全覆盖的空间管制分区的再思考［J］.城市发展研究,2016,23(2):8-15.

[14] 盛凯.市区尺度下国土空间规划中控制线初探——以南宁市为例［J］.广西师范学院学报(自然科学版),2019,36(2):91-97.

[15] 李倩,乔思伟.立足资源禀赋条件推动节约集约用地［J］.国土资源通讯.2014(13):4.

[16] 李干杰.生态保护红线:确保国家生态安全的生命线［J］.求是,2014(2):44-46.

[17] 陈海嵩."生态红线"制度体系建设的路线图［J］.中国人口·资源与环境.2015 (9):52-59.

[18] 罗巧灵,张明,詹庆明.城市基本生态控制区的内涵、研究进展及展望［J］. 中国园林,2016,(11):76.

[19] FORMANRTT,GODRONM. Landscpae ecology［M］.New York:Wiley,1986.

[20] 朱强,俞孔坚,李迪华.景观规划中的生态廊道宽度［J］.生态学报,2005,25(9):2406-2412.

[21] 单楠,阮晓红,冯杰.水生态屏障适宜宽度界定研究进展［J］.水科学进展,2012,23(4):581-589.

[22] 卿晓霞,郭庆辉,周健,等.小型季节性河流生态补水需水量及调度方案研究［J］.长江流域资源与环境,2015,24(5):876-881.

[23] 齐羚.中国园林筑山设计理法研究:有真为假,做假成真［D］.北京:北京林业大学,2015.

[24] 周燕,冉玲与,苟翡翠,等.基于数值模拟的湖库型景观水体生态设计方法研究——以MIKE模型在大官塘水库规划方案中的应用为例［J］.中国园林,2018(3):123-128.

[25] 张琳,李飞鹏,张海平.基于数值模拟的城市景观水体生态设计研究——以苍海湖为例［J］.中国园林,2015(10):76-80.

[26] 财团法人河道整治中心著.多自然型河流建设的施工方法及要点［M］.北京:北京水利水电出版社,2003.

[27] 赫伯特·德莱塞特尔.德国生态水景设计［M］.沈阳:辽宁科学出版社,2003.

[28] 河川治理中.护岸设计［M］.刘云俊,译.北京:中国建筑出版社,2004.

[29] R.W.Hemphill,M.F.Bramiey.河渠护岸工程(方案选择及设计导则)［M］.蔡雯,等译.北京:中国水利水电出版社,2000.

[30] 董文凯.生态袋在上海市河道护岸中的应用分析［J］.城市道路与防洪,2021(1):134-136.

[31] 李晟.基于水文化的城市滨水景观设计研究［D］.长沙:中南林业科技大学,2007.

[32] 李素娟.岭南水文化旅游资源评价与开发对策研究［D］.广州:广东商学院,2011.

[33] 汪德华.中国山水文化与城市规划［D］.南京:东南大学出版社,2002.

[34] 杜平原.试论水文化与民族精神和时代精神［J］.河南水利与南水北调,2008(12):50-52.

[35] 李宗新.试论水文化之魂——水精神［J］.水利发展研究,2011(3):79-84.

[36] 戴锐.水文化的传统形态及其现代跃迁［N］.中国社会科学报,2014.

[37] 王鹰.中国水文化在文学作品中的表现［J］.文学教育,2014(6):17-20.

[38] 吕娟.水文化理论研究综述及理论探讨［J］.中国防汛抗旱,2019,29(9):51-60.

[39] 李宗新.应该开展对水文化的研究［J］.治淮,1989(4):37.

[40] 李宗新.浅议中国水文化的主要特性［J］.北京水利,2004(6):56-67.

[41] 李宗新.浅议加强水文化建设的主要任务及措施［J］.华北水利水电学院学报社科版,2008,24(5):18-21 .

[42] 李宗新.对构建水文化理论体系的初步思考［J］.中国水文化,2015(02):12-14.

[43] 尉天骄.水文化理论研究的方法论问题［J］.河流水利,2005(05):69-70.

[44] 郑晓云.水文化的理论与前景［J］.思想战线,2013,39(04):1-8.

[45] 郑晓云.近年国外水文化的发展与创新［J］.中国水利,2017(09):61-64.

[46] 郑晓云.国际视野中的水文化［J］.中国水利,2009(22):28-30.

[47] 孟亚明,于开宁.浅谈水文化内涵、研究方法和意义［J］.江南大学学报(人文社会科学版),2008(04):63-66.

[48] 赵爱国.生态文明视域下的当代水文化的创新发展［J］.水文化,2021(6).

[49] 肖冬华,沈薇,曹兴江.传统水生态文化的历史嬗变、哲学转型与当代价值［J］.华北水利水电大学学报(社会科学版),2017(06),33(3).

[50] 肖冬华.中国古代思想中的"水"［J］.兰台世界,2012(10):60-61.

[51] 邓建明,周萍.大力弘扬水生态文化促进水生态文明建设［J］.水利发展研究,2015(02):69-73.

[52] 李宗新.当前水文化建设的主要任务［J］.河南水利与南水北调,2012(09):12-13.

[53] 邵建希,龚芳,李华明.浅议两型社会建设的水文化问题［J］.湖南水利水电,2012(05).

[54] 王向荣.以柔克刚的弹性［J］.风景园林,2019,26(9):4-5.

[55] 彼得·鲍斯文,马蒂亚斯·康道夫,帕特里克·韦伯,等.变迁中的岛屿:韧性城市形态［J］.风景园林,2019,26(9):45-56.

[56] 罗伯特·瑞恩,于冰沁.风景园林与绿色基础设施在城市流域水资源规划中的重要作用［J］.风景园林,2019,26(9):101-108.

[57] 王祝根,陈荻,张青.美国新奥尔良市雨洪管理规划中的多领域融合策——城市设计多领域关联性的构建［J］.中国园林,2016(1):43-46.

[58] 刘一瑶,郭国文,孟真,等.基于低影响开发的清华学堂路雨洪管理与景观设计研究［J］.风景园林,2016(3):14-20.

[59] 傅英斌.基于生态示范的乡村公共空间修复——广州莲麻村生态雨水花园［J］.景观设计.2016(6):42-49.

[60] 于冰沁,车生泉,严巍,等.上海海绵城市绿地建设指标及低影响开发技术示范［J］.风景园林,2016(3):21-26.

[61] 全紫麒,李雄.基于雨洪管理规划体系下城市公园绿地设计研究［D］.北京:北京林业大学,2017.

[62] 齐羚.中国园林筑山设计理法研究:有真为假,做假成真［D］.北京:北京林业大学,2015.

[63] 刘家琳,张建林.重庆海绵城市建设中园林绿地LID设计策略探析［J］.风景园林,2016(3):35-44.

[64] 戈晓宇,李雄.基于海绵城市建设指导的迁安市集雨型绿色基础设施体系构建策略初探［J］.风景园林,2016(3):27-34.

[65] 俞孔坚,周淑倩,Bohui.基于自然,顺应自然,利用自然——"海绵城市"与城市生态韧性［J］.建筑实践,2021(1):58-65.

[66] 肖龙,方露萍,李雷婷.中国海绵城市建设理论研究进展［J］.华中建筑,2021(1):17-20.

[67] 龙闹,代欣召,雪狄.基于生态功能分区的海绵城市规划研究［C］//2018城市发展与规划论文集.北京:中国城市出版社,2018.

[68] 朱正威.海绵城市的实践探索与韧性治理［J］.人民论坛,2021(32):74-71.

[69] 栗玉鸿,邹亮,李利,等.推动海绵城市建设系统提升城市雨洪韧性［J］.西部人居环境学刊,2022(1):22-26.

[70] 叶琳.基于韧性视角的海绵城市建设问题研究——以S市P区为例［D］.上海：华东师范大学,2018.

[71] 邬建国.景观生态学［M］.北京:高等教育出版社,2000.

[72] 杨士弘,等.城市生态环境学［M］.北京:科学出版社.2003.

[73] 董哲仁.试论河流生态修复规划的原则［J］.中国水利,2006(13):11-13,21.

[74] 董哲仁.维护河流健康与流域一体化管理［J］.中国水利,2006(11):22-25.

[75] 董哲仁.河流健康的内涵［J］.中国水利,2005(04):15-18.

[76] 田硕.对北京城市河流生态治理的理论与方法初探——以丰台区水衙沟治理工程为例［D］.北京林业大学,2008.

[77] 董哲仁.河流生态恢复的目标［J］.中国水利,2004(10):6-9,5.

[78] 董哲仁.河流形态多样性与生物群落多样性［J］.北京水利学报,2003(11):1-6.

[79] 缪琳.基于河流栖息地修复的公园绿地内水体设计［D］.北京:北京林业大学,2020.

[80] 苏芮.基于鸟类栖息地营造的城市湿地公园规划设计研究［D］.北京:北京林业大学,2021.

[81] 崔鹤.基于河流生态修复理论的城市河道景观生态化设计研究［D］.北京:北京林业大学,2020.

[82] 冯若文.自然过程连续性导向的秦岭北麓太平河生态修复规划策略［D］.西安:西安建筑科技大学,2016.

[83] 张洋.城市绿道建设中植物多样性策略研究［D］.北京:北京林业大学,2016.

[84] 祝惠,阎百兴,王鑫壹.我国人工湿地的研究与应用进展及未来发展建议［J］.中国科学基金,2022,36(3):391-397.

[85] 强盼盼.河流廊道规划理论与应用研究［D］.大连:大连理工大学,2011.

[86] 孙汝斌.城市化过程中河流景观的生态优化途径［D］.郑州:河南农业大学,2008.

[87] 杨旻,吴小刚,张维昊,等.富营养化水体生态修复中水生植物的应用研究［J］.环境科学与技术,2007(7):98-102,121.

[88] 王建富,辛玮光,张超,等.人工湖草型清水态生态系统构建技术研究与实践——以西北某新建人工湖为例［J］.环境工程技术学报,2022,12(4):1105-1113.

[89] 胡海波,邓文斌,王霞.长江流域河岸植被缓冲带生态功能及构建技术研究进展［J/OL］.浙江农林大学学报:1-9[2023-02-26].

[90] 赵维杰.北方城市季节性河流滨河景观设计研究［D］.西安:西安建筑科技大学,2019.

[91] 王华.河流生态系统恢复评价方法及指标体系研究［D］.上海:华东师范大学,2006.

[92] 岳隽,王仰麟,彭建.城市河流的景观生态学研究:概念框架［J］.生态学报,2005(6):1422-1429.

[93] 尹若水,蔡颖芳,吴家胜,等.城市景观水体水质净化和生态修复研究［J］.环境科学与技术,2016,39(S2):210-214.

[94] 闫大鹏,蔡明,郭鹏程.城市生态水系规划理论与实践［M］.郑州:黄河水利出版社,2016.

[95] 安恒菲,杨璐.浅析城市河流滩地生态治理原则与措施——以西安泾河新城泾河滩面治理及生态修复工程为例［C］//2021首届城市水利与洪涝防治研讨会论文集,2022:2-10.

[96] 吴晗.植物专类园规划设计研究［D］.济南:山东建筑大学,2019.

[97] 陈明玲,靳思佳,阚丽艳,等.上海城市典型林荫道夏季温湿效应［J］.上海交通大学学报(农业科学版),2013,31(6):81-85.

[98] 王希华,徐忠.把自然森林引入城市——宫胁方法(Miyawaki method)介绍［J］.上海建设科技,1998(4):30-31.

[99] 王晨曦.人为干扰下上海佘山地区植被研究［D］.上海:华东师范大学,2008.

[100] 杨玉萍.城市近自然园林的营建与公众认知［D］.武汉:华中农业大学,2011.